Special Hair

특수머리

메디시인

머리말

세계가 지구촌화하면서 세계인들은 그 어느 때보다도 자신만의 매력을 추구하고 있습니다. 아울러 미용산업은 끊임없이 발전하여 단순히 아름다움을 위한 미용뿐 아니라 건강하고 개성미 넘치는 다양한 헤어스타일로 감성과 개성을 표현하는 이미지 관리방법이 확산되고 있습니다.

이제 미의 관심은 여성 중심에서 벗어나 남성들에게도 많은 관심의 대상이 되어 오늘날에는 트랜드 변화와 디자인의 다양성에 대한 기술적인 테크닉을 찾아내고 발굴해서 경쟁력을 갖추어야 할 때입니다.

이 책은 특수머리에 대한 새로운 디자인의 이해와 기본적인 지식 습득을 위하여 단계별로 정리를 하였으며, 실기에서는 특수머리에 대한 기술을 확실히 익힐 수 있도록 실습 장면의 QR 코드를 통해 테크닉을 연출할 수 있도록 구성하였습니다.

따라서 특수머리를 배우하고자 하는 학생은 물론, 관련 산업 전문가 및 강사님들께도 실질적으로 좋은 자료로 활용되기를 기대합니다.

앞으로도 미용분야의 새로운 학습 변화와 다양한 모듈을 제시할 수 있도록 창의와 연구를 게울리하지 않을 것을 약속드리며, 아울러 선배, 동료 선생님들과 교수님들의 지도와 많은 성원을 부탁드립니다.

끝으로 출간을 위해 애써주신 저자분들과 출판을 위해 애써주신 메디시언 임직원분들께도 감사의 말씀을 드립니다.

흑호해 성하에

필자 대표 박 은 준

차례

차례

Week 10 콘로우

Week 11 특수 펌

Week 12 13 드레드

차례

PART Ⅰ

교과목 프로파일

교과목 프로파일

1. 교과목 Profile

대분류	중분류	소분류	세분류
숙박·여행·오락	이·미용	이·미용서비스	헤어미용
능력단위 수준	4수준		
능력단위 명칭	헤어 익스텐션하기 〈1201010149_17v4.2〉 3수준 헤어 브레이즈 〈1201010540_16v2〉 3수준 디자인 헤어 타투 〈1201010150_17v4.2〉 3수준		
교과목표	• 가발 헤어스타일 연출이란 두상 전체 또는 일부에 가발을 착장하거나 연결하여 길이, 모량, 모발 색 등에 변화를 주는 능력이다. • 헤어 브레이즈Hair Braids는 도구를 사용하지 않고 손만으로 질감의 변화를 주어 연출하는 땋기 기법이며 다양한 재료와 땋는 방법에 따라 길이 연장이 가능하고 헤어스타일을 다르게 디자인하여 레게머리Reggae Hair, 콘로우Cornrow, 드레드Dread 등을 연출하는 능력이다. • 디자인 헤어 타투Hair Tattoo란 두상의 한 부분 또는 전체를 두피가 보일 정도로 짧게 커트한 후 고객이 원하는 디자인으로 클리퍼나 타투 도구를 이용하여 그림을 완성 시키는 능력이다.		

능력단위 명칭	단원명 능력단위 요소명	교과내용
특수머리 연출 〈1201010149_17v4〉	헤어 익스텐션 하기 1201010149_17v4	1.1 고객의 요구를 파악하여 컬러, 길이, 질감 등의 디자인을 결정할 수 있다. 1.2 헤어 익스텐션에 필요한 재료와 도구를 준비할 수 있다.

능력단위 명칭	단원명 능력단위 요소명	교과내용
특수머리 연출 〈1201010149_17v4〉	헤어 익스텐션 하기 1201010149_17v4	2.1 디자인에 따라 헤어 익스텐션을 할 수 있다. 2.2 익스텐션Extentsion용 피스를 본 모발로 부터 제거할 수 있다. 2.3 익스텐션용 피스와 자연스러운 연결을 위해 고객 모발에 마무리 작업을 할 수 있다. 3.1 고객에게 헤어스타일 유지를 위한 관리 방법을 설명할 수 있다.
헤이 브레이즈 〈1201010540_16v2〉	레게 머리 스타일하기 1201010540_16v2.1	1.1 고객에게 여러 가지 디자인을 제안할 수 있다. 1.2 모발 상태에 따라 다양한 레게 머리의 도구 및 재료를 준비할 수 있다. 1.3 레게Reggae머리 형태를 디자인 작업할 수 있다. 1.4 레게 원사와 얀Yarn을 본 모발로부터 제거할 수 있다. 1.5 스타일 유지를 위한 관리 방법을 고객에게 설명할 수 있다. 1.6 사용한 도구 및 재료를 위생적으로 처리할 수 있다.
	콘로우 스타일하기 1201010540_16v2.2	2.1 고객에게 여러 가지 디자인을 제안할 수 있다. 2.2 모발상태에 따라 다양한 콘로우 도구 및 재료를 준비할 수 있다. 2.3 콘로우Cornrow 형태를 디자인 작업할 수 있다. 2.4 콘로우를 본 모발로부터 제거할 수 있다. 2.5 스타일 유지를 위한 관리 방법을 고객에게 설명할 수 있다.
	드레드 스타일하기 1201010540_16v2.3	3.1 고객에게 여러 가지 디자인을 제안할 수 있다. 3.2 모발상태에 따라 다양한 드레드 머리의 도구 및 재료를 준비할 수 있다. 3.3 드레드Dread 머리 형태를 디자인 작업할 수 있다. 3.4 드레드 머리를 본 모발로부터 제거할 수 있다. 3.5 스타일 유지를 위한 관리 방법을 고객에게 설명할 수 있다. 3.6 사용한 도구 및 재료를 위생적으로 처리할 수 있다.
디자인 헤어 타투 〈1201010150_17v4〉	헤어 타투 도안 설계하기 1201010150_17v4.1	1.1 최신 유행하는 헤어 타투 디자인을 수집하여 분석할 수 있다. 1.2 고객 요구를 파악하여 헤어 타투 디자인을 구상할 수 있다. 1.3 헤어 타투 디자인에 필요한 도구와 재료를 준비할 수 있다.
	헤어 타투 하기 1201010150_17v4.2	2.1 헤어 타투 디자인에 따라 모발의 길이를 설정할 수 있다. 2.2 헤어 타투 디자인에 따라 작업 도구와 방법을 결정하여 서비스할 수 있다. 2.3 헤어 타투 디자인을 마무리할 수 있다.

2. 강의 계획서

<table>
<tr><td>능력단위명
〈코드〉</td><td colspan="3">헤어 익스텐션하기 〈1201010149_17v4.2〉 3수준
헤어 브레이즈 〈1201010540_16v2〉 3수준
디자인 헤어 타투 〈1201010150_17v4.2〉 3수준</td></tr>
<tr><td rowspan="2">이수구분</td><td>이수시간</td><td>학점</td><td>학년/학기</td></tr>
<tr><td></td><td>3학점</td><td></td></tr>
<tr><td>강의실</td><td></td><td>요일</td><td></td></tr>
<tr><td>담당교수</td><td>(인)</td><td>연구실</td><td></td></tr>
<tr><td>연락처</td><td></td><td>E-mail</td><td></td></tr>
<tr><td>학습환경</td><td>헤어 실습실</td><td>학습자료</td><td>교재</td></tr>
<tr><td>인력양성 유형</td><td>어시스턴트/주니어 헤어디자이너</td><td>관련자격증</td><td></td></tr>
<tr><td>교과목표</td><td colspan="3">• 가발 헤어스타일 연출이란 두상 전체 또는 일부에 가발을 착장하거나 연결하여 길이, 모량, 모발 색 등에 변화를 주는 능력이다.
• 헤어 브레이즈는 도구를 사용하지 않고 손만으로 질감의 변화를 주어 연출하는 땋기 기법이며 다양한 재료와 땋는 방법에 따라 길이 연장이 가능하고 헤어스타일을 다르게 디자인하여 레게 머리, 콘로우, 드레드 등을 연출하는 능력이다.
• 디자인 헤어 타투란 두상의 한 부분 또는 전체를 두피가 보일 정도로 짧게 커트한 후 고객이 원하는 디자인으로 클리퍼나 타투 도구를 이용하여 그림을 완성시키는 능력이다.</td></tr>
<tr><td>실습장비 및
재료</td><td colspan="3">• 붙임머리 재료 : 땋기 붙임머리, 접착식 붙임머리, 트윙클 붙임머리, 고무실, 펜치, 코바늘, 링, 열기구, 꼬리빗, 핀컬핀, 가위,
• 브레이즈 재료 : 레게 원사, 쥬얼리 구슬, 털실, 낚시줄, 고무실, 가위, 꼬리빗, 핀셋, 핀컬핀
• 콘로우 재료 : 고무실, 꼬리빗, 핀셋, 가위
• 특수펌 재료 : 꽃 철사, 호일, 시술용 장갑, 꼬리빗, 핀셋, 핀컬핀, 니퍼, 펌제, 엔드 페이퍼, 헤어밴드, 수건, 비닐캡, 중화 받침대, 트리트먼트, 헤어 드라이어, 얼레살 빗
• 드레드 재료 : 드레드 원사, 레게 원사, 글루건, 꼬리빗, 핀셋, 핀컬핀, 코바늘, 가위
• 헤어 타투 재료 : 트리머 클리퍼, 클리퍼, 클리퍼 빗, 클리퍼 가드, 장가위, 고무줄</td></tr>
</table>

<table>
<tr><td rowspan="3">교재 및
참고도서</td><td>구분</td><td colspan="6">교재명</td><td colspan="3">저자</td><td colspan="3">출판사</td><td colspan="2">출판년도</td></tr>
<tr><td></td><td colspan="6"></td><td colspan="3"></td><td colspan="3"></td><td colspan="2"></td></tr>
<tr><td>참고도서</td><td colspan="15"></td></tr>
<tr><td rowspan="2">수업진행 방식</td><td colspan="2">이론강의</td><td colspan="2">실습</td><td colspan="3">발표</td><td colspan="2">토론</td><td colspan="2">팀 프로젝트</td><td colspan="2">현장견학</td><td colspan="2">코·티칭 등
기타</td></tr>
<tr><td colspan="2">✓</td><td colspan="2">✓</td><td colspan="3"></td><td colspan="2"></td><td colspan="2"></td><td colspan="2"></td><td colspan="2"></td></tr>
<tr><td rowspan="3">평가방법</td><td>A</td><td>B</td><td>C</td><td>D</td><td>E</td><td>F</td><td>G</td><td>H</td><td>I</td><td>J</td><td>K</td><td>L</td><td>M</td><td>출석</td><td>계%</td></tr>
<tr><td>20</td><td></td><td>30</td><td></td><td></td><td></td><td></td><td></td><td></td><td></td><td></td><td>30</td><td></td><td>20</td><td>100</td></tr>
<tr><td colspan="15">A. 포트폴리오 B. 문제해결 시나리오 C. 서술형 시험 D. 논술형 시험 E. 사례연구
F. 평가자 질문 G. 평가자 체크리스트 H. 피평가자 체크리스트 I. 일지/저널·역할연기
K. 구두발표 L. 작업장 평가 M. 기타</td></tr>
</table>

<table>
<tr><td>능력단위 명칭
〈코드〉</td><td>단원명
능력단위 요소명</td><td>수행준거 평가내용</td></tr>
<tr><td>특수머리 연출
〈1201010149_17v4〉</td><td>헤어
익스텐션 하기
1201010149_17v4</td><td>1.1 고객의 요구를 파악하여 컬러, 길이, 질감 등의 디자인을 결정할 수 있다.
1.2 헤어 익스텐션에 필요한 재료와 도구를 준비할 수 있다.
2.1 디자인에 따라 헤어 익스텐션을 할 수 있다.
2.2 익스텐션용 피스를 본 모발로부터 제거할 수 있다.
2.3 익스텐션용 피스와 자연스러운 연결을 위해 고객 모발에 마무리 작업을 할 수 있다.
3.1 고객에게 헤어스타일 유지를 위한 관리 방법을 설명할 수 있다.</td></tr>
<tr><td rowspan="2">헤어 브레이즈
〈1201010540_16v2〉</td><td>레게 머리
스타일하기
1201010540_16v2.1</td><td>1.1 고객에게 여러 가지 디자인을 제안할 수 있다.
1.2 모발 상태에 따라 다양한 레게 머리의 도구 및 재료를 준비할 수 있다.
1.3 레게 머리 형태를 디자인 작업할 수 있다.
1.4 레게 원사와 얀Yarn을 본 모발로부터 제거할 수 있다.
1.5 스타일 유지를 위한 관리 방법을 고객에게 설명할 수 있다.
1.6 사용한 도구 및 재료를 위생적으로 처리할 수 있다.</td></tr>
<tr><td>콘로우
스타일하기
1201010540_16v2.2</td><td>2.1 고객에게 여러 가지 디자인을 제안할 수 있다.
2.2 모발 상태에 따라 다양한 콘로우 도구 및 재료를 준비할 수 있다.
2.3 콘로우 형태를 디자인 작업할 수 있다.
2.4 콘로우를 본 모발로부터 제거할 수 있다.
2.5 스타일 유지를 위한 관리 방법을 고객에게 설명할 수 있다.</td></tr>
</table>

능력단위 명칭 〈코드〉	단원명 능력단위 요소명	수행준거 평가내용
	드레드 스타일하기 1201010540_16v2.3	3.1 고객에게 여러 가지 디자인을 제안할 수 있다. 3.2 모발 상태에 따라 다양한 드레드 머리의 도구 및 재료를 준비할 수 있다. 3.3 드레드 머리 형태를 디자인 작업할 수 있다. 3.4 드레드 머리를 본 모발로부터 제거할 수 있다. 3.5 스타일 유지를 위한 관리 방법을 고객에게 설명할 수 있다. 3.6 사용한 도구 및 재료를 위생적으로 처리할 수 있다.
디자인 헤어 타투 〈1201010150_17v4〉	헤어 타투 도안 설계하기 1201010150_17v4.1	1.1 최신 유행하는 헤어 타투 디자인을 수집하여 분석할 수 있다. 1.2 고객 요구를 파악하여 헤어 타투 디자인을 구상할 수 있다. 1.3 헤어 타투 디자인에 필요한 도구와 재료를 준비할 수 있다.
	헤어 타투하기 1201010150_17v4.2	2.1 헤어 타투 디자인에 따라 모발의 길이를 설정할 수 있다. 2.2 헤어 타투 디자인에 따라 작업 도구와 방법을 결정하여 서비스할 수 있다. 2.3 헤어 타투 디자인을 마무리할 수 있다.

능력단위 명칭〈코드〉	관련 지식K, 기술S, 태도A		
특수머리 연출 〈1201010149_17v4〉	헤어 익스텐션하기 1201010149_17v4.2	지식 K	• 헤어 익스텐션용 피스의 종류와 특성에 관한 지식 • 헤어 익스텐션용 접착제와 접착 도구에 관한 지식 • 헤어 익스텐션 피스 접착과 제거의 기술적 지식 • 헤어 익스텐션 사전 작업에 관한 지식 • 헤어 익스텐션 후 관리 방법에 관한 지식 • 헤어 익스텐션 스타일 연출 제품에 관한 지식
		기술 S	• 헤어 익스텐션 피스 접착과 제거의 기술 • 헤어 익스텐션 사전 작업 기술 • 헤어 익스텐션 후 관리 기법 • 헤어 익스텐션 스타일 연출 기법
		태도 A	• 서비스 도구를 청결하게 관리하는 자세 • 장시간 서비스에 대비한 끈기 있는 태도 • 접착제와 접착도구의 사용 시 안전에 주의하는 자세

<table>
<tr><td rowspan="5">헤어 브레이즈
〈1201010540_16V2〉</td><td rowspan="3">레게 머리
스타일하기
1201010540_16v2.1</td><td>지식
K</td><td>• 본 모발과 레게 머리의 차이점에 관한 지식
• 다양한 종류의 섹션에 관한 지식
• 레게 원사와 얀Yarn의 사용 방법에 관한 지식
• 레게 머리 마무리용 접착 도구와 접착 기법에 관한 지식
• 레게 머리 재료를 본 모발로부터 제거하는 기술적 지식
• 레게 머리 후 관리 방법에 관한 지식</td></tr>
<tr><td>기술
S</td><td>• 모발에 적합한 레게 머리 소재의 선택 기술
• 스타일에 따른 섹션을 설정할 수 있는 기술
• 레게 원사와 얀Yarn을 본 모발에 연결하는 기술
• 레게 머리 마무리용 접착 도구 사용과 접착 기법에 관한 기술
• 레게 머리 제거에 관한 기술
• 관리 방법에 관한 기술</td></tr>
<tr><td>태도
A</td><td>• 고객의 두상과 모발을 분석하려는 태도
• 사용할 재료를 절차에 맞게 준비하는 태도
• 고객의 헤어스타일에 따라 적절한 작업 방법을 준수하는 자세
• 고객과의 의사소통과 서비스를 적극적으로 노력하는 태도
• 접착도구의 안전한 사용과 작업장 청결에 유의하는 태도</td></tr>
<tr><td rowspan="2">콘로우
스타일하기
1201010540_16v2.2</td><td>지식
K</td><td>• 본 모발과 콘로우 차이점에 관한 지식
• 다양한 종류의 섹션에 관한 지식
• 콘로우 작업 방법에 관한 지식
• 콘로우 작업 후 마무리하는 방법에 관한 지식
• 콘로우 재료를 본 모발로부터 제거하는 기술적 지식
• 콘로우 후 관리 방법에 관한 지식</td></tr>
<tr><td>기술
S</td><td>• 모발 길이에 적합한 콘로우 소재의 선택 기술
• 스타일에 따른 섹션을 설정할 수 있는 기술
• 모발 길이에 따라 재료를 본 모발에 연결하는 기술
• 콘로우 마무리용 접착 도구 사용과 접착 기법에 관한 기술
• 콘로우 제거에 관한 기술
• 관리 방법에 관한 기술</td></tr>
</table>

		태도 A	• 고객의 두상과 모발을 분석하려는 태도 • 사용할 재료를 절차에 맞게 준비하는 태도 • 고객의 헤어스타일에 따라 적절한 작업 방법을 준수하는 자세 • 고객과의 의사소통과 서비스에 적극적으로 노력하는 태도 • 접착 도구의 안전한 사용과 작업장 청결에 유의하는 태도
	드레드 스타일하기 1201010540_16v2.3	지식 K	• 본 모발과 드레드 머리의 차이점에 관한 지식 • 다양한 종류의 섹션에 관한 지식 • 드레드 머리 재료 사용방법에 관한 지식 • 드레드 머리 마무리용 접착 도구와 접착 기법에 관한 지식 • 드레드 머리 재료를 본 모발로부터 제거하는 기술적 지식 • 드레드 머리 후 관리 방법에 관한 지식
		기술 S	• 모발에 적합한 드레드 머리 소재의 선택 기술 • 스타일에 따른 섹션을 설정할 수 있는 기술 • 드레드 머리 재료를 본 모발에 연결하는 기술 • 드레드 머리 마무리용 접착 도구 사용과 접착 기법에 관한 기술 • 드레드 머리 제거에 관한 기술 • 관리 방법에 관한 기술
		태도 A	• 고객의 두상과 모발을 분석하려는 태도 • 사용할 재료를 절차에 맞게 준비하는 태도 • 고객의 헤어스타일에 따라 적절한 작업 방법을 준수하는 자세 • 고객과의 의사소통과 서비스에 적극적으로 노력하는 태도 • 접착 도구의 안전한 사용과 작업장 청결에 유의하는 태도

디자인 헤어 타투 〈1201010150_17v4〉	헤어 타투 도안 설계하기 1201010150_17v4.1	지식 K	• 헤어 타투 유행 경향 • 작업 계획서 작성에 필요한 지식
		기술 S	• 헤어 타투 디자인 스크랩하는 능력 • 작업 계획서 작성 능력
		태도 A	• 트렌드 변화에 대해 지속적으로 관심 갖고 모니터링하는 자세 • 고객에게 이해가 쉽고 친절하게 설명하려는 노력
	헤어 타투하기 1201010150_17v4.2	지식 K	• 헤어 타투 디자인에 필요한 도구 사용법 • 헤어 타투 디자인에 관한 지식
		기술 S	• 헤어 타투 도구와 클리퍼 사용 테크닉 • 짧은 모발의 그래쥬에이션 커트 테크닉 • 헤어 라인을 깔끔하게 정리하는 기술
		태도 A	• 헤어 타투 서비스 시 섬세하고 신중한 자세 • 작업 도구와 작업 공간을 청결하게 유지하려는 노력

3. 주차별 강의 계획서

주차	학습내용 단원명		수업수행목표	수업 방식	수업매체 및 자료	평가
1	헤어 익스텐션의 이해 및 종류와 특성		• 익스텐션의 개념, 필요성, 기원 및 역사를 이해할 수 있다. • 디자인에 따라 익스텐션을 할 수 있다. • 고객의 요구를 파악하여 피스의 길이, 컬러, 질감 등의 디자인을 결정할 수 있다.	강의	교재	
2	헤어 익스텐션의 사전 준비		• 고객의 요구를 파악하여 피스의 길이, 컬러, 질감 등의 디자인을 결정할 수 있다. • 헤어 익스텐션에 필요한 재료와 도구를 준비할 수 있다.	강의	교재	
3	섹션에 대한 이해		• 익스텐션 피스의 자연스러운 연결을 위해 고객 모발에 마무리 작업을 할 수 있다.	강의, 실습	교재	
4	익스텐션	실리콘	• 디자인에 따라 헤어 익스텐션을 할 수 있다. • 익스텐션용 피스의 자연스러운 연결을 위해 고객 모발에 마무리 작업을 할 수 있다.	강의, 실습	교재	
		링				
		트위스트				
5		접착식				
		2가닥 꼬기				
		3가닥 땋기				
		트윙클				
6	브레이즈	2가닥 꼬기	• 디자인에 따라 헤어 익스텐션을 할 수 있다. • 익스텐션용 피스의 자연스러운 연결을 위해 고객 모발에 마무리 작업을 할 수 있다.	강의, 실습	교재	
		3가닥 땋기				
7	주얼리 브레이즈	2가닥 꼬기	• 디자인에 따라 헤어 익스텐션을 할 수 있다. • 익스텐션용 피스의 자연스러운 연결을 위해 고객 모발에 마무리 작업을 할 수 있다.	강의, 실습	교재	
		3가닥 땋기				
8	얀 브레이즈	2가닥 꼬기	• 디자인에 따라 헤어 익스텐션을 할 수 있다. • 익스텐션용 피스의 자연스러운 연결을 위해 고객 모발에 마무리 작업을 할 수 있다.	강의, 실습	교재	1차 서술형 시험
		3가닥 땋기				
9	가모 브레이즈	2가닥 꼬기	• 디자인에 따라 헤어 익스텐션을 할 수 있다. • 익스텐션용 피스의 자연스러운 연결을 위해 고객 모발에 마무리 작업을 할 수 있다.	강의, 실습	교재	
		3가닥 땋기				

주차	학습내용 단원명		수업수행목표	수업방식	수업매체 및 자료	평가
10	콘로우	직선 방사선 디자인	• 디자인에 따라 헤어 익스텐션을 할 수 있다. • 익스텐션용 피스의 자연스러운 연결을 위해 고객 모발에 마무리 작업을 할 수 있다.	강의, 실습	교재	
11	특수펌	아프로 펌 호일 펌	• 디자인에 따라 헤어 익스텐션을 할 수 있다. • 익스텐션용 피스의 자연스러운 연결을 위해 고객 모발에 마무리 작업을 할 수 있다.	강의, 실습	교재	
12 13	드레드	스파이키 스틱 누비안 소프트	• 디자인에 따라 헤어 익스텐션을 할 수 있다. • 익스텐션용 피스의 자연스러운 연결을 위해 고객 모발에 마무리 작업을 할 수 있다.	강의, 실습	교재	
14	디자인 헤어 타투	직선 곡선 양각 음각	• 헤어 타투 디자인에 따라 작업 도구와 방법을 결정하여 서비스 할 수 있다. • 헤어 타투 디자인을 마무리할 수 있다.	강의, 실습	교재	
15	관리방법		• 디자인에 따라 헤어 익스텐션을 할 수 있다. • 익스텐션용 피스의 자연스러운 연결을 위해 고객 모발에 마무리 작업을 할 수 있다.	강의, 실습	교재	3차 포트폴리오

4. 헤어 익스텐션

분류번호 : 120101012917v4

능력단위 명칭 : 특수머리 연출

능력단위 정의 : 가발 헤어스타일 연출이란 두상 전체 또는 일부에 가발을 착장하거나 연결하여 길이, 모량, 모발 색 등에 변화를 주는 능력이다.

<table>
<tr><th>능력단위요소</th><th colspan="2">수행준거</th></tr>
<tr><td rowspan="4">헤어 익스텐션하기
1201010149_17v4.2</td><td colspan="2">2.1 고객의 요구를 파악하여 피스의 컬러, 길이, 질감 등의 디자인을 결정할 수 있다.
2.2 헤어 익스텐션에 필요한 재료와 도구를 준비할 수 있다.
2.3 디자인에 따라 헤어 익스텐션을 할 수 있다.
2.4 익스텐션용 피스를 본 모발로부터 제거할 수 있다.
2.5 익스텐션용 피스의 자연스러운 연결을 위해 고객 모발에 마무리 작업을 할 수 있다.
2.6 고객에게 헤어스타일 유지를 위한 관리법을 설명할 수 있다.</td></tr>
<tr><td>지식</td><td>• 헤어 익스텐션용 피스의 종류와 특성에 관한 지식
• 헤어 익스텐션용 접착제와 접착 도구에 관한 지식
• 헤어 익스텐션 피스 접착과 제거의 기술적 지식
• 헤어 익스텐션 사전 작업에 관한 지식
• 헤어 익스텐션 후 관리 방법에 관한 지식
• 헤어 익스텐션 스타일 연출 제품에 관한 지식</td></tr>
<tr><td>기술</td><td>• 헤어 익스텐션 피스 접착과 제거 기술
• 헤어 익스텐션 사전 작업 기술
• 헤어 익스텐션 관리 기법
• 헤어 익스텐션 스타일 연출 기법</td></tr>
<tr><td>태도</td><td>• 서비스 도구를 청결하게 관리하는 자세
• 장시간 서비스에 대비한 끈기 있는 태도
• 접착제와 접착 도구 사용 시 안전에 주의하는 자세</td></tr>
</table>

분류번호 : 1201010540_16v2

능력단위 명칭 : 헤어 브레이즈

능력단위 정의 : 헤어 브레이즈는 도구를 사용하지 않고 손만으로 질감의 변화를 주어 연출하는 땋기 기법이며 다양한 재료와 땋는 방법에 따라 길이 연장이 가능하고 헤어 스타일을 다르게 디자인하여 레게 머리, 콘로우, 드레드 등을 연출하는 능력이다.

<table>
<tr><th>능력단위요소</th><th colspan="2">수행준거</th></tr>
<tr><td rowspan="4">레게 머리 스타일하기
1201010540_16v4.2.1</td><td colspan="2">1.1 고객에게 여러 가지 디자인을 제안할 수 있다.
1.2 모발 상태에 따라 다양한 레게 머리의 도구 및 재료를 준비할 수 있다.
1.3 레게 머리 형태를 디자인 작업할 수 있다.
1.4 레게 원사와 얀Yarn을 본 모발로부터 제거할 수 있다.
1.5 스타일 유지를 위한 관리 방법을 고객에게 설명할 수 있다.
1.6 사용한 도구 및 재료를 위생적으로 처리할 수 있다.</td></tr>
<tr><td>지식</td><td>• 본 모발과 레게 머리의 차이점에 관한 지식
• 다양한 종류의 섹션에 관한 지식
• 레게 원사와 얀Yarn의 사용 방법에 관한 지식
• 레게 머리 마무리용 접착 도구와 접착 기법에 관한 지식
• 레게 머리 재료를 본 모발로부터 제거하는 기술적 지식
• 레게 머리 후 관리 방법에 관한 지식</td></tr>
<tr><td>기술</td><td>• 모발에 적합한 레게 머리 소재의 선택 기술
• 스타일에 따른 섹션을 설정할 수 있는 기술
• 레게 원사와 얀Yarn을 본 모발에 연결하는 기술
• 레게 머리 마무리용 접착 도구 사용과 접착 기법에 관한 기술
• 레게 머리 제거에 관한 기술
• 관리 방법에 관한 기술</td></tr>
<tr><td>태도</td><td>• 고객의 두상과 모발을 분석하려는 태도
• 사용할 재료를 절차에 맞게 준비하는 태도
• 고객의 헤어스타일에 따라 적절한 작업 방법을 준수하는 자세
• 고객과의 의사소통과 서비스를 적극적으로 노력하는 태도
• 접착도구의 안전한 사용과 작업장 청결에 유의하는 태도</td></tr>
</table>

<table>
<tr><th>능력단위요소</th><th colspan="2">수행준거</th></tr>
<tr><td rowspan="4">콘로우 스타일하기
1201010540_16v4.2.2</td><td colspan="2">2.1 고객에게 여러 가지 디자인을 제안할 수 있다.
2.2 모발 상태에 따라 다양한 콘로우 도구 및 재료를 준비할 수 있다.
2.3 콘로우 형태를 디자인 작업할 수 있다.
2.4 콘로우를 본 모발로부터 제거할 수 있다.
2.5 스타일 유지를 위한 관리 방법을 고객에게 설명할 수 있다.
2.6 사용한 도구 및 재료를 위생적으로 처리할 수 있다.</td></tr>
<tr><td>지식</td><td>• 본 모발과 레게 머리의 차이점에 관한 지식
• 다양한 종류의 섹션에 관한 지식
• 콘로우 작업 방법에 관한 지식
• 콘로우 작업 후 마무리하는 방법에 관한 지식
• 콘로우 재료를 본 모발로부터 제거하는 기술적 지식
• 콘로우 후 관리 방법에 관한 지식</td></tr>
<tr><td>기술</td><td>• 모발 길이에 적합한 콘로우 소재의 선택 기술
• 스타일에 따른 섹션을 설정할 수 있는 기술
• 모발 길이에 따라 재료를 본 모발에 연결하는 기술
• 콘로우 마무리용 접착 도구 사용과 접착 기법에 관한 기술
• 콘로우 제거에 관한 기술
• 관리 방법에 관한 기술</td></tr>
<tr><td>태도</td><td>• 고객의 두상과 모발을 분석하려는 태도
• 사용할 재료를 절차에 맞게 준비하는 태도
• 고객의 헤어스타일에 따라 적절한 작업 방법을 준수하는 자세
• 고객과의 의사소통과 서비스를 적극적으로 노력하는 태도
• 접착 도구의 안전한 사용과 작업장 청결에 유의하는 태도</td></tr>
<tr><td rowspan="2">드레드 스타일하기
1201010540_16v4.2.3</td><td colspan="2">3.1 고객에게 여러 가지 디자인을 제안할 수 있다.
3.2 모발 상태에 따라 다양한 드레드 머리의 도구 및 재료를 준비할 수 있다.
3.3 드레드 형태를 디자인 작업할 수 있다.
3.4 드레드 머리를 본 모발로부터 제거할 수 있다.
3.5 스타일 유지를 위한 관리 방법을 고객에게 설명할 수 있다.
3.6 사용한 도구 및 재료를 위생적으로 처리할 수 있다.</td></tr>
<tr><td>지식</td><td>• 본 모발과 드레드 머리의 차이점에 관한 지식
• 다양한 종류의 섹션에 관한 지식
• 드레드 머리 재료 사용 방법에 관한 지식
• 드레드 머리 마무리용 접착 도구와 접착 기법에 관한 지식
• 드레드 머리 재료를 본 모발로부터 제거하는 기술적 지식
• 드레드 머리 후 관리 방법에 관한 지식</td></tr>
</table>

능력단위요소	수행준거	
	기술	• 모발에 적합한 드레드 머리 소재의 선택 기술 • 스타일에 따른 섹션을 설정할 수 있는 기술 • 드레드 머리 재료를 본 모발에 연결하는 기술 • 드레드 머리 마무리용 접착 도구 사용과 접착 기법에 관한 기술 • 드레드 머리 제거에 관한 기술 • 관리 방법에 관한 기술
	태도	• 고객의 두상과 모발을 분석하려는 태도 • 사용할 재료를 절차에 맞게 준비하는 태도 • 고객의 헤어스타일에 따라 적절한 작업 방법을 준수하는 자세 • 고객과의 의사소통과 서비스를 적극적으로 노력하는 태도 • 접착 도구의 안전한 사용과 작업장 청결에 유의하는 태도

분류번호 : 120101012917v4

능력단위 명칭 : 디자인 헤어 타투

능력단위 정의 : 디자인 헤어 타투란 두상의 한 부분 또는 전체를 두피가 보일 정도로 짧게 커트한 후 고객이 원하는 디자인으로 클리퍼나 타투 도구를 이용하여 그림을 완성시키는 능력이다.

<table>
<tr><th>능력단위요소</th><th colspan="2">수행준거</th></tr>
<tr><td rowspan="4">헤어 타투 도안 설계하기
1201010150_17v4.1</td><td colspan="2">1.1 최신 유행하는 헤어 타투 디자인을 수집하여 분석할 수 있다.
1.2 고객 요구를 파악하여 헤어 타투 디자인을 구상할 수 있다.
1.3 헤어 타투 디자인에 필요한 도구와 재료를 준비할 수 있다.</td></tr>
<tr><td>지식</td><td>• 헤어 타투 유행 경향
• 작업계획서 작성에 필요한 지식</td></tr>
<tr><td>기술</td><td>• 헤어 타투 디자인 스크랩하는 능력
• 작업계획서 작성 능력</td></tr>
<tr><td>태도</td><td>• 트렌드 변화에 대해 지속적으로 관심 갖고 모니터링하는 자세
• 고객에게 이해가 쉽고 친절하게 설명하려는 노력</td></tr>
<tr><td rowspan="4">헤어 타투하기
1201010150_17v4.2</td><td colspan="2">2.1 헤어 타투 디자인에 따라 모발의 길이를 설정할 수 있다.
2.2 헤어 타투 디자인에 따라 작업 도구와 방법을 결정하여 서비스 할 수 있다.
2.3 헤어 타투 디자인을 마무리할 수 있다.</td></tr>
<tr><td>지식</td><td>• 헤어 타투 디자인에 필요한 도구 사용법
• 헤어 타투 디자인에 관한 지식</td></tr>
<tr><td>기술</td><td>• 헤어 타투 도구와 클리퍼 사용 테크닉
• 짧은 모발의 그래쥬에이션 커트 테크닉
• 헤어 라인을 깔끔하게 정리하는 기술</td></tr>
<tr><td>태도</td><td>• 헤어 타투 서비스 시 섬세하고 신중한 자세
• 작업 도구와 작업 공간을 청결하게 유지하려는 태도</td></tr>
</table>

PART Ⅱ

헤어 익스텐션의 이해

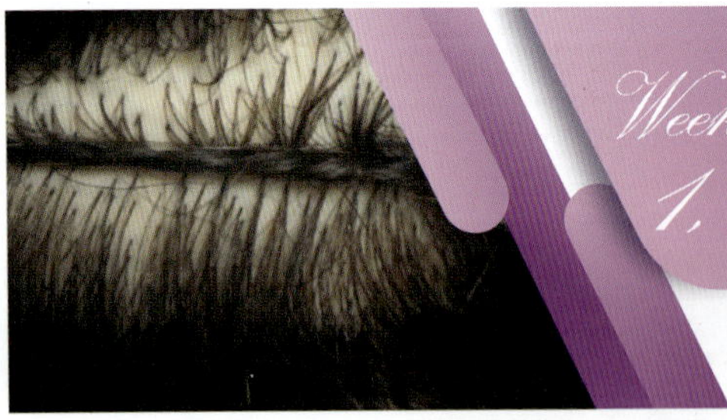

Week 1, 2

헤어 익스텐션의 이해

학습 내용 단원명	수업 목표
헤어 익스텐션의 개념	• 디자인에 따라 헤어 익스텐션을 할 수 있다. • 헤어 익스텐션에 필요한 재료와 도구를 준비할 수 있다. • 컬러, 길이, 질감 등의 디자인을 결정할 수 있다.

1. 헤어 익스텐션의 개념[1]

1. 헤어 익스텐션의 명칭과 의미

헤어 익스텐션Hair Extension이란 '확장하다, 연장하다' 의미로 사람의 본래 모발에 인조 헤어를 이용하여 새로운 스타일로 연출하는 헤어 디자인으로, 주로 붙임머리, 레게 머리Reggae Hair, 특수머리, 네피 헤어Nappy Hair라고 불리며 모발의 길이를 연장하거나 모량을 증가시키고 모발의 질감과 컬러의 변화를 통해 다양하게 디자인할 수 있는 헤어스타일링이다.

Check Point

레게 머리Reggae Hair : 여러 갈래로 꼰 머리라는 의미로 힙합 문화와 함께 발전한 헤어스타일을 말한다.

네피 헤어Nappy Hair : 보풀로 덮인 혹은 곱슬거린다는 의미로 여성 흑인의 타고난 그대로의 자연 모발을 뜻한다.

2. 헤어 익스텐션의 필요성[2]

기존의 헤어 드레싱과 다르게 스타일의 변화를 주고 헤어 컨디션의 문제점을 해결하며 짧은 머리는 길게, 숱이 부족한 머리에 볼륨을 주고 탈모로 인한 헤어 손실을 보완시켜 헤어스타일에 대한 불만족스러운 부분을 단시간 작업으로 개선해 줄 수 있다.

3. 헤어 익스텐션의 기원 및 역사

고대 이집트 시대에는 기존 모발에 머리카락을 엮어서 땋아 붙이는 형태의 가발을 즐겨 사용하였고, 그리스 시대는 사람의 모발을 성스럽게 여겨 보호 차원에서 가발을 사용하였다. 특히 로마인들은 가발을 즐겨 애용했고, 카리브 해안 흑인들의 경우 모발의 특성상 모발이 점차 구부러져 두피를 파고들기 때문에 이를 방지하기 위해 땋는 스타일을 즐겨 해왔으며, 땋기 헤어의 응용인 '콘로우Cornrow', 모발을 서로 엮어 만드는 '브레이딩Braiding', '위빙Weving'이나 모발을 말아서 붙이는 '드레드Dreadlock' 등 다양한 스타일의 변화를 만들어 왔다.

2. 헤어 익스텐션의 종류[3,4,5]

1. 붙임머리

모발에 헤어피스를 연결하여 모발의 길이를 연장하는 디자인을 하고 사용하는 헤어피스의 종류에 따라 시각적으로 다양하게 스타일의 변화를 연출할 수 있으며, 접착 재료에 따라 명칭이 달라진다.

사진	명칭	내용
	테이프 Tape	헤어피스의 테이프 부분을 모발에 부착한 후 열을 전도하여 고정하는 방식이다. 엉킴 현상이 적고 시술 방법이 간단하며 적은 시간 내에 연출이 가능하다.

사진	명칭	내용
	클립 clip	헤어피스에 클립이 부착되어 있어 두상의 둘레에 맞게 다양하게 제작되며, 클립을 오픈하여 본래의 모발에 고정하는 방식으로 손쉽게 탈부착이 가능하다.
	링칩 Ring	링에 연결된 헤어피스를 전용집게를 이용하여 부착하는 방법으로 접착제를 사용하지 않아 다른 기법에 비해 모발 손상이 적고 작업이 쉽고 간편한 반면 링을 너무 강하게 집어줄 경우 모발이 끊길 수 있고 집어주는 힘이 약할 경우 모발이 흘러내릴 수 있으므로 적절한 힘 조절을 요하는 작업이다. 또한 한번 사용한 모발을 재사용 할 수 있다.
	고무실 Gum yarn	2가닥 트위스트Twist와 3가닥 브레이즈Braids 기법으로 모발을 연장한 다음 본래의 모발과 헤어피스를 고정하는 방법으로 가장 자연스러운 연출이 가능하며 만족도가 높은 헤어스타일을 완성할 수 있다.
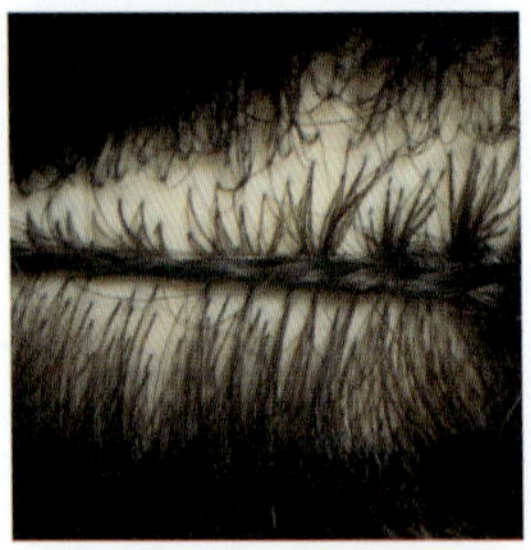	실 Cotton	실을 이용하여 연출하는 붙임머리는 주로 흑인들이 많이 하는 방법으로 본 머리를 콘로우 스타일로 마무리한 다음 그 위에 헤어피스를 부착하여 바느질하는 방법이다.
	실리콘팁 Silicon	접착제실리콘 단백질 글루를 이용하여 모발에 직접 부착하는 방법으로 부착 시 본래의 모발과 헤어피스의 각도 조절이 중요하며 다량의 모발과 접착했을 시 당김 현상으로 불편할 수 있다. 모발이 자랐을 때 접착 부위가 보일 수 있고 열에 녹을 수 있는 단점이 있다.

2. 특수머리

(1) 브레이즈Braids

머리 가닥을 교차하거나 엮는 기술로 도구 없이 손만으로 쉽게 질감의 변화를 주어 독창적이고 개성적인 헤어스타일 연출이 가능하며 땋는 방법과 재료, 스타일에 따라 다양하게 분류된다.

인모 브레이즈Human Braids

가모 브레이즈Wig Braids

얀 브레이즈Yarn Braids

주얼리 브레이즈Jewelry Braids

(2) 콘로우Cornrow

세 가닥 땋기 기법을 두피에 밀착하여 표현하는 스타일로 안으로 집어 넣어 땋는 것보다 바깥으로 거꾸로 땋아서 입체감 있게 표현하는 것이 특징이며 연속적인 선을 이용한 파트 형태의 콘로우Cornrow가 있고, 본래의 콘로우에 가모를 이용하여 모발을 연장하는 익스텐션 콘로우Extension Cornrow가 있다.

직선 콘로우Straight Cornrow

방사선 콘로우Pivot Cornrow

디자인 콘로우Design Cornrow

(3) 드레드 Dreads

곱슬머리에 가모와 코바늘을 이용하여 로프처럼 엉켜 있는 모발 다발을 연출하는 스타일로서 흑인의 머리 형태에서 볼 수 있다.

소프트 드레드 Soft Dreads

스파이키 드레드 Spiky Dreads

스틱 드레드 Stick Dreads

누비안 드레드 Nubian Twists Dreads

(4) 특수펌 Afro perm, Foil perm

흑인 특유의 머릿결로 만드는 것을 아프로 펌Afro Perm 또는 핑 퍼머넌트 웨이브Ping Permanent Wave 라고도 하고, 이것을 줄여 핑 펌Ping Perm 이라고 한다. 철사를 이용하여 가는 스프링 모양의 웨이브가 형성되어 스프링 드레드Spring Dreads 라고도 한다.

아프로 펌Afro Perm

호일 펌Foil Perm

(5) 헤어 타투 Hair Tattoo

헤어 타투는 바리캉Hair Clipper을 이용하여 모양을 그린 스타일로 바리 아트Bari Art 또는 라인 아트Line Art라고 한다. 시술 시 바리깡의 날의 방향은 모발이 자라는 방향의 반대 방향으로 위치해서 그려나가고 머리형, 모류를 잘 확인하고 도안 모양을 선택하는 것이 중요하다.

직선 타투Straight Line

곡선 타투Curve Line

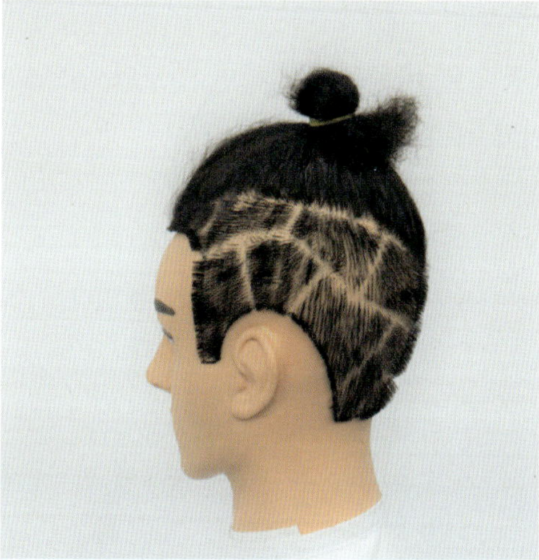

음각 타투Intaglio Line

양각 타투Emboss Line

4. 피스의 종류와 특성[6)7)]

1. 모발에 의한 분류

(1) 인모

커트, 스타일링 등 물리적 도구의 사용과 컬러Color, 퍼머넌트 웨이브Permanent Wave 등의 화학적 시술과정을 적용할 수 있는 모발로 원모발의 종류에 따라 품질과 가격이 달라지며, 높은 가격으로 판매되고 있다. 제작되는 피스의 종류는 직모와 곱슬 모발까지 다양하다.

(2) 인조모

여러 가지 화학섬유를 섞어 제작되고 방법에 따라 품질도 다양하다. 일반적으로 모질이 빳빳하고 움직임이 부자연스러우며 열과 외부 마찰에 의해 손상된다. 저렴한 가격대로 판매되고 있으며, 스타일링 사용에 제한이 있지만 최근에는 열에 강한 섬유를 이용하여 제작되고 있다.

(3) 혼합모

인모와 인조모를 적합하게 혼합하여 만든 제품으로 비율을 달리하면 인모와 인조모의 단점을 극복할 수 있으나 취급 방법이 달라 관리가 까다롭다.

종류	장점	단점
인모	• 머릿결의 변형이 없고 스타일링에 제약을 받지 않는다. • 열에 강하고 펌 염색이 자유롭다.	• 시간이 지날수록 끊어질 수 있다. • 인조모에 비해 수명이 짧다.
인조모	• 수명이 인모보다 길다. • 컬러가 장기간 유지된다. • 가격이 저렴하다.	• 화학 시술펌, 염색이 불가능하다. • 빛을 흡수하지 못해 햇볕에 반짝거림이 있다. • 엉킴과 정전기 현상이 있다.
혼합모	• 인모 비율이 높으면 드라이 및 세팅이 가능하다. • 염색이 어느 정도 가능하다. • 인조모의 컬을 유지한다. • 볼륨감 형성이 좋다.	• 세팅 온도, 취급 방법이 달라서 관리가 까다롭다.

2. 길이에 의한 분류

보편적으로 롱Long, 미디움Medium, 쇼트Shot의 다양한 길이로 제작되며, 원하는 디자인에 따라 적합한 피스의 길이를 결정하고 작업 후 스타일링을 위한 커트 시술을 하는 경우도 있다.

3. 질감에 의한 분류

브랜드에 따라 제품의 명칭도 다양하고 크게 스트레이트Straight, 웨이브Wave, 컬Curly 스타일Style로 구분된다.

4. 컬러에 따른 분류

색상, 명도, 채도에 따라 다양한 색상에 따라 분류되고 원색부터 파스텔 계열까지 염색 시술로 연출하기 어려운 색상까지 선택의 폭이 넓다.

5. 헤어 익스텐션 사전 준비하기[8)]

고객의 모발과 컬러를 매치하여 전체적인 컬러톤, 하이라이트 등 사전에 계획된 컬러 작업을 하기 위한 것으로 익스텐션의 헤어 컬러를 선택하는 것은 컬러링을 통해 고객의 모발과 가장 비슷하게 진행해야 한다. 특히 기준색은 모발의 뿌리 부분이 아닌 중간 부분이나 끝부분의 색상과 비교해야 한다. 일반적으로 뿌리 부분의 컬러가 더 어둡기 때문이다.

6. 고객상담과 예약[9)]

1. 고객상담

(1) 전화문의 상담

직접 방문하는 것보다 심리적 부담이 덜하며 여러 곳의 정보를 얻어 비교할 수 있다. 친절하고 성의 있게 전화 상담의 목소리, 태도, 답변 내용으로 고객이 신뢰할 수 있도록 프라이버시Privacy를 존중하여 고객 스스로 문제점을 털어놓을 수 있는 분위기를 조성해야 한다.

(2) 방문 고객 상담

방문한 고객의 특징과 불만사항, 희망 사항을 정확히 파악하여 체크리스트가 기록된 상담 차트를 준비하여 서비스의 기초가 되는 항목들을 체크하여 체계적인 상담을 진행하도록 한다.

2. 시술 서비스 예약

시간이 많이 소요되는 작업이기 때문에 예약을 하는 것이 효과적이다. 시술에 따라 준비해야 하는 시술 재료가 다르기 때문에 미리 공급받기 위해서 사전에 충분한 시간 관리가 필요하며, 시술 시간도 고려해서 예약 시간을 결정해야 한다.

고객상담카드

<table>
<tr><td colspan="3">NO. 상담자명 :</td><td colspan="4">방문일자 : 20 년 월 일</td></tr>
<tr><td>성명</td><td colspan="2"></td><td>생년월일</td><td colspan="3">세</td></tr>
<tr><td>지역</td><td colspan="2"></td><td>휴대폰</td><td colspan="3"></td></tr>
<tr><td>방문동기</td><td colspan="2"></td><td>성별</td><td colspan="3"></td></tr>
<tr><td>시술경험</td><td colspan="6">유 , 무</td></tr>
<tr><td>희망하는 시술</td><td colspan="3">붙임머리</td><td colspan="3">특수머리</td></tr>
<tr><td>현재 고객의 헤어상태</td><td colspan="2">퍼머 머리</td><td colspan="2">염색 머리</td><td colspan="2">스트레이트 머리</td></tr>
<tr><td>현재 고객의 모발길이 네이프</td><td colspan="2">7cm</td><td colspan="2">14cm</td><td colspan="2">21cm</td></tr>
<tr><td rowspan="2">희망하는 익스텐션 종류</td><td colspan="2">땋기</td><td colspan="2">링 / 투링</td><td colspan="2">단백질 / 실리콘</td></tr>
<tr><td colspan="2">브레이즈</td><td colspan="2">콘로우</td><td colspan="2">드레드</td></tr>
<tr><td>희망하는 익스텐션 길이</td><td>14인치</td><td>16인치</td><td>18인치</td><td>20인치</td><td>22인치</td><td>24인치</td></tr>
<tr><td>희망하는 익스텐션 컬러</td><td colspan="2">기본 컬러</td><td colspan="2">특수 컬러 단일</td><td colspan="2">특수 컬러 혼합</td></tr>
<tr><td>익스텐션을 시술하는 동기</td><td>볼륨 증가</td><td colspan="2">길이 연장</td><td colspan="2">단점 보완</td><td>대체 보완</td></tr>
<tr><td>예약일시</td><td colspan="2"></td><td colspan="2">소요시간</td><td colspan="2"></td></tr>
<tr><td>스타일 관리 예약</td><td colspan="3">재시술</td><td colspan="3">스타일링 제거</td></tr>
<tr><td colspan="7">예약금은 시술 전일 및 당일에는 반환되지 않습니다.</td></tr>
<tr><td colspan="7">약속된 예약시간보다 30분 이상 늦어질 경우에는 예약이 취소될 수 있습니다.</td></tr>
<tr><td colspan="3">시술금액: 원</td><td colspan="4">잔 금 :</td></tr>
<tr><td colspan="3">위 내용에 동의함</td><td colspan="4">고객 서명 : 인
담당자 서명 : 인
날짜 :</td></tr>
</table>

3. 관리 서비스 예약

(1) 애프터 서비스

시술 후 7~10일 사이에 방문을 권하고 일상생활에 불편, 문제는 없었는지 점검하는 체크용 예약이다.

(2) 보완 서비스

시술 후 4~6주가 지나면 채워주는 보완 작업이 필요하며 손실에 대체하는 서비스가 이루어져야 하며 샴푸 및 스타일링 서비스가 포함이 된다.

(3) 시술 제거 예약

엉키거나 유지가 어려워지고 기존의 모발도 손상도를 가져올 수 있기 때문에 최대 3개월 전에 반드시 제거 작업을 해야 한다. 일반적인 1~2시간 소요되지만 시술 종류에 따라 시간이 달라진다.

PART Ⅲ

헤어 익스텐션의 연출

헤어 익스텐션의 섹션에 대한 이해

학습 내용 단원명	수업 목표
헤어 익스텐션의 섹션에 대한 이해	• 디자인에 따라 헤어 익스텐션을 할 수 있다.

1. 헤어 익스텐션의 섹션에 대한 이해[10)]

1. 붙임머리

가로 섹션Horizontal Section과 사선 섹션Diagonal Section이 사용되며, 섹션의 양은 모량에 따라 달라질 수 있고 연출하는 목적과 모발의 길이에 따라 시작하는 위치가 네이프Nape에서 탑Top으로 시술이 진행되거나 필요 부위에 부분적으로 달라질 수 있다.

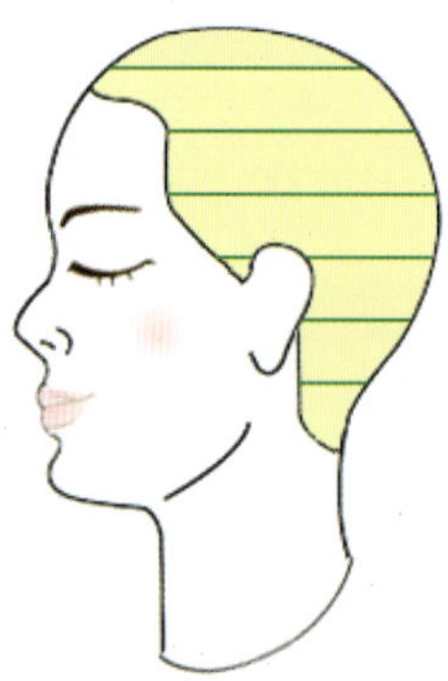

가로 섹션Horizontal Section

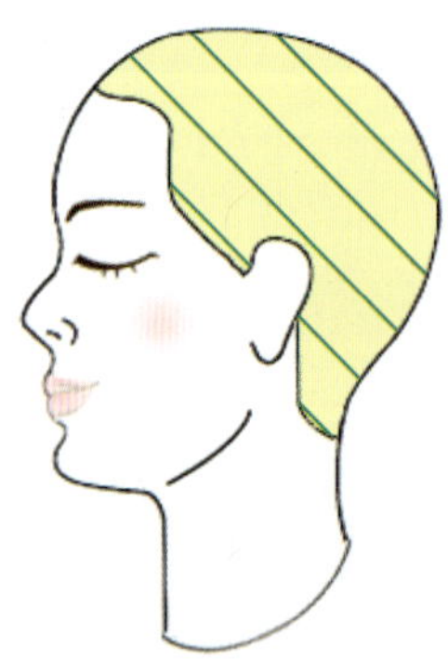

사선 섹션Diagonal Section

2. 특수머리[11)]

두상의 흐름을 고려하고 명확한 섹션의 흐름 및 깔끔하고 정확한 선은 특수머리 디자인에 있어서 작품성과 완성도에 관련이 있다.

(1) 기본 섹션

① **사다리 섹션** : 가르마를 자유롭게 하거나 볼륨을 주고자 할 때 적합

② **벽돌 섹션** : 두정부 시술에 주로 사용되며 풍성함을 주거나 묶지 않는 디자인에 적합

③ **마름모 섹션** : 가장 선호하는 섹션으로 볼륨을 주거나 섹션이 보이길 원할 때 적합

④ **삼각 섹션** : 가닥수가 많이 나오며, 불륨이 적은 스타일로 앞머리 시술 시 적합

⑤ **반원 섹션** : 볼륨이 적당하며 여러 명의 시술자가 동시에 시술하기 적합

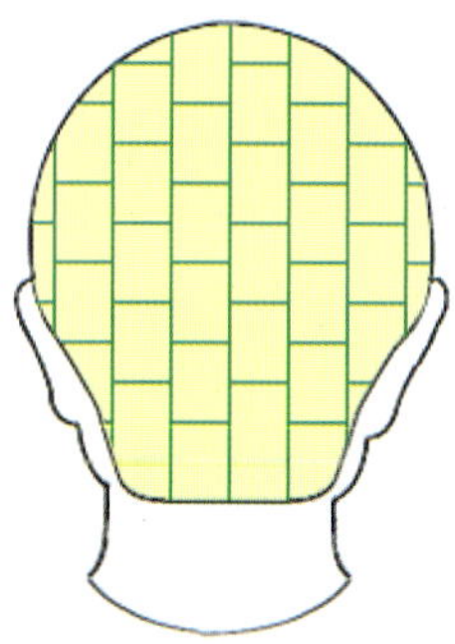

사다리 섹션 Trapezium Section

벽돌 섹션 Brick Section

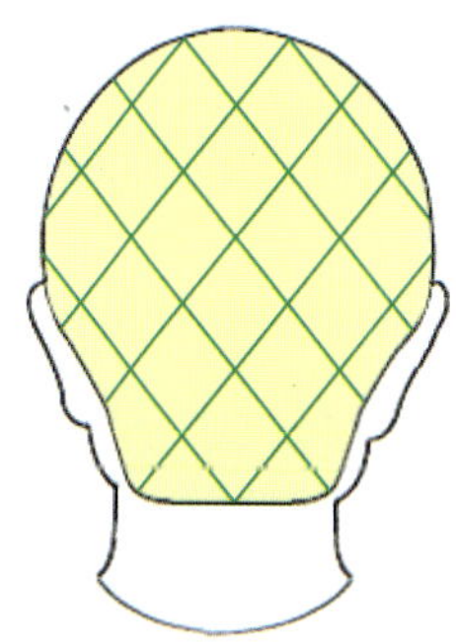

마름모 섹션 Dimond Section

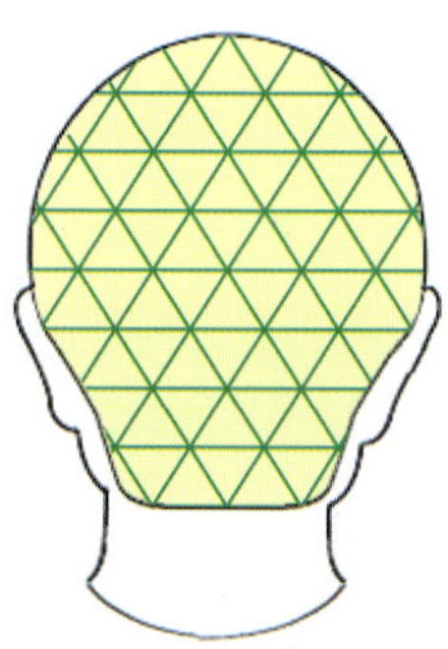

삼각 섹션 Triangle Section

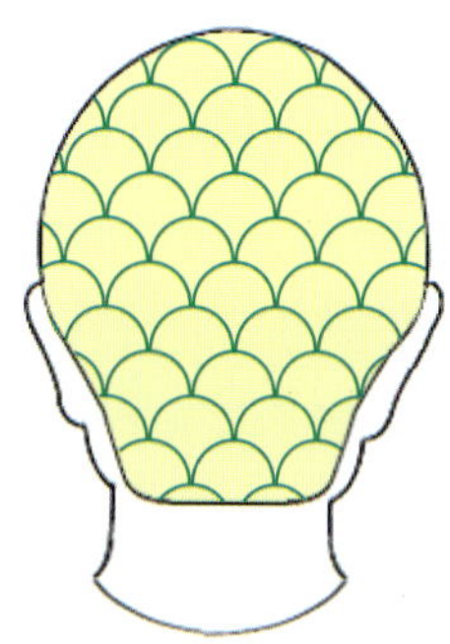

반원 섹션 Semicircle Section

(2) 콘로우 머리의 섹션[12)]

① 직선 섹션 : 섹션과 선이 직선 또는 사선으로 하여 형태를 만들어 내는 것

② 방사선 섹셕 : 하나의 중심축을 가지고 두상의 곡면을 따라 형태를 만들어 내는 것

③ 디자인 섹션 : 기하학적 무늬 또는 자유로운 형태를 만들어 내는 것

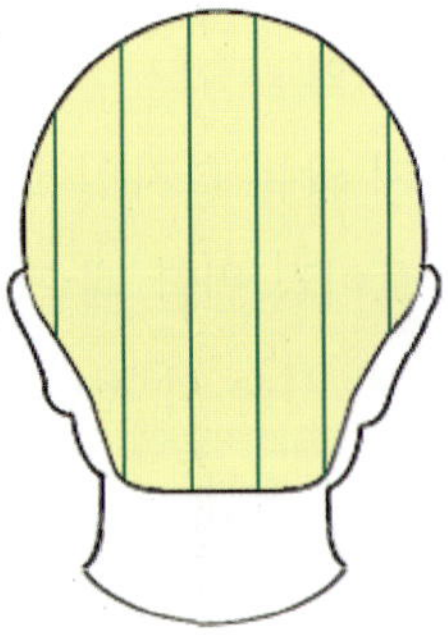

직선 섹션Straight Section

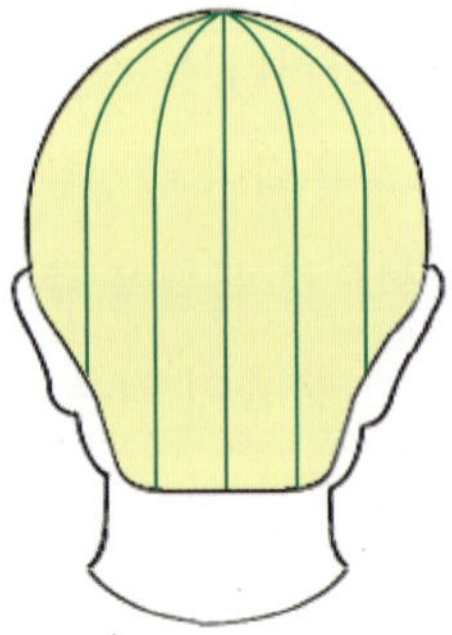

방사선 섹션Pivot Section

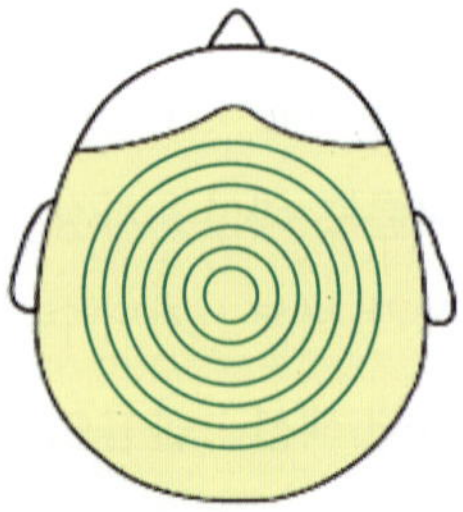

디자인 섹션Design Section

2. 두상 포인트 및 영역 분할 명칭

1. 두상의 기본 Point[13)]

특수머리 시술 시 정확한 섹션 또는 파팅을 나누기 위해서 두상의 특정 포인트를 연결하여 모든 시술에 사용되어 매우 중요하다.

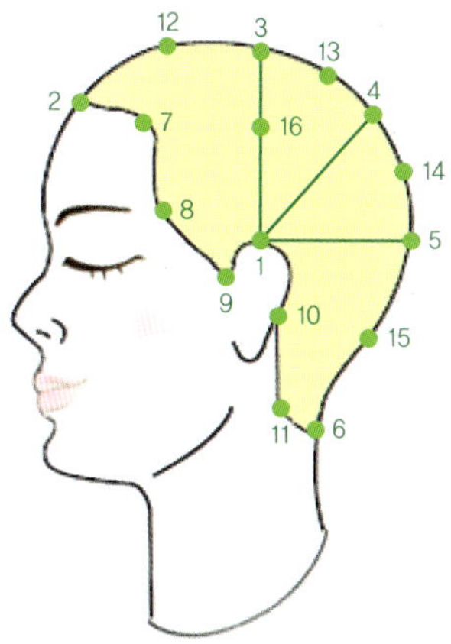

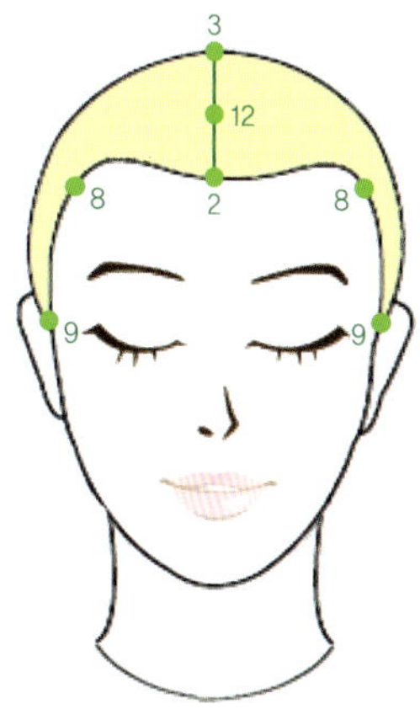

번호	용어	약어
①	이어 포인트 Ear Point	E.P
②	센터 포인트 Center Point	C.P
③	탑 포인트 Top Point	T.P
④	골든 포인트 Golden Point	G.P
⑤	백 포인트 Back Point	B.P
⑥	네이프 포인트 Nape Point	N.P
⑦	프론트 사이드 포인트 Front Side Point	F.S.P
⑧	사이드 포인트 Side Point	S.P
⑨	사이드 코너 포인트 Side Corner Point	S.C.P
⑩	이어 백 포인트 Ear Back Point	E.B.P
⑪	네이프 사이드 포인트 Nape Side Point	N.S.P
⑫	센터 탑 미디움 포인트 Center Top Medium Point	C.T.M.P
⑬	탑 골든 미디움 포인트 Top Golden Medium Point	T.G.M.P
⑭	골든 백 미디움 포인트 Golden Back Medium Point	G.B.M.P
⑮	백 네이프 미디움 포인트 Back Nape Medium Point	B.N.M.P
⑯	이어 탑 미디움 포인트 Ear Top Medium Point	E.T.M.P

2. 5개의 두상 영역 분할과 명칭[14)]

두상의 골격대로 파팅을 나누는 것

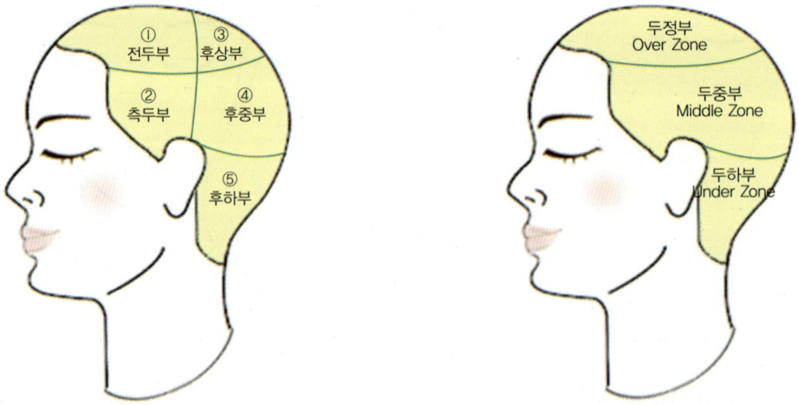

영역	명칭	역할
①번 영역	전두부	• 앞머리 영역 • 얼굴의 헤어 라인과 밀접한 관계가 있어 얼굴의 전체적인 균형에 많은 영향을 준다.
②번 영역	측두부	• 옆선 영역 • 이미지를 연출하고, 사이드나 아웃 라인의 모양, 질감을 형성하는 곳 • 짧은 모발은 얼굴형의 이미지가 결정되기도 한다.
③번 영역	후상부	• 두상에서 가장 높은 곳에 위치하는 영역 • 헤어스타일의 높이를 결정 짓고, 볼륨감을 형성하는 곳
④번 영역	후중부	• 두상에서 가장 넓은 영역 • 외부로 돌출된 부분이기 때문에 헤어스타일의 질감이나 움직임에 관여한다. • 헤어스타일의 형태를 좌우한다.
⑤번 영역	후하부	• 두상에서 가장 낮은 곳에 위치하는 영역 • 커트의 형태를 결정짓고, 뒷모습의 아웃 라인이나 길이를 결정짓는 곳
Over Zone	두정부	• 전두부와 후상부 영역을 포함 • 헤어스타일 상부의 실루엣을 결정짓는 곳 • 헤어스타일의 전체적인 느낌과 인상을 좌우한다.
Middle Zone	두중부	• 측두부와 후중부의 영역을 포함 • 헤어스타일 중간부의 전체적인 질감, 움직임, 실루엣을 결정짓는 곳
Under Zone	두하부	• 후하부와 같은 영역으로 특징 또한 같다.

익스텐션

1. 붙임머리 준비하기

※ 모발의 길이를 연장하는 시술 방법으로 디양한 시술 기법이 있으며, 실리콘, 인, 스킬, 땋기 방법이 있다.

학습 내용 단원명	수업 목표
붙임머리	• 디자인에 따라 헤어 익스텐션을 할 수 있다. • 꼬기를 이용하여 헤어 익스텐션을 연출할 수 있다. • 땋기를 이용하여 헤어 익스텐션을 연출할 수 있다.

(1) 재료

① 땋기 붙임머리

② 접착식 붙임머리

③ 트윙클 붙임머리

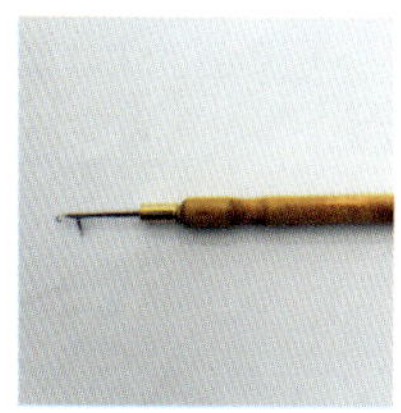
④ 코바늘

⑤ 링

⑥ 고무실

⑦ 열기구

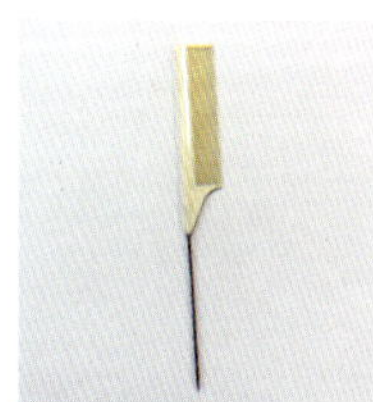
⑧ 꼬리빗

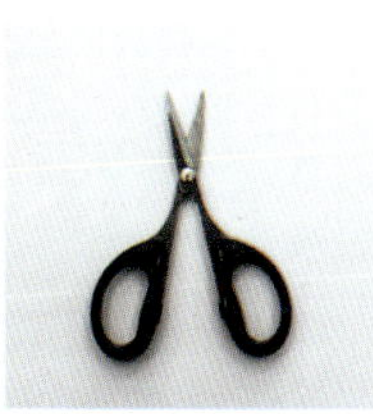
⑨ 가위

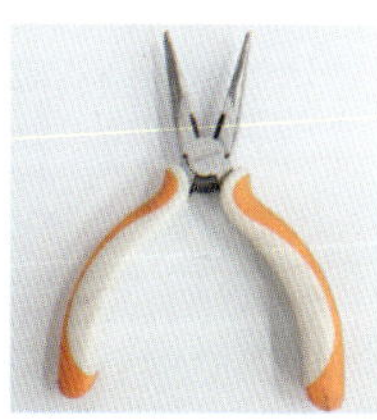
⑩ 펜치

⑪ 핀셋

⑫ 핀컬 핀

(2) 도해도 및 시술방법

시술 전

시술 후

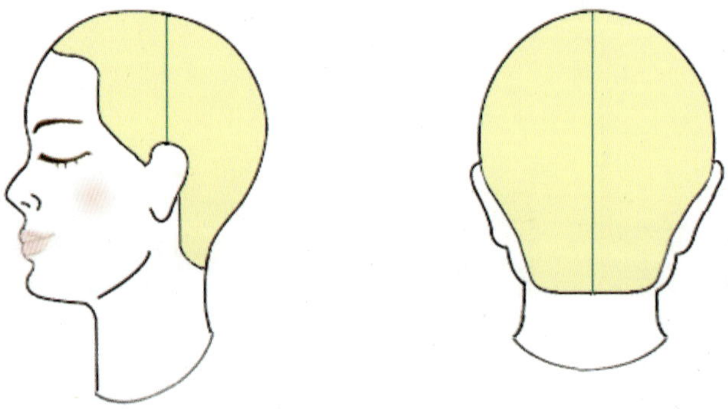

블로킹

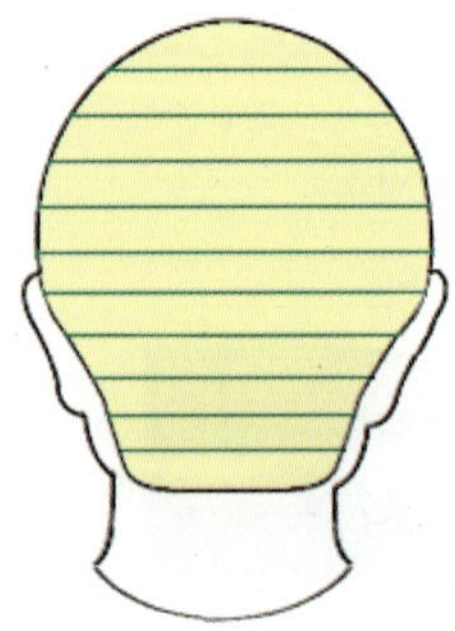

섹션

블로킹 Blocking	4등분 Center Parting, Ear to Ear Parting
섹션 Section	수평 Horizontal
각도 Elevation	네이프, 백, 탑- 두상 시술 각 90° Nape, Back, Top-Normal Projection 90°
베이스 Base	온 더 베이스 On The Base

2. 붙임머리 시술하기

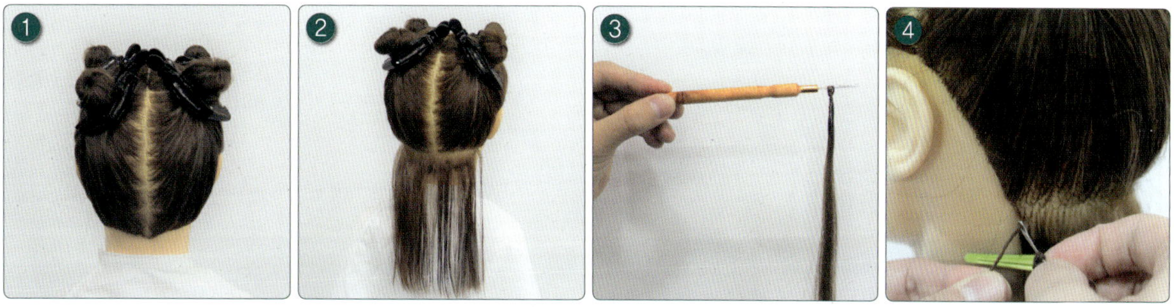

①~④ • 4등분 블로킹Blocking을 한 뒤 섹션Section을 나누고 붙임머리의 매듭을 코바늘에 넣어 준비하여 슬라이스Slice 위의 모발을 코바늘 고리로 잡는다.

(1) 코바늘 붙임머리 시술

①~⑧ • 붙임머리 매듭을 밀어 올려 슬라이스 위의 모발에 안착시킨 후 코바늘을 뒤로 빼낸 다음 비어있는 코바늘을 다시 위 방향으로 밀어 올려 모발을 잡아당긴다.

• 매듭을 두피 가까이 밀어 올려 준 다음 매듭 바로 아랫부분에 고무실을 사용하여 5회 이상 감아 묶어 고정한다.

(2) 투 링Two-Ring 붙임머리 시술

①~⑧ • 붙임머리를 연결하고 있는 링칩Ring을 코바늘에 넣고 링칩을 위로 밀어 올려 모발 위에 안착시킨다. 이때 링칩이 빠지지 않도록 손가락으로 잡는다.

• 안착시킨 링칩을 잡고 붙임머리 두 가닥이 양쪽으로 잘 분배되어 있는지 확인하고 펜치Pincers를 사용하여 링칩을 강하게 눌러 압착한다.

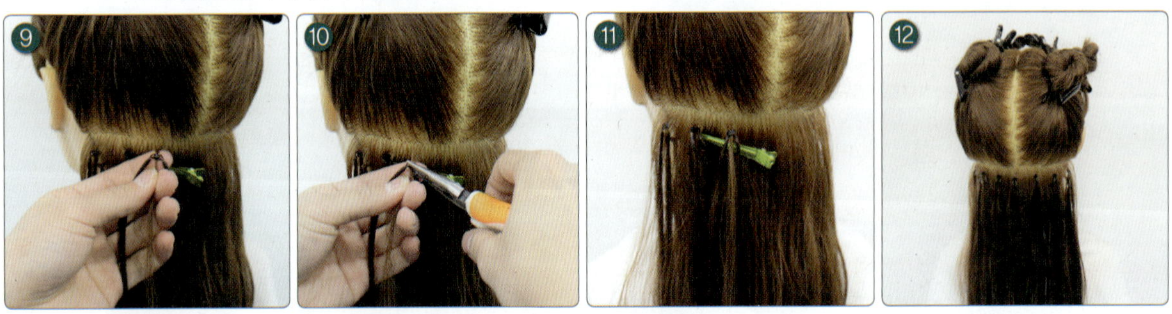

⑨~⑫ • 전과 동일한 방법으로 좌측 사이드Side 시술을 진행한다.

(3) 원 링One-Ring 붙임머리 시술

①~⑧ • 섹션을 나눈 뒤 코바늘에 링칩을 끼워서 준비하여 코바늘로 모발을 잡고 링칩을 밀어올린 다음 코바늘은 제거한 후 링칩이 빠지지 않도록 손가락으로 잡는다.
• 모발 위에 걸려있는 링칩에 붙임머리를 밀어 넣고 펜치를 사용하여 강하게 눌러 압착한다.

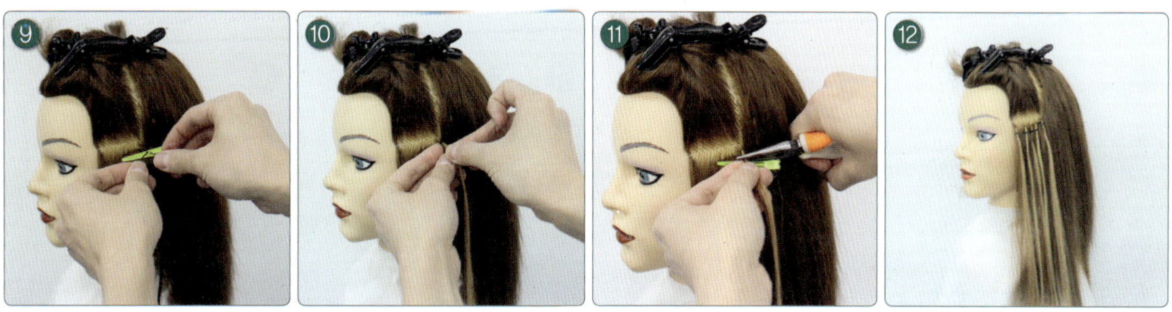

⑨~⑫ • 전과 동일한 방법으로 좌측 사이드Side 시술을 진행한다.

(4) 트위스트Twist 붙임머리 시술

①~⑧ • 슬라이스 위에 있는 인모에 붙임머리를 엮여 두 가닥을 만든다.
※ 인모와 가모를 엮은 부분이 두피에서 멀어지지 않도록 주의한다.
두 가닥으로 꼬아 내리며 꼬인 매듭이 4~5회 정도 반복되었을 때 풀리지 않도록 잡아준 다음 고무실을 사용하여 5회 이상 감아 묶어 고정한다.

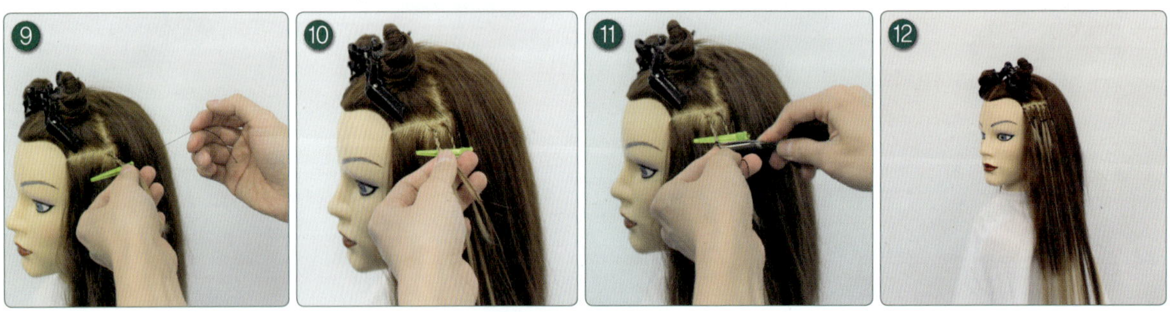

⑨~⑫ • 전과 동일한 방법으로 좌측 사이드Side 시술을 진행한다.

(5) 접착식 붙임머리 시술

①~④ • 슬라이스 위의 모발과 실리콘팁이 연결되어있는 붙임머리를 일직선상에 올려놓고 열기구를 사용하여 접착제를 녹인 후 비벼서 굳혀준다.

※ 열기구를 제거한 뒤 바로 잡게 되면 화상의 우려가 있으니 잠시 후에 진행한다.

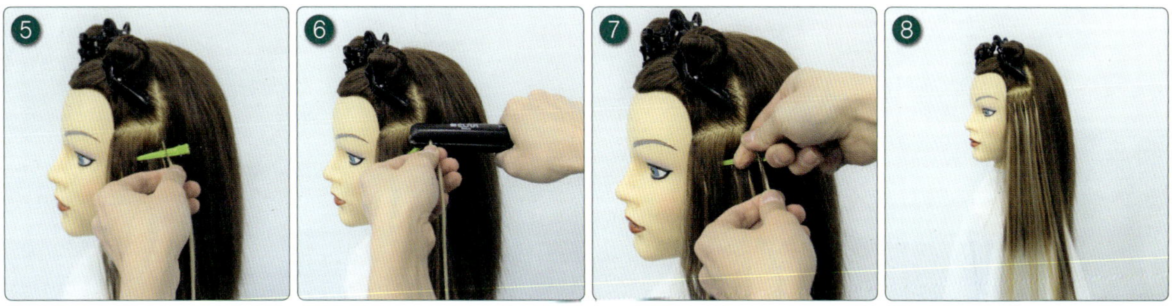

⑤~⑧ • 전과 동일한 방법으로 좌측 사이드Side 시술을 진행한다.

(6) 두 가닥 꼬기 붙임머리 시술

①~⑯ • 슬라이스 위의 모발과 땋기 붙임머리의 실을 엮어 두가닥을 만든 후 꼬아 내려가며 실이 끝나는 부분까지 진행한 다음 매듭이 풀리지 않도록 손가락으로 잡은 뒤 고무실로 5회 이상 묶어 고정하고 매듭이 두상에서 멀어지지 않도록 바짝 붙여 일정한 텐션Tension을 유지하며 시술을 진행한다.

※ 인모와 실을 엮어 교차한 부분이 두피에서 멀어지지 않도록 주의한다.

⑰~⑳ • 전과 동일한 방법으로 좌측 사이드Side 시술을 진행한다.

(7) 세 가닥 땋기 붙임머리 시술

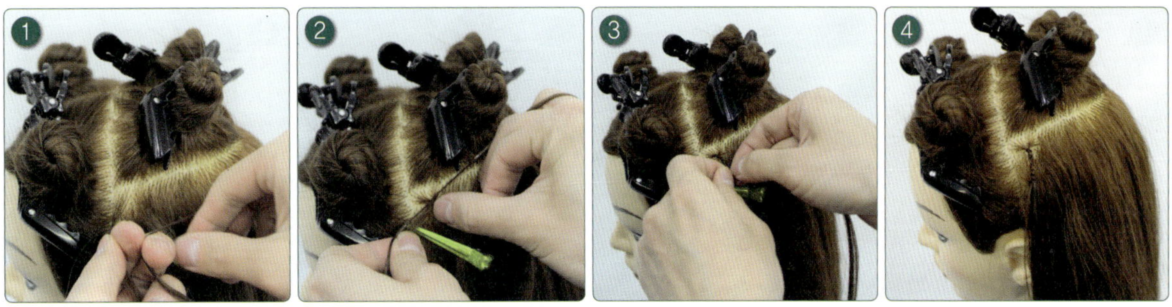

①~④ • 슬라이스 위에 있는 모발과 붙임머리의 실을 엮어 총 세 가닥을 만들고 세 가닥 땋기를 실이 끝나는 부분까지 진행한 뒤 풀리지 않도록 손가락으로 삽아 고무실로 5회 이상 묶어 고정한다.

⑤~⑫ • 매듭이 두상에서 멀어지지 않도록 바짝 붙여 시술하며 시술 도중에 일정한 텐션을 유지하여 전과 동일한 방법으로 시술을 진행한다.

⑬~⑯ • 전과 동일한 방법으로 좌측 사이드Side 시술을 진행한다.

(8) 트윙클 붙임머리 시술

①~⑧ • 섹션을 나누어 준비한 다음 코바늘에 트윙클 붙임머리를 걸고 슬라이스 위의 모발과 함께 걸어 텐션을 유지한다.

• 한 방향으로 돌아가지 않을 때까지 회전시킨 뒤 코바늘을 위로 밀어 올려 남은 모발과 트윙클 붙임머리를 같이 잡고 아래로 당긴다.

3. 붙임머리 마무리하기

앞Front

뒤Back

우Right Side

좌Left Side

[붙임머리 스타일링 Styling]

앞 Front

뒤 Back

우 Right Side

좌 Left Side

[교수 학습방법]

교수 방법
① 헤어 익스텐션의 정의, 방법, 재료와 도구를 설명하고 보고서 작성법을 전달한다. ② 헤어 디자인에 따라 익스텐션용 피스의 종류를 결정할 수 있도록 시도한다. ③ 모발 접착제, 접착 도구, 접착 기법을 정리하여 발표하도록 지도한다. ④ 익스텐션 피스를 모발에 접착하는 방법과 제거하는 방법을 실습 지도한다. ⑤ 익스테션 피스의 자연스러운 연결을 위한 사전, 사후 방법 및 관리법을 실습 지도한다. ⑥ 헤어 익스텐션의 실전 기술에 관련하여 마네킹에 시술하면서 훈련하고, 2인 1조로 상호 실습하도록 지도한다.

학습 방법
① 헤어 익스텐션의 정의, 방법, 재료와 도구를 학습하고 보고서를 작성한다. ② 헤어 익스텐션의 다양한 기법을 실습하고 포트폴리오로 제작한다. ③ 헤어 디자인에 따라 익스텐션용 피스의 종류를 결정할 수 있도록 학습한다. ④ 모발 접착제, 접착 도구, 접착 기법을 정리하고 발표한다. ⑤ 익스텐션 피스를 모발에 접착하는 방법과 제거하는 방법을 실습한다. ⑥ 익스텐션 피스의 자연스러운 연결을 위한 사전, 사후 방법 및 관리법을 실습한다. ⑦ 헤어 익스텐션의 실전 기술에 관련하여 마네킹에 시술하면서 훈련하고, 2인 1조로 상호실습한다.

실습과정 사진	
사진	설명

실습결과 사진	
앞 Front	뒤 Back
좌측 Left Side	우측 Right Side

[학생 자가 진단 및 교수평가]

• 평가 준거

<table>
<tr><th rowspan="2">학습내용</th><th rowspan="2">학습목표</th><th colspan="3">성취수준</th></tr>
<tr><th>상</th><th>중</th><th>하</th></tr>
<tr><td rowspan="2">헤어 익스텐션 준비</td><td>1. 고객의 요구를 파악하여 피스의 컬러, 길이, 질감 등의 디자인을 결정할 수 있다.</td><td></td><td></td><td></td></tr>
<tr><td>2. 헤어 익스텐션에 필요한 재료와 도구를 준비할 수 있다.</td><td></td><td></td><td></td></tr>
<tr><td rowspan="3">헤어 익스텐션 연출</td><td>1. 디자인에 따라 헤어 익스텐션을 할 수 있다.</td><td></td><td></td><td></td></tr>
<tr><td>2. 익스텐션용 피스를 본 모발에서 제거할 수 있다.</td><td></td><td></td><td></td></tr>
<tr><td>3. 익스텐션용 피스의 자연스러운 연결을 위해 고객 모발에 마무리 작업을 할 수 있다.</td><td></td><td></td><td></td></tr>
<tr><td>헤어 익스텐션 관리</td><td>1. 고객에게 헤어스타일 유지를 위한 관리 방법을 설명할 수 있다.</td><td></td><td></td><td></td></tr>
</table>

• 평가자 체크리스트

<table>
<tr><th rowspan="2">학습내용</th><th rowspan="2">학습목표</th><th colspan="3">성취수준</th></tr>
<tr><th>상</th><th>중</th><th>하</th></tr>
<tr><td rowspan="3">헤어 익스텐션 준비</td><td>1. 피스의 종류와 특성에 대해 이해할 수 있다.</td><td></td><td></td><td></td></tr>
<tr><td>2. 헤어 익스텐션용 재료와 도구의 종류에 대해 이해할 수 있다.</td><td></td><td></td><td></td></tr>
<tr><td>3. 헤어 익스텐션용 재료와 도구의 용도에 대해 이해할 수 있다.</td><td></td><td></td><td></td></tr>
<tr><td rowspan="3">헤어 익스텐션 연출</td><td>1. 헤어 익스텐션의 특징에 대해 이해할 수 있다.</td><td></td><td></td><td></td></tr>
<tr><td>2. 헤어 익스텐션의 부착과 제거를 할 수 있다.</td><td></td><td></td><td></td></tr>
<tr><td>3. 헤어 익스텐션의 마무리 작업을 할 수 있다.</td><td></td><td></td><td></td></tr>
<tr><td>헤어 익스텐션 관리</td><td>1. 헤어 익스텐션의 관리를 할 수 있다.</td><td></td><td></td><td></td></tr>
</table>

• 포트폴리오

학습내용	학습목표	성취수준		
		상	중	하
헤어 익스텐션 준비	1. 헤어 익스텐션의 종류에 대한 분류 능력			
	2. 헤어 익스텐션의 재료와 도구 준비 과정을 포트폴리오로 정리할 수 있는 능력			
	3. 트위스트, 콘로우 기법의 이해와 실기 과정을 포트폴리오로 정리할 수 있는 능력			
헤어 익스텐션 연출	1. 테이핑, 링, 브레이즈, 드레드 기법의 이해와 실기 과정을 포트폴리오로 정리할 수 있는 능력			
헤어 익스텐션 관리	1. 샴푸 과정의 이해와 실기 과정을 포트폴리오로 정리할 수 있는 능력			

[교수자 피드백]

인모 브레이즈

1. 2가닥 꼬기

※ 가모 레게원사를 사용하지 않고 본인의 모발만 사용하여 시술하는 방법으로 모발의 길이에 영향을 받을 수 있으며, 2가닥 꼬기 방법과 3가닥 땋기 방법이 있다.

학습 내용 단원명	수업 목표
인모 브레이즈 2가닥 꼬기	• 디자인에 따라 헤어 익스텐션을 할 수 있다. • 꼬기를 이용하여 헤어 익스텐션을 연출할 수 있다. • 땋기를 이용하여 헤어 익스텐션을 연출할 수 있다.

1. 2가닥 꼬기 준비하기

(1) 재료

① 고무실

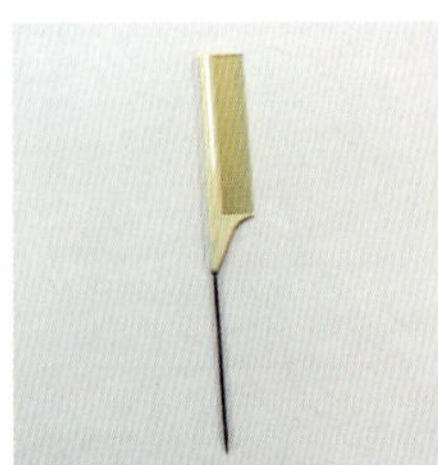
② 꼬리빗

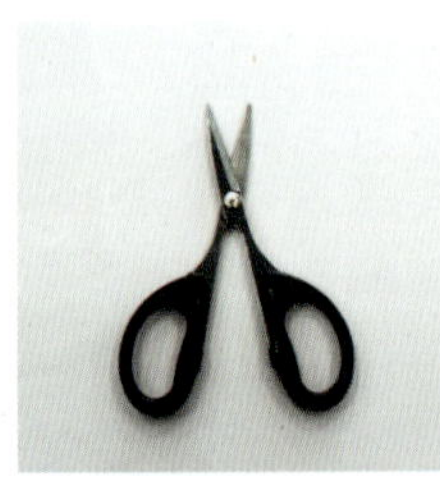
③ 가위

④ 핀셋

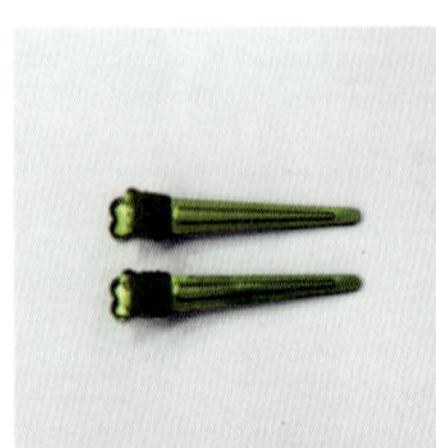
⑤ 핀컬 핀

(2) 도해도 및 시술방법

시술 전

시술 후

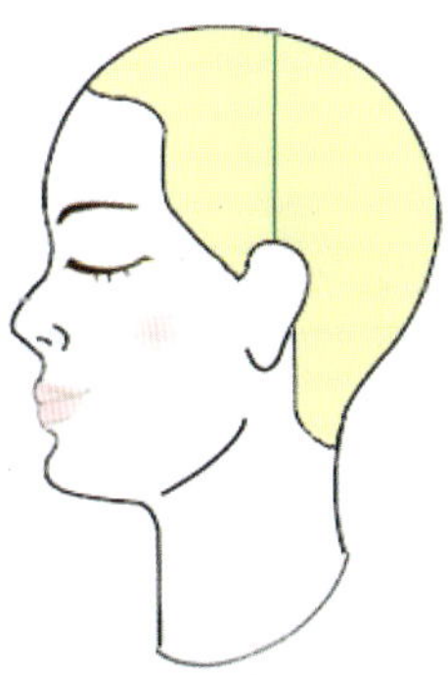

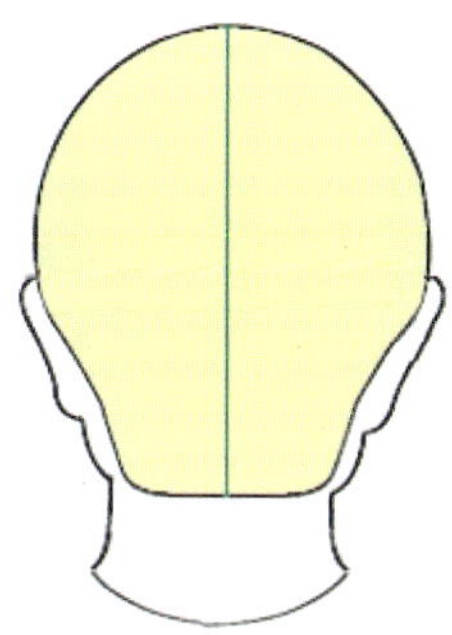

블로킹

섹션

블로킹 Blocking	4등분 Center Parting, Ear to Ear Parting
섹션 Section	수평 Horizontal
분배 Distribution	수직 Perpendicular
각도 Elevation	네이프 – 자연 시술 각 45° Nape – Natural Fall 45° 백, 탑 – 두상 시술 각 90° Back, Top – Normal Projection 90°
베이스 Base	온 더 베이스 On The Base

2. 2가닥 꼬기 시술하기

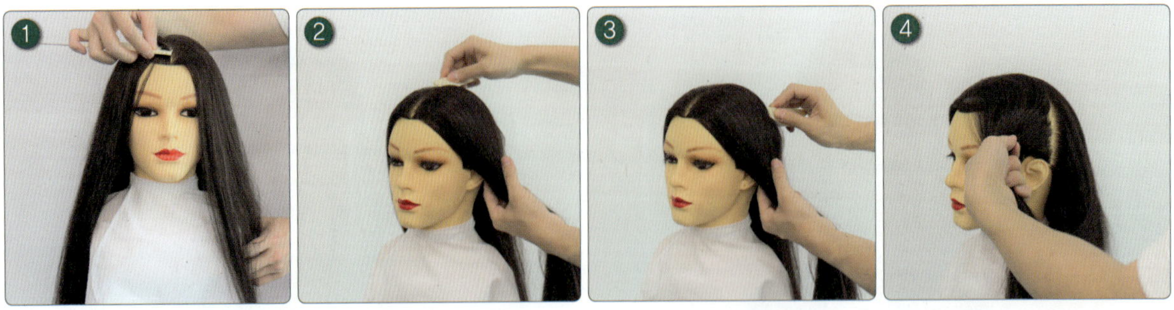

①~④ • 센터 포인트C.P : Center Point에서 탑 포인트T.P : Top Point까지 일직선으로 나눈 후 탑 포인트에서 좌측Left Side 이어 백 포인트E.B.P : Ear Back Point까지 일직선으로 나눈다.

⑤~⑧ • 블로킹Blocking을 핀셋Pincette으로 고정하고 반대쪽 우측Right Side도 동일한 방법으로 나눈다.

①~⑫ • 우측 블로킹도 핀셋으로 고정하고 탑 포인트에서 네이프 포인트N.P : Nape Point까지 일직선으로 나눈다.

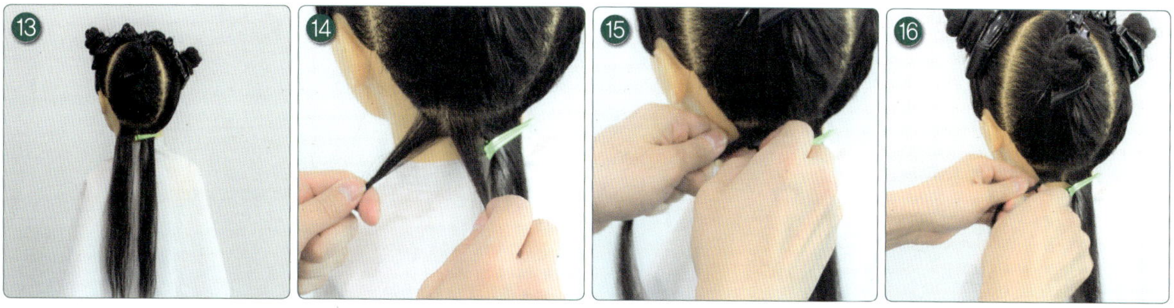

⑬~⑯ • 섹션Section은 수평의 형태로 나누고 시술에 쓰이는 모발을 제외하고 핀컬 핀Pincurl pin을 사용하여 고정한다. 네이프 라인Nape Line은 자연 시술 각 45°로 슬라이스Slice를 두 가닥으로 나누어서 양쪽 손으로 잡고 두피에 밀착되도록 텐션Tension을 주어 교차해서 꼬아준다.

※ 자연 시술 각 : 중력을 기준으로 한 각도이다.

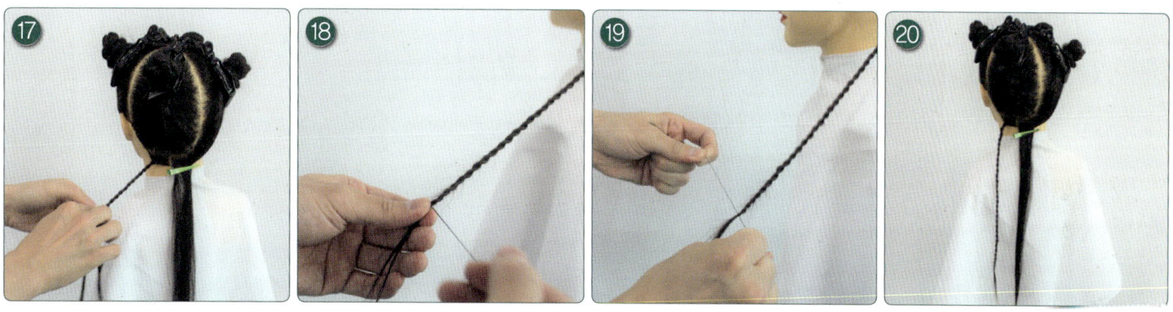

⑰~⑳ • 계속해서 두 가닥의 모발을 꼬아준 후, 고무실을 이용해 5회 이상 같은 방향으로 감아주고 2번 이상 묶어서 고정하고 시술을 진행한다.

㉑~㉘ • 전과 동일한 방법으로 시술을 진행한다.

㉙~㊱ • 백 포인트B.P : Back Point 부분부터는 두상 시술 각Normal Projection 90°로 각도를 제외한 다른 시술방법은 전과 동일한 방법으로 진행한다.

※ 두상 시술 각 : 두상을 기준으로 한 각도이다.

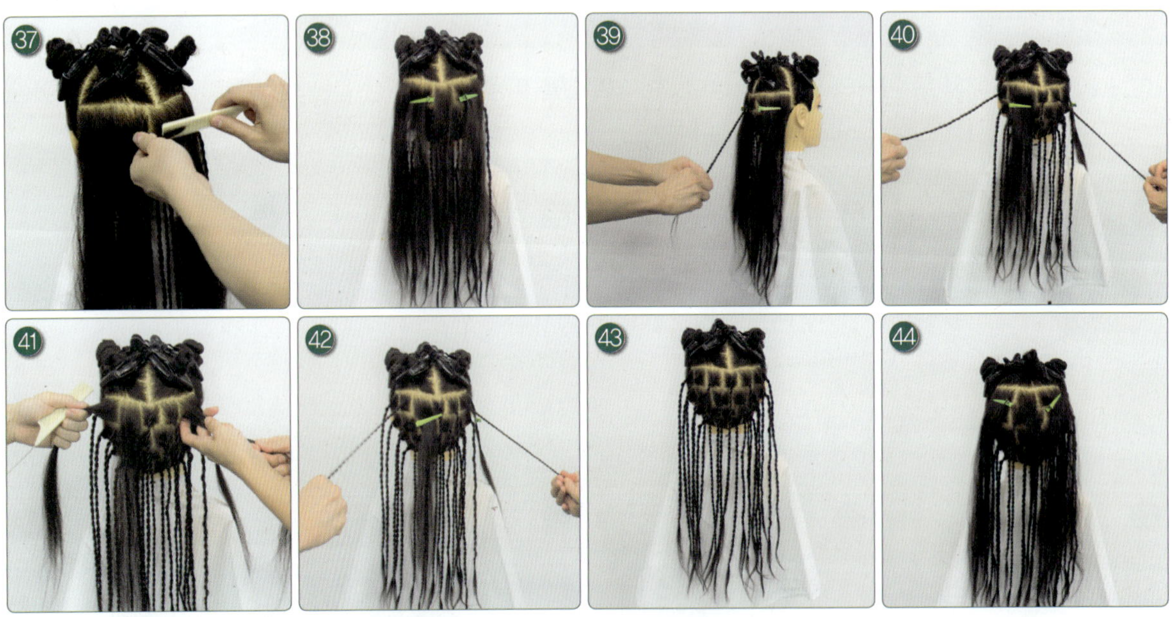

㊲~㊹ • 골덴 백 미디움 포인트G.T.M.P : Golden Top Medium Point 부분도 두상 시술 각 90°로 전과 같은 방법으로 시술을 진행한다.

(41)~(52) • 두상 시술 각Normal Projection 90°로 각도로 전과 동일한 방법으로 시술을 진행한다.

(53)~(56) • 탑 포인트 부분은 두상의 곡면으로 인해 시작점이 밀려 내려오게 되므로 전과 동일한 방법으로 주의하여 뒷모습 시술을 완성한다.

(57)~(60) • 좌측으로 이동하여 수평 섹션Horizontal Section으로 나누고 먼저 진행한 뒷부분의 시술 각도와 연결하여 두상 시술 각 90°로 시술을 진행한다.

61~68 • 전과 동일한 방법으로 좌측 사이드Side 부분 시술을 진행한다.
※ 헤어 라인Hair Line 슬라이스는 두상에 따라 섹션 모양이 변형될 수 있다.

61~72 • 우측으로 이동하여 수평 섹션으로 나누고 전과 동일한 방법으로 두상 시술 각 90°로 시술을 진행한다.

⑬~⑳ • 전과 동일한 방법으로 우측 시술을 진행하여 완성한다.

※ 헤어 라인 슬라이스는 두상에 따라 섹션 모양이 변형될 수 있다.

3. 2가닥 꼬기 마무리하기

앞 Front

뒤 Back

우 Right Side

좌 Left Side

[2가닥 꼬기 스타일링 Styling]

앞 Front

뒤 Back

우 Right Side

좌 Left Side

[교수 학습방법]

교수 방법
① 헤어 레게 머리 개념에 대해 알고 디자인의 종류에 따라 분류될 수 있음을 제시한다.
② 헤어 레게 머리 전처리 작업을 알고 시술법에 대해 분석한 내용을 적용한다.
③ 헤어 레게 머리 작업을 할 수 있는 방법을 지도한다.
④ 헤어 레게 머리를 제거할 수 있는 방법을 지도한다.
⑤ 헤어 레게 머리 시술 시 두개피의 유형을 파악할 수 있도록 설명한다.
⑥ 헤어 레게 머리 관리 시 시술한 부분의 디자인이 망가지거나 헝클어지지 않도록 관리 방법을 지도한다.
⑦ 헤어 레게 머리에 사용되는 기기 및 기구에 관하여 사용법을 설명한다.

학습 방법
① 헤어 레게 머리 개념에 대해 알고 헤어 레게 머리 디자인 종류에 따른 특징을 정리한다.
② 헤어 레게 머리 전처리 작업을 알고 시술법에 대해 분석한 내용을 실습한다.
③ 헤어 레게 머리 작업에 맞는 테크닉 방법을 정리한다.
④ 헤어 레게 머리를 제거할 수 있는 테크닉 방법을 적용한다.
⑤ 헤어 레게 머리 시술 시 두개피의 유형을 파악할 수 있도록 조사하고 정리한다.
⑥ 헤어 레게 머리 관리 시 시술한 부분의 디자인이 망가지거나 헝클어지지 않도록 관리 방법을 연습한다.
⑦ 헤어 레게 머리에 사용되는 기기 및 기구에 관하여 사용법을 파악한다.

실습과정 사진	
사진	설명

실습결과 사진	
앞 Front	뒤 Back
좌측 Left Side	우측 Right Side

2. 3가닥 땋기

※ 꼬기나 땋기로 모발을 교차하거나 엮는 기술을 말하고 도구 없이 손쉽게 질감의 변화를 줄 수 있다.

학습내용 단원명	수업 목표
인모 브레이즈 3가닥 땋기	• 디자인에 따라 헤어 익스텐션을 할 수 있다. • 꼬기를 이용하여 헤어 익스텐션을 연출할 수 있다. • 땋기를 이용하여 헤어 익스텐션을 연출할 수 있다.

1. 3가닥 땋기 준비하기

(1) 재료

① 고무실

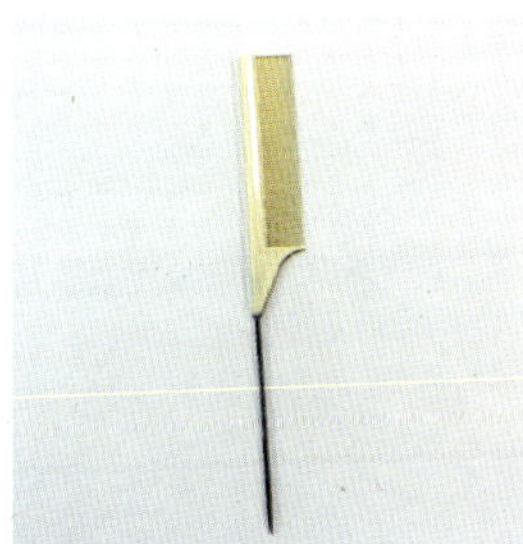

② 꼬리빗

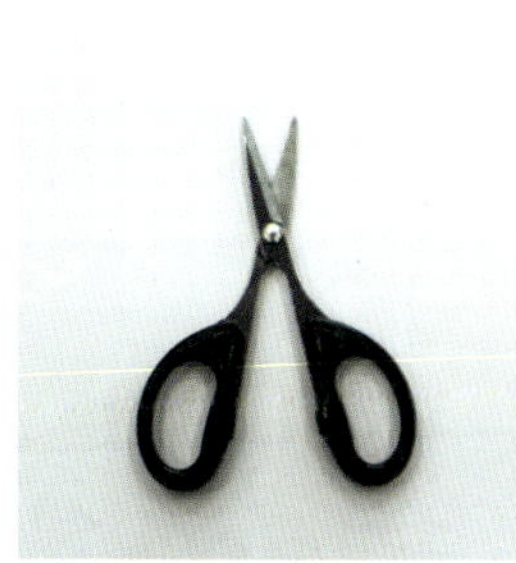

③ 가위

④ 핀셋

⑤ 핀컬 핀

(2) 도해도 및 시술방법

시술 전

시술 후

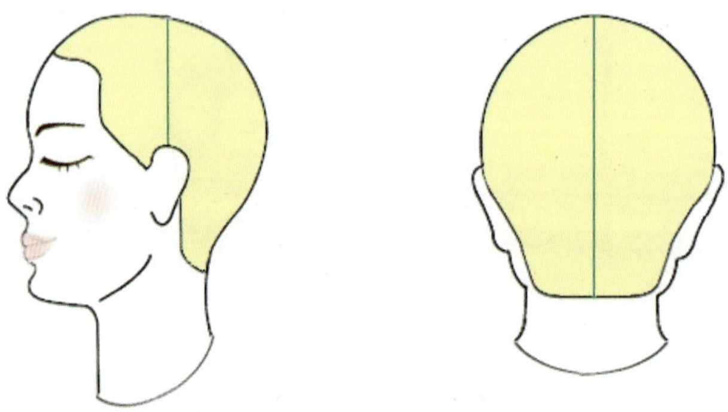

블로킹

섹션

블로킹 Blocking	4등분 Center Parting, Ear to Ear Parting
섹션 Section	수평 Horizontal
분배 Distribution	수직 Perpendicular
각도 Elevation	네이프 – 자연 시술 각 45° Nape – Natural Fall 45° 백, 탑 – 두상 시술 각 90° Back, Top – Normal Projection 90°
베이스 Base	온 더 베이스 On The Base

2. 3가닥 땋기 시술하기

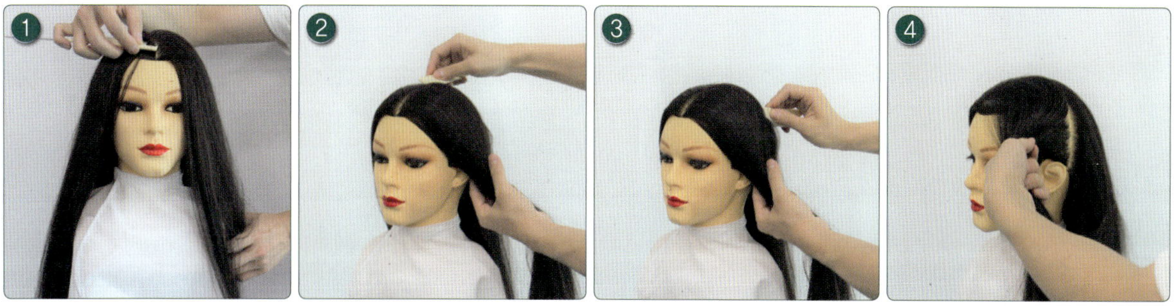

①~④ • 센터 포인트C.P: Center Point에서 탑 포인트T.P: Top Point까지 일직선으로 나눈 후 탑 포인트에서 좌측Left Side 이어 백 포인트E.B.P: Ear Back Point까지 일직선으로 나눈다.

⑤~⑧ • 블로킹Blocking을 핀셋Pincette으로 고정하고 반대쪽 우측Right Side도 동일한 방법으로 나눈다.

⑨~⑫ • 우측 블로킹도 핀셋으로 고정하고 탑 포인트에서 네이프 포인트N.P : Nape Point까지 일직선으로 나눈다.

⑬~⑯ • 섹션Section은 수평의 형태가 되도록 나누고 시술에 쓰이는 모발을 제외하고 핀컬 핀Pincurl Pin을 사용하여 고정한다. 네이프 라인Nape Line은 자연 시술 각 45°로 슬라이스Slice를 세 가닥으로 나누어서 두피에 밀착되도록 텐션Tension을 주어 교차해서 땋아준다.

※ 자연 시술 각Natural Fall은 중력을 기준으로 한 각도이다.

⑰~⑳ • 고무실을 이용해 5회 이상 같은 방향으로 감아주고 2번 이상 묶어서 고정한다.

㉑~㉘ • 묶고 남은 고무실은 가위를 사용해 잘라주고 다음 슬라이스도 전과 동일한 방법으로 시술을 진행한다.

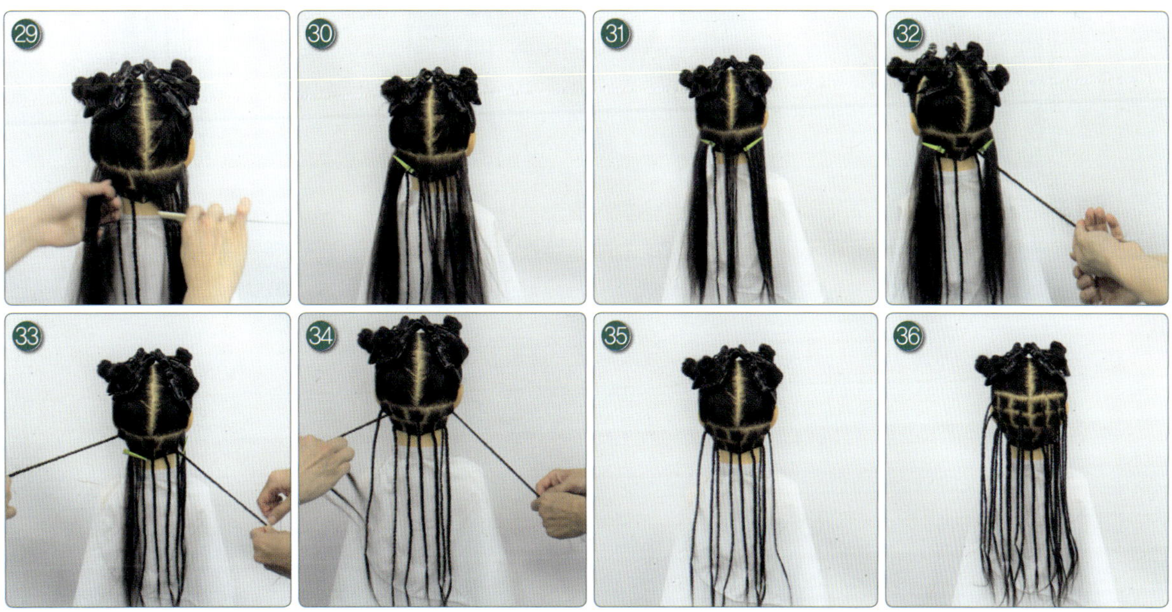

㉙~㊱ • 백 포인트B.P : Back Point 부분부터는 두상 시술 각Normal Projection 90°로 각도를 제외한 다른 시술방법은 전과 동일한 방법으로 진행한다.

※ 두상 시술 각 : 두상을 기준으로 한 각도이다.

㊲~㊽ • 두상 시술 각 90°로 전과 동일한 방법으로 시술을 진행한다.

49~56 • 탑 포인트 부분은 두상의 곡면에 따라 섹션의 모양이 변화할 수 있고 시작점이 밀려 내려오게 되므로 전과 동일한 방법으로 주의하여 뒷모습 시술을 완성한다.

57~64 • 좌측으로 이동하여 수평 섹션Horizontal Section으로 나누고 먼저 진행한 뒷부분의 시술 각도와 연결하여 두상 시술 각 90°로 시술을 진행한다.

⑥⑤~⑥⑧ • 전과 동일한 방법으로 시술을 진행한다.

※ 헤어 라인Hair Line 슬라이스는 두상에 따라 섹션 모양이 변형될 수 있다.

⑥⑨~⑧⓪ • 반대쪽 우측으로 이동하여 수평 섹션으로 나누고 먼저 진행한 뒷부분의 시술 각도와 연결하여 두상 시술 각 90°로 진행하여 시술을 완성한다.

※ 헤어 라인 슬라이스는 두상에 따라 섹션 모양이 변형될 수 있다.

3. 3가닥 땋기 마무리하기

앞 Front

뒤 Back

우 Right Side

좌 Left Side

[3가닥 땋기 스타일링 Styling]

앞 Front

뒤 Back

우 Right Side

좌 Left Side

[교수 학습방법]

교수 방법
① 헤어 레게 머리 개념에 대해 알고 디자인의 종류에 따라 분류될 수 있음을 제시한다.
② 헤어 레게 머리 전처리 작업을 알고 시술법에 대해 분석한 내용을 적용한다.
③ 헤어 레게 머리 작업을 할 수 있는 방법을 지도한다.
④ 헤어 레게 머리를 제거할 수 있는 방법을 지도한다.
⑤ 헤어 레게 머리 시술 시 두개피의 유형을 파악할 수 있도록 설명한다.
⑥ 헤어 레게 머리 관리 시 시술한 부분의 디자인이 망가지거나 헝클어지지 않도록 관리 방법을 지도한다.
⑦ 헤어 레게 머리에 사용되는 기기 및 기구에 관하여 사용법을 설명한다.

학습 방법
① 헤어 레게 머리 개념에 대해 알고 헤어 레게 머리 디자인 종류에 따른 특징을 정리한다.
② 헤어 레게 머리 전처리 작업을 알고 시술법에 대해 분석한 내용을 실습한다.
③ 헤어 레게 머리 작업에 맞는 테크닉 방법을 정리한다.
④ 헤어 레게 머리를 제거할 수 있는 테크닉 방법을 적용한다.
⑤ 헤어 레게 머리 시술 시 두개피의 유형을 파악할 수 있도록 조사하고 정리한다.
⑥ 헤어 레게 머리 관리 시 시술한 부분의 디자인이 망가지거나 헝클어지지 않도록 관리 방법을 연습한다.
⑦ 헤어 레게 머리에 사용되는 기기 및 기구에 관하여 사용법을 파악한다.

실습과정 사진	
사진	설명

실습결과 사진	
앞 Front	뒤 Back
좌측 Left Side	우측 Right Side

주얼리 브레이즈

1. 2가닥 꼬기

※ 모발을 땋아 브레이즈 중간에 주얼리로 장식하여 시술하는 스타일이다. 주얼리의 종류와 크기가 다양하여 자유로운 연출이 가능하다.

학습내용 단원명	수업 목표
주얼리 브레이즈 2가닥 꼬기	• 디자인에 따라 헤어 익스텐션을 할 수 있다. • 꼬기를 이용하여 헤어 익스텐션을 연출할 수 있다. • 땋기를 이용하여 헤어 익스텐션을 연출할 수 있다.

1. 2가닥 꼬기 준비하기

(1) 재료

① 주얼리 구슬

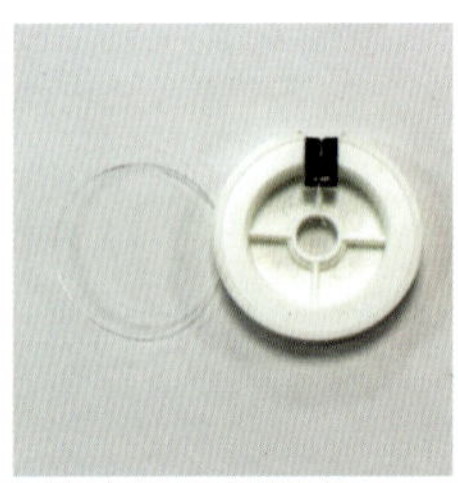

② 낚시줄

③ 고무실

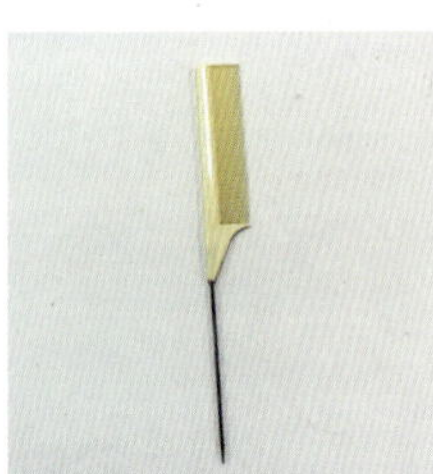

④ 꼬리빗

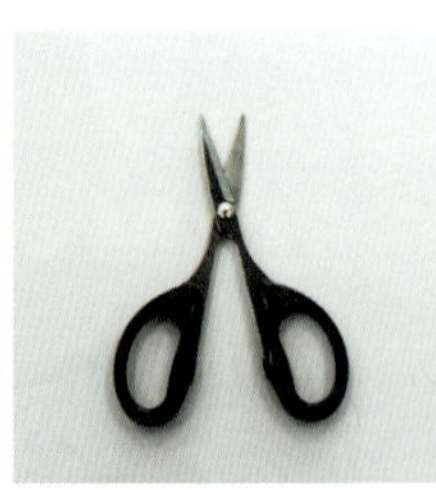

⑤ 가위

⑤ 핀셋

(2) 도해도 및 시술방법

시술 전

시술 후

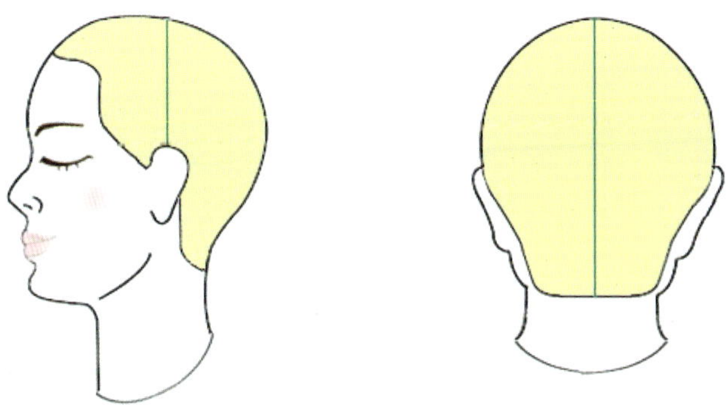

블로킹

섹션

블로킹 Blocking	4등분 Center Parting, Ear to Ear Parting
섹션 Section	수평 Horizontal
분배 Distribution	수직 Perpendicular
각도 Elevation	네이프 – 자연 시술 각 45° Nape – Natural Fall 45° 백, 탑 – 두상 시술 각 90° Back, Top – Normal Projection 90°
베이스 Base	온 더 베이스 On The Base

2. 2가닥 꼬기 시술하기

①~④ • 두 가닥 인모 브레이즈Braids를 전체 시술하여 프론트 사이드 포인트F.S.P : Front Side Point에서 골덴 포인트G.P : Golden Point를 지나 반대 프론트 사이드 포인트까지 U라인U-Line 블로킹Blocking을 나누어 핀셋Pincette으로 고정한다.

⑤~⑧ • 사이드 포인트S.P : Side Point 부분의 두 가닥 인모 브레이즈 슬라이스Slice를 풀고 빗질한다.

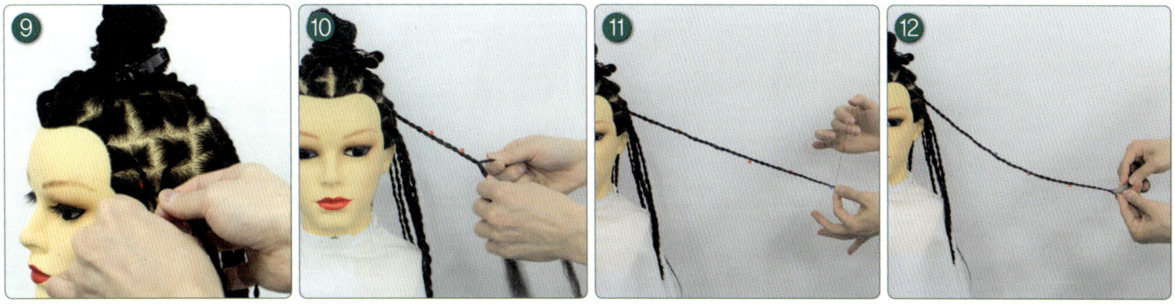

⑨~⑫ • 슬라이스를 두 가닥으로 나누고 한 가닥에 미리 주얼리Jewelry를 연결한 투명 낚시 줄을 교차하여 엮어준 다음 나머지 다른 한 가닥과 두피에 밀착되도록 텐션Tension을 주어 두상 시술 각Normal Projection 90°로 꼬아준 후 슬라이스 끝에서는 고무실을 이용해 5회 이상 같은 방향으로 감아주고 2번 이상 묶어서 고정한 후 여분의 고무실을 가위로 잘라준다.

※ 두상 시술 각 : 두상을 기준으로 한 각도이다.

⑬~⑳ • 주얼리 브레이즈Jewelry Braids의 시술을 원하는 두 가닥 인모 브레이즈 슬라이스에 이동하여 전과 동일한 방법으로 시술을 진행한다.

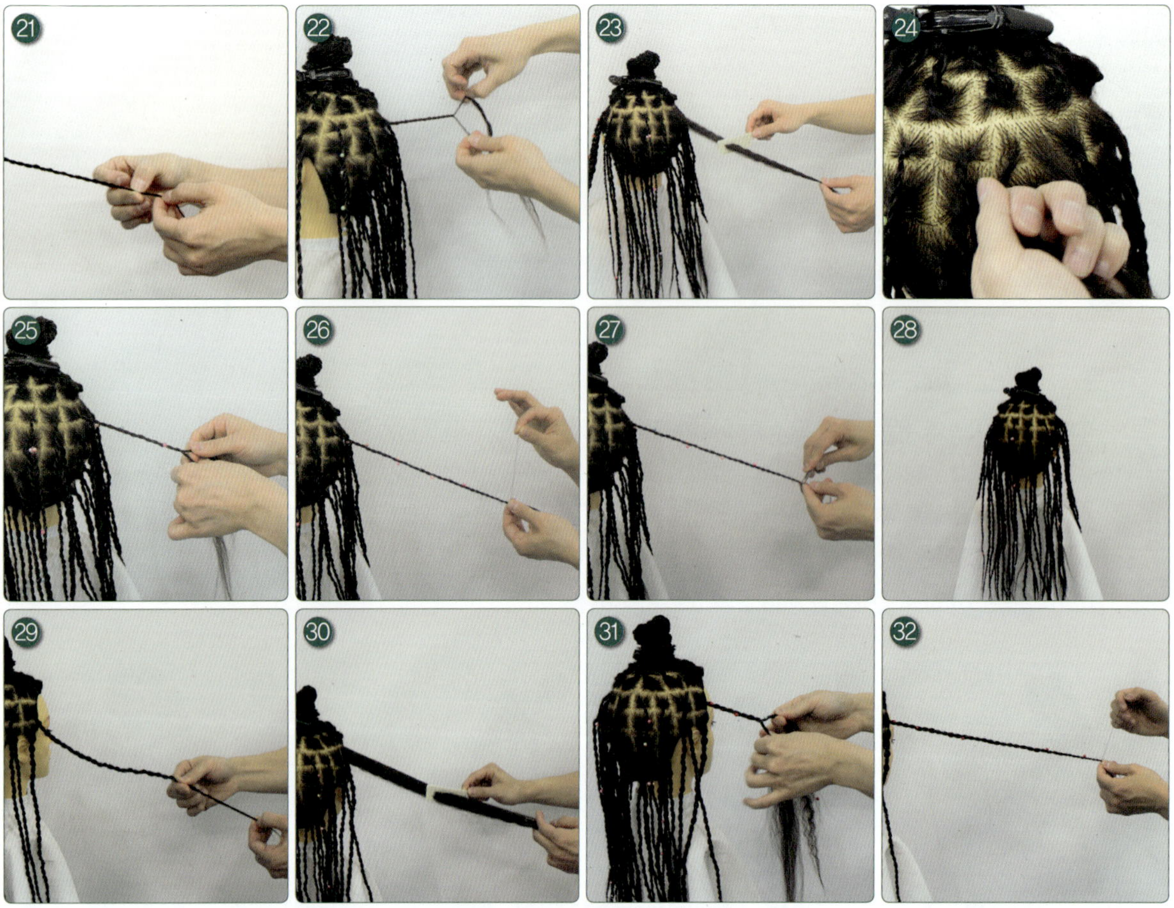

㉑~㉜ • 반대쪽 사이드 포인트 S.P : Side Point 까지 전과 동일한 방법으로 주얼리 브레이즈를 시술을 진행한다.

㉝~㊱ • U라인 블로킹을 풀어준다.

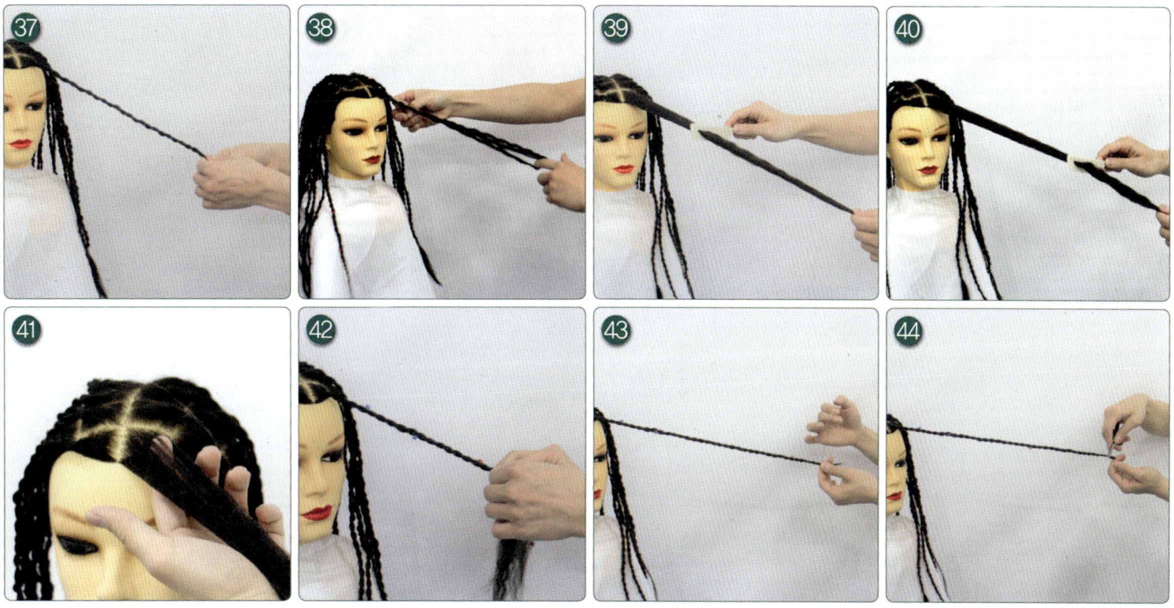

㊲~㊹ • 센터 포인트C.P : Center Point 부분의 두 가닥 인모 브레이즈 슬라이스도 두상 시술 각 90°로 전과 동일한 방법으로 시술을 진행한다.

㊺~㊿ • 전과 동일한 방법으로 시술하여 두가닥 주얼리 브레이즈를 완성한다.

3. 2가닥 꼬기 마무리하기

앞 Front

뒤 Back

우 Right Side

좌 Left Side

[2가닥 꼬기 스타일링 Styling]

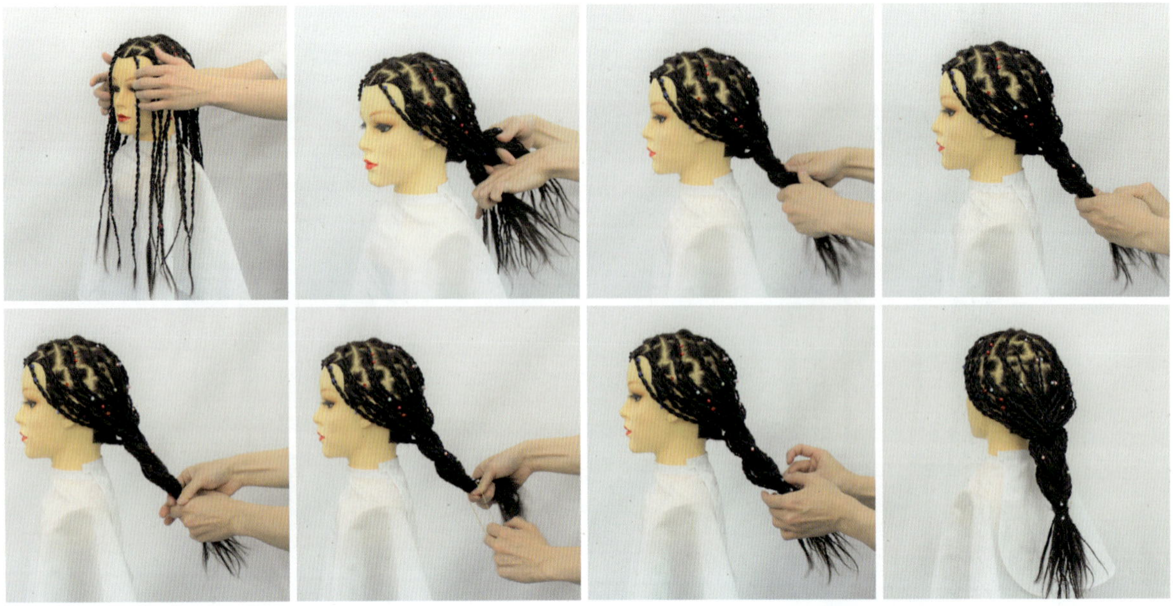

앞 Front

뒤 Back

우 Right Side

좌 Left Side

[교수 학습방법]

교수 방법
① 헤어 레게 머리 개념에 대해 알고 디자인의 종류에 따라 분류될 수 있음을 제시한다.
② 헤어 레게 머리 전처리 작업을 알고 시술법에 대해 분석한 내용을 적용한다.
③ 헤어 레게 머리 작업을 할 수 있는 방법을 지도한다.
④ 헤어 레게 머리를 제거할 수 있는 방법을 지도한다.
⑤ 헤어 레게 머리 시술 시 두개피의 유형을 파악할 수 있도록 설명한다.
⑥ 헤어 레게 머리 관리 시 시술한 부분의 디자인이 망가지거나 헝클어지지 않도록 관리 방법을 지도한다.
⑦ 헤어 레게 머리에 사용되는 기기 및 기구에 관하여 사용법을 설명한다.

학습 방법
① 헤어 레게 머리 개념에 대해 알고 헤어 레게 머리 디자인 종류에 따른 특징을 정리한다.
② 헤어 레게 머리 전처리 작업을 알고 시술법에 대해 분석한 내용을 실습한다.
③ 헤어 레게 머리 작업에 맞는 테크닉 방법을 정리한다.
④ 헤어 레게 머리를 제거할 수 있는 테크닉 방법을 적용한다.
⑤ 헤어 레게 머리 시술 시 두개피의 유형을 파악할 수 있도록 조사하고 정리한다.
⑥ 헤어 레게 머리 관리 시 시술한 부분의 디자인이 망가지거나 헝클어지지 않도록 관리 방법을 연습한다.
⑦ 헤어 레게 머리에 사용되는 기기 및 기구에 관하여 사용법을 파악한다.

실습과정 사진	
사진	설명

실습결과 사진	
앞 Front	뒤 Back
좌측 Left Side	우측 Right Side

2. 3가닥 땋기

※ 모발을 땋아 주얼리로 장식하며 시술하는 브레이즈 스타일이다.

학습내용 단원명	수업 목표
주얼리 브레이즈 3가닥 땋기	• 디자인에 따라 헤어 익스텐션을 할 수 있다. • 꼬기를 이용하여 헤어 익스텐션을 연출할 수 있다. • 땋기를 이용하여 헤어 익스텐션을 연출할 수 있다.

1. 3가닥 땋기 준비하기

(1) 재료

① 주얼리 구슬

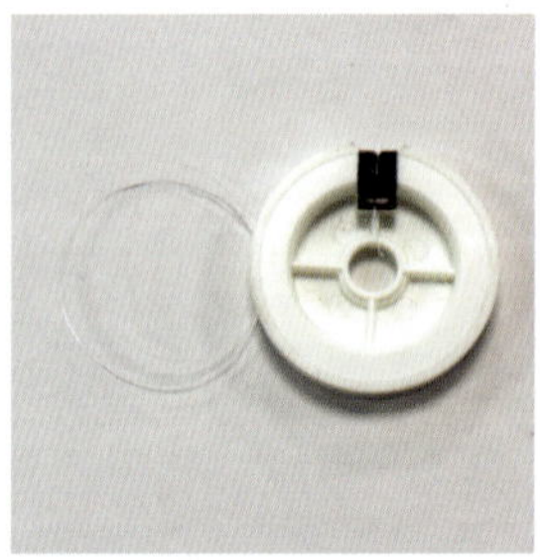

② 낚시줄

③ 고무실

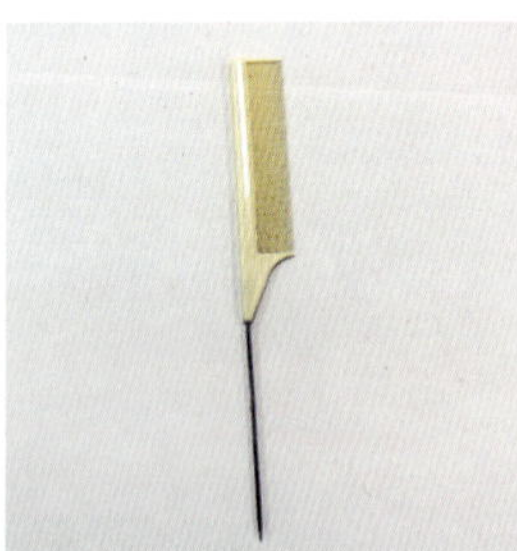

④ 꼬리빗

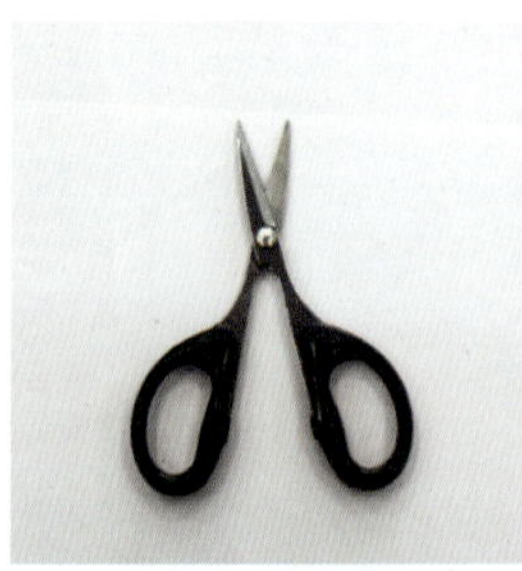

⑤ 가위

⑥ 핀셋

(2) 도해도 및 시술방법

시술 전

시술 후

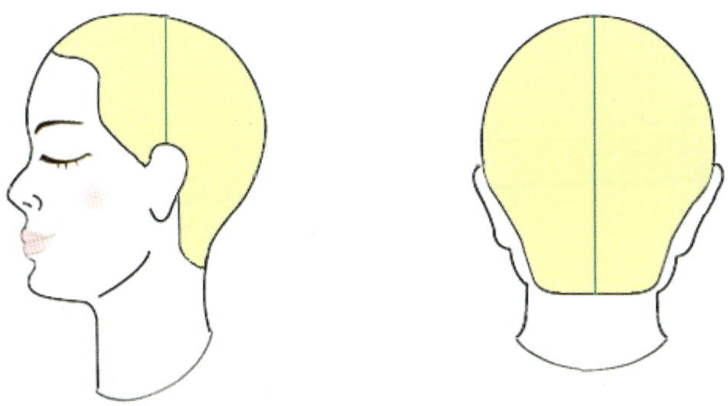

블로킹

섹션

블로킹 Blocking	4등분 Center Parting, Ear to Ear Parting
섹션 Section	수평 Horizontal
분배 Distribution	수직 Perpendicular
각도 Elevation	네이프 – 자연 시술 각 45° Nape – Natural Fall 45° 백, 탑 – 두상 시술 각 90° Back, Top – Normal Projection 90°
베이스 Base	온 더 베이스 On The Base

2. 3가닥 땋기 시술하기

①~④ • 세 가닥 인모 브레이즈Braids를 전체 시술하여 프론트 사이드 포인트F.S.P : Front Side Point에서 골덴 포인트G.P : Golden Point를 지나 반대 프론트 사이드 포인트까지 U라인U-Line 블로킹Blocking을 나누어 핀셋Pincette으로 고정한다.

⑤~⑧ • 사이드 포인트S.P : Side Point 부분의 세 가닥 인모 브레이즈 슬라이스Slice를 풀고 빗질한다.

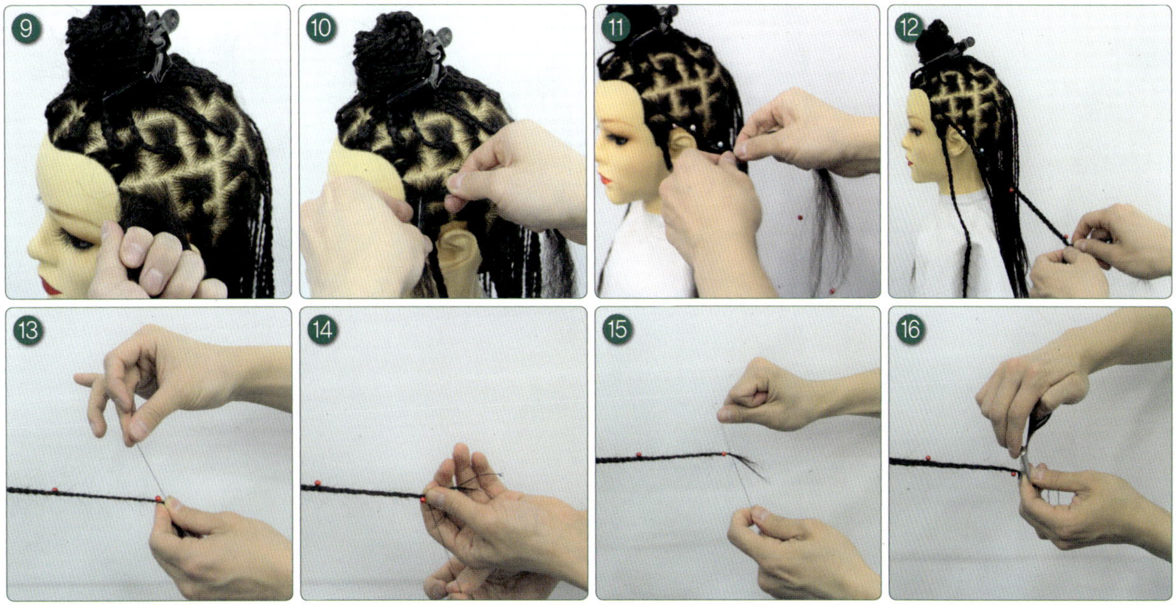

⑨~⑯ • 슬라이스를 두 가닥으로 나누고 한 가닥에 미리 주얼리Jewelry를 연결한 투명 낚시 줄을 교차하여 엮어준 다음 나머지 남은 한 가닥을 다시 두 가닥으로 나누어 총 세 가닥으로 두피에 밀착되도록 텐션Tension을 주어 두상 시술 각Normal Projection 90°로 땋아준 후 슬라이스 끝에서는 고무실을 이용해 5회 이상 같은 방향으로 감아주고 2번 이상 묶어서 고정한 후 여분의 고무실을 가위로 잘라준다.

※ 두상 시술 각 : 두상을 기준으로 한 각도이다.

⑰~㉔ • 주얼리 브레이즈Jewelry Braids의 시술을 원하는 세 가닥 인모 브레이즈 슬라이스에 이동하여 전과 동일한 방법으로 시술을 진행한다.

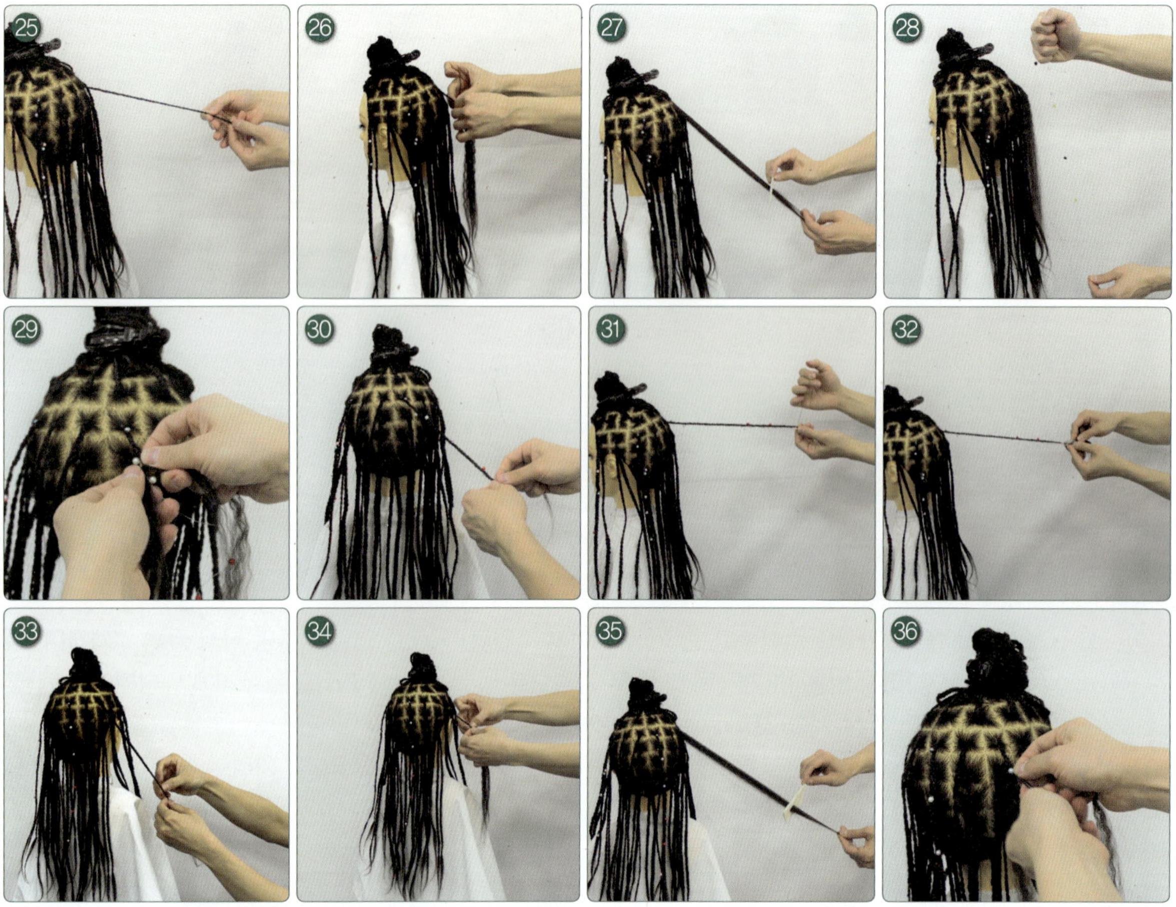

㉕~㊱ • 전과 동일한 방법으로 시술을 진행한다.

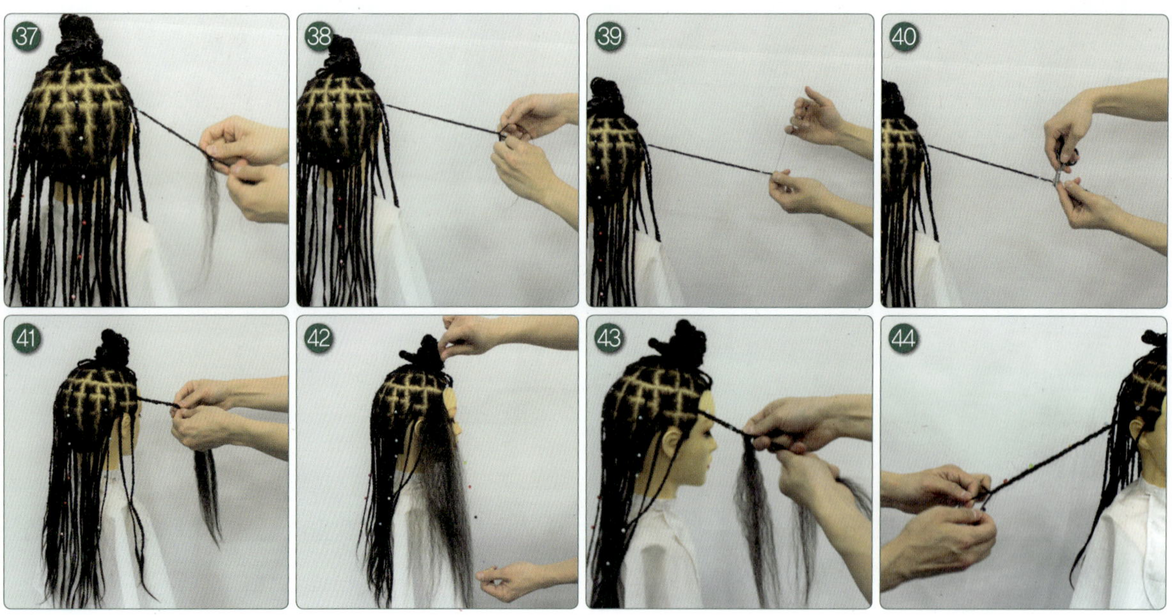

㊲~㊹ • 반대쪽 사이드 포인트까지 전과 동일한 방법으로 시술을 진행한다.

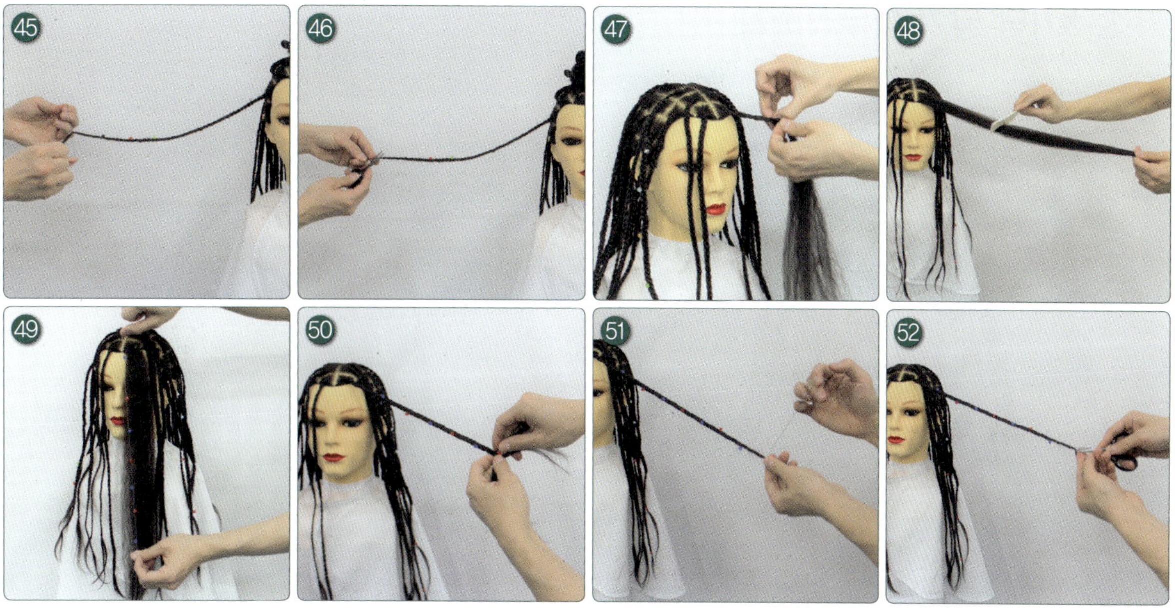

㊺~㊾52 • U라인 블로킹을 풀어준 다음 센터 포인트C.P : Center Point 부분의 세 가닥 인모 브레이즈 슬라이스도 전과 동일한 방법으로 시술한다.

53~60 • 전과 동일한 방법으로 반대쪽 센터 포인트까지 시술을 진행하여 세가닥 주얼리 브레이즈를 완성한다.

3. 3가닥 땋기 마무리하기

앞Front

뒤Back

우Right Side

좌Left Side

[3가닥 땋기 스타일링 Styling]

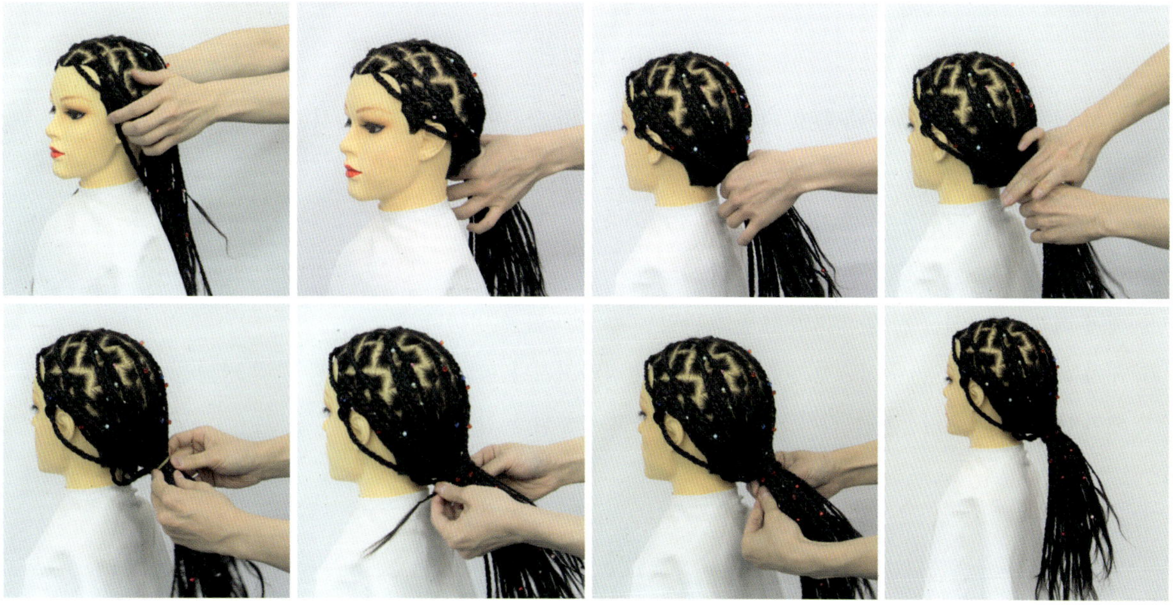

앞 Front

뒤 Back

우 Right Side

좌 Left Side

[교수 학습방법]

교수 방법
① 헤어 레게 머리 개념에 대해 알고 디자인의 종류에 따라 분류될 수 있음을 제시한다.
② 헤어 레게 머리 전처리 작업을 알고 시술법에 대해 분석한 내용을 적용한다.
③ 헤어 레게 머리 작업을 할 수 있는 방법을 지도한다.
④ 헤어 레게 머리를 제거할 수 있는 방법을 지도한다.
⑤ 헤어 레게 머리 시술 시 두개피의 유형을 파악할 수 있도록 설명한다.
⑥ 헤어 레게 머리 관리 시 시술한 부분의 디자인이 망가지거나 헝클어지지 않도록 관리 방법을 지도한다.
⑦ 헤어 레게 머리에 사용되는 기기 및 기구에 관하여 사용법을 설명한다.

학습 방법
① 헤어 레게 머리 개념에 대해 알고 헤어 레게 머리 디자인 종류에 따른 특징을 정리한다.
② 헤어 레게 머리 전처리 작업을 알고 시술법에 대해 분석한 내용을 실습한다.
③ 헤어 레게 머리 작업에 맞는 테크닉 방법을 정리한다.
④ 헤어 레게 머리를 제거할 수 있는 테크닉 방법을 적용한다.
⑤ 헤어 레게 머리 시술 시 두개피의 유형을 파악할 수 있도록 조사하고 정리한다.
⑥ 헤어 레게 머리 관리 시 시술한 부분의 디자인이 망가지거나 헝클어지지 않도록 관리 방법을 연습한다.
⑦ 헤어 레게 머리에 사용되는 기기 및 기구에 관하여 사용법을 파악한다.

실습과정 사진	
사진	설명

실습결과 사진	
앞 Front	뒤 Back
좌측 Left Side	우측 Right Side

얀 브레이즈

1. 2가닥 꼬기

※ 색실을 이용하여 모발과 함께 땋는 스타일로 길이의 변화가 자유롭고 색실의 종류와 색상에 따라 다양한 느낌을 표현할 수 있으며, 2가닥 꼬기와 3가닥 땋기 방법이 있다.

학습내용 단원명	수업 목표
얀 브레이즈 2가닥 꼬기	• 디자인에 따라 헤어 익스텐션을 할 수 있다. • 꼬기를 이용하여 헤어 익스텐션을 연출할 수 있다. • 땋기를 이용하여 헤어 익스텐션을 연출할 수 있다.

1. 2가닥 꼬기 준비하기

(1) 재료

① 털실

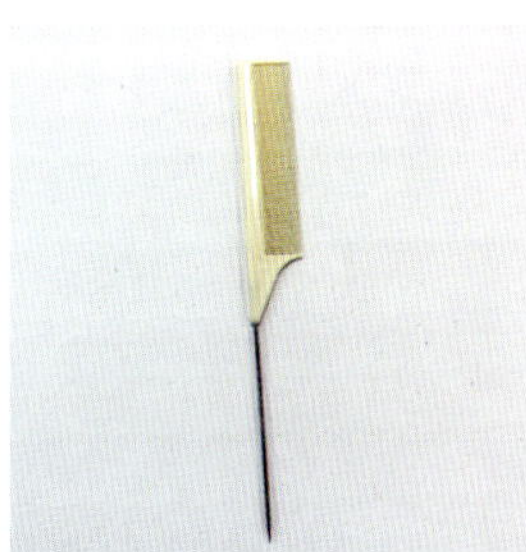
② 꼬리빗

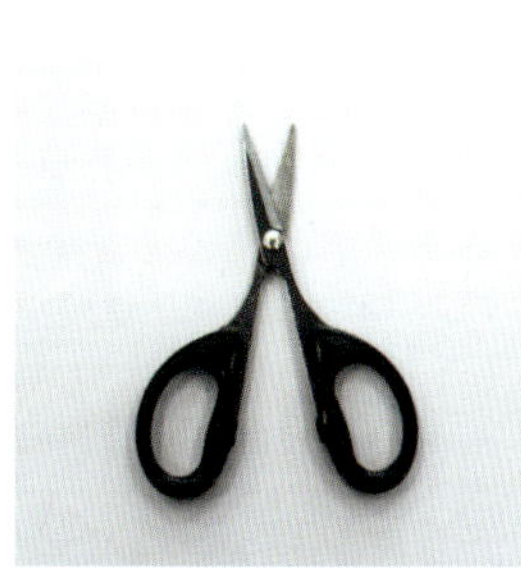
③ 가위

④ 핀셋

(2) 도해도 및 시술방법

시술 전

시술 후

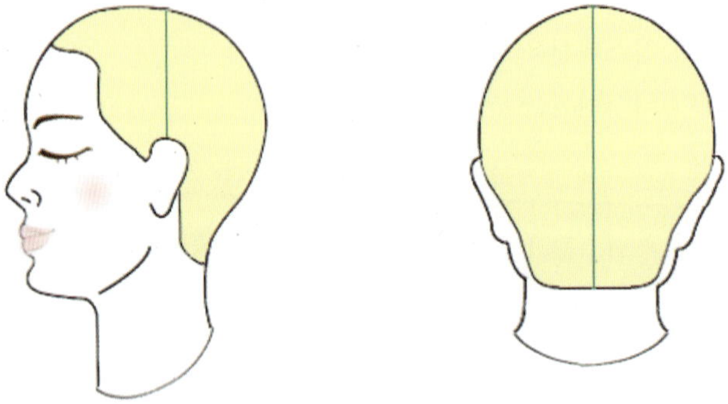

블로킹

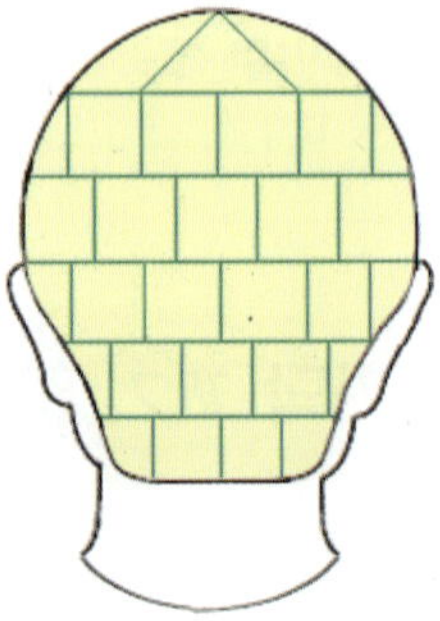

섹션

블로킹 Blocking	4등분 Center Parting, Ear to Ear Parting
섹션 Section	수평 Horizontal
분배 Distribution	수직 Perpendicular
각도 Elevation	네이프 – 자연 시술 각 45° Nape – Natural Fall 45° 백, 탑 – 두상 시술 각 90° Back, Top – Normal Projection 90°
베이스 Base	온 더 베이스 On The Base

2. 2가닥 꼬기 시술하기

①~④ • 두 가닥 인모 브레이즈Braids를 전체 시술하여 프론트 사이드 포인트F.S.P : Front Side Point에서 골덴 포인트G.P : Golden Point를 지나 반대 프론트 사이드 포인트까지 U라인U-Line 블로킹Blocking을 나누어 핀셋Pincette으로 고정한다.

• 사이드 포인트S.P : Side Point 부분의 두 가닥 인모 브레이즈 슬라이스Slice를 풀고 빗질한다.

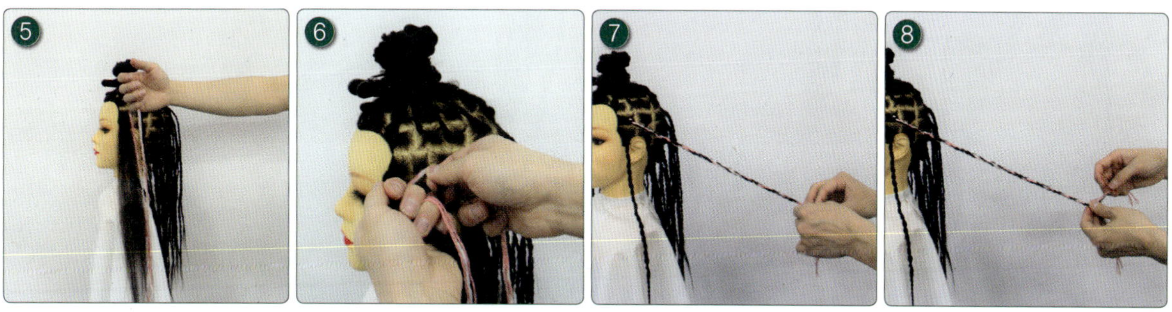

⑤~⑨ • 슬라이스를 두 가닥으로 나누고 털실도 두 가닥으로 넣어서 서로 교차하여 엮어준 다음 두피에 밀착되도록 텐션Tension을 주어 교차해서 두상 시술 각Normal Projection 90°도로 꼬아준다.

※ 두상 시술 각 : 두상을 기준으로 한 각도이다.

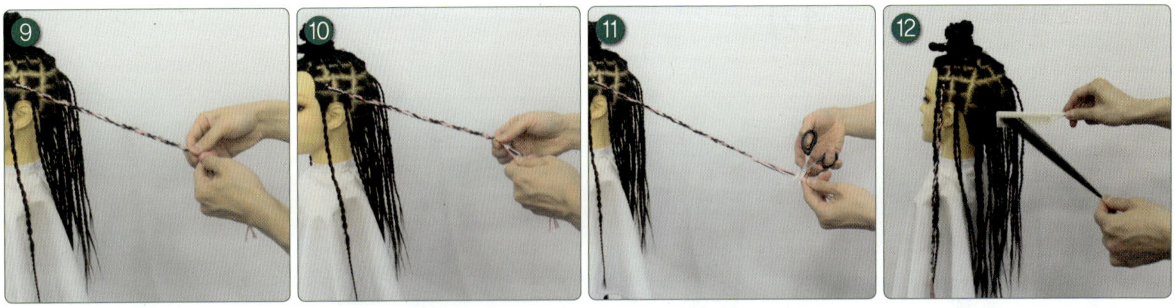

⑨~⑫ • 한 가닥에 있는 털실을 이용하여 감아준 다음 엄지 손가락으로 공간을 만들어 그 안으로 빼내어 고정시킨 뒤 빠져나온 털실은 가위로 잘라주고 시술을 완성한다.

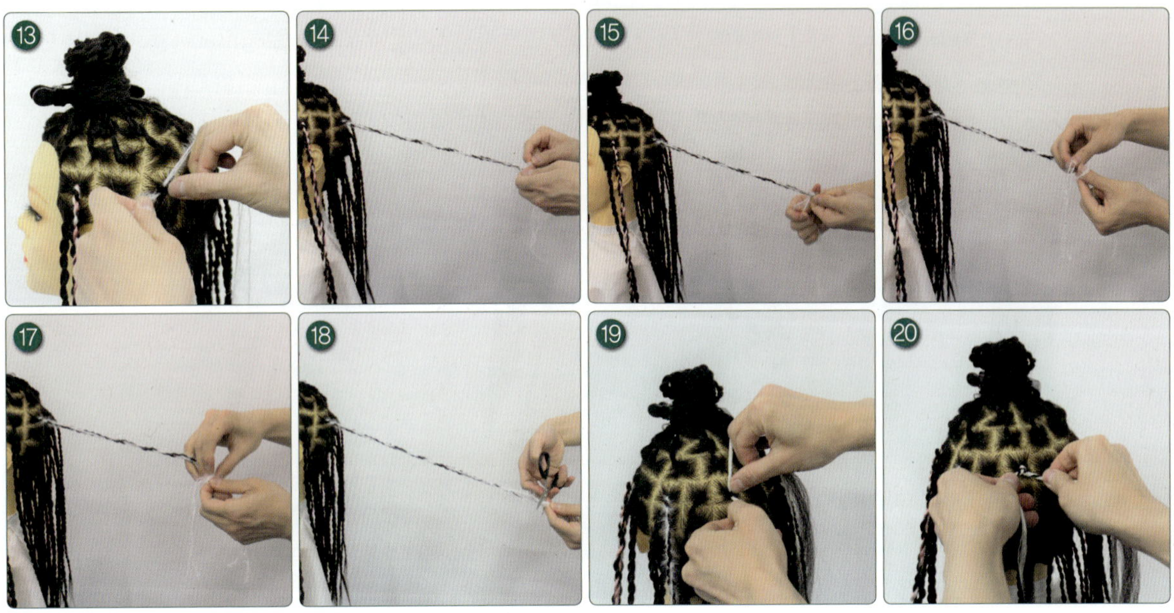

⑬~⑳ • 얀 브레이즈 Yarn Braids 의 시술을 원하는 두 가닥 인모 브레이즈 슬라이스에 이동하여 전과 동일한 방법으로 시술을 진행한다.

㉑~㉜ • 전과 동일한 방법으로 시술을 진행한다.

㉝~㊱ • 우측 사이드 포인트까지 전과 동일한 방법으로 시술을 진행한다.

㊲~㊽ • U라인 블로킹을 풀어준 다음 두상 시술 각 90°로 전과 동일한 방법으로 시술을 진행한다.

49~68 • 센터 포인트C.P : Center Point, 탑 포인트T.P : Top Point 부분의 두 가닥 인모 브레이즈 슬라이스도 두상 시술 각 90°로 전과 동일한 방법으로 시술을 진행한다.

⑥⑨~⑧⓪ • 우측 센터 포인트 부분 슬라이스까지 전과 동일한 방법으로 진행하여 시술을 완성한다.

3. 2가닥 꼬기 마무리하기

앞 Front

뒤 Back

우 Right Side

좌 Left Side

[교수 학습방법]

교수 방법
① 헤어 레게 머리 개념에 대해 알고 디자인의 종류에 따라 분류될 수 있음을 제시한다. ② 헤어 레게 머리 전처리 작업을 알고 시술법에 대해 분석한 내용을 적용한다. ③ 헤어 레게 머리 작업을 할 수 있는 방법을 지도한다. ④ 헤어 레게 머리를 제거할 수 있는 방법을 지도한다. ⑤ 헤어 레게 머리 시술 시 두개피의 유형을 파악할 수 있도록 설명한다. ⑥ 헤어 레게 머리 관리 시 시술한 부분의 디자인이 망가지거나 헝클어지지 않도록 관리 방법을 지도한다. ⑦ 헤어 레게 머리에 사용되는 기기 및 기구에 관하여 사용법을 설명한다.

학습 방법
① 헤어 레게 머리 개념에 대해 알고 헤어 레게 머리 디자인 종류에 따른 특징을 정리한다. ② 헤어 레게 머리 전처리 작업을 알고 시술법에 대해 분석한 내용을 실습한다. ③ 헤어 레게 머리 작업에 맞는 테크닉 방법을 정리한다. ④ 헤어 레게 머리를 제거할 수 있는 테크닉 방법을 적용한다. ⑤ 헤어 레게 머리 시술 시 두개피의 유형을 파악할 수 있도록 조사하고 정리한다. ⑥ 헤어 레게 머리 관리 시 시술한 부분의 디자인이 망가지거나 헝클어지지 않도록 관리 방법을 연습한다. ⑦ 헤어 레게 머리에 사용되는 기기 및 기구에 관하여 사용법을 파악한다.

실습과정 사진	
사진	설명

실습결과 사진

앞 Front	뒤 Back
좌측 Left Side	우측 Right Side

2. 3가닥 땋기

※ 색실을 이용하여 모발과 함께 땋는 스타일로 색실의 종류와 색에 따라 느낌이 다르게 연출될 수 있다.

학습내용 단원명	수업 목표
얀 브레이즈 3가닥 땋기	• 디자인에 따라 헤어 익스텐션을 할 수 있다. • 꼬기를 이용하여 헤어 익스텐션을 연출할 수 있다. • 땋기를 이용하여 헤어 익스텐션을 연출할 수 있다.

1. 3가닥 땋기 준비하기

(1) 재료

① 털실

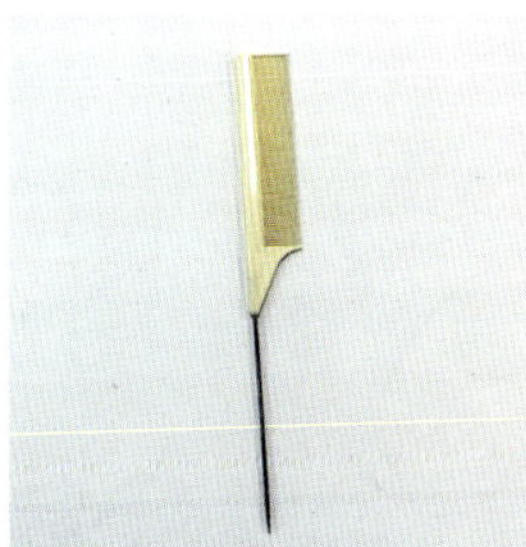

② 꼬리빗

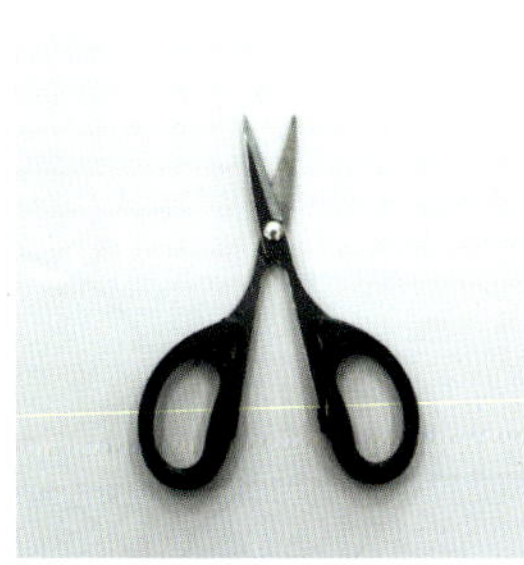

③ 가위

④ 핀셋

(2) 도해도 및 시술방법

시술 전

시술 후

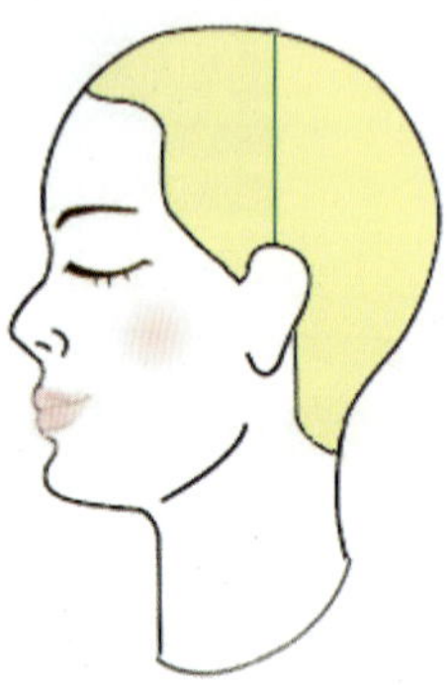

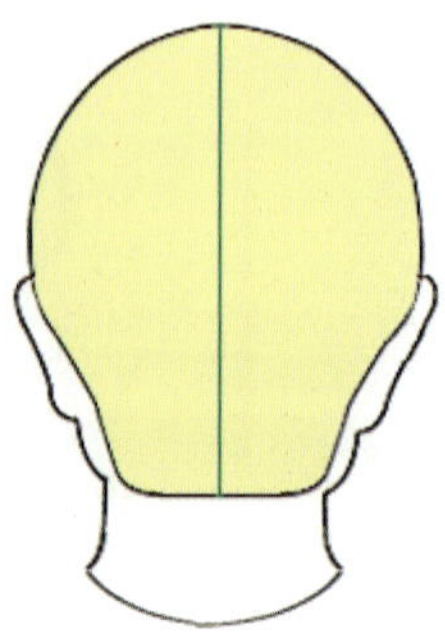

블로킹

섹션

블로킹 Blocking	4등분 Center Parting, Ear to Ear Parting
섹션 Section	수평 Horizontal
분배 Distribution	수직 Perpendicular
각도 Elevation	네이프 – 자연 시술 각 45° Nape – Natural Fall 45° 백, 탑 – 두상 시술 각 90° Back, Top – Normal Projection 90°
베이스 Base	온 더 베이스 On The Base

2. 3가닥 땋기 시술하기

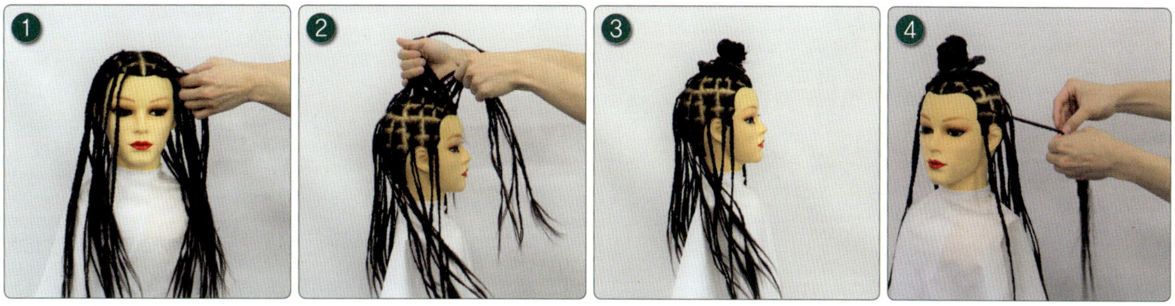

①~④ • 세 가닥 인모 브레이즈Braids를 전체 시술하여 프론트 사이드 포인트F.S.P : Front Side Point에서 골덴 포인트G.P : Golden Point를 지나 반대 프론트 사이드 포인트까지 U라인U-Line 블로킹Blocking을 나누어 핀셋Pincette으로 고정한다.
• 사이드 포인트S.P : Side Point 부분의 세 가닥 인모 브레이즈 슬라이스Slice를 풀어준다.

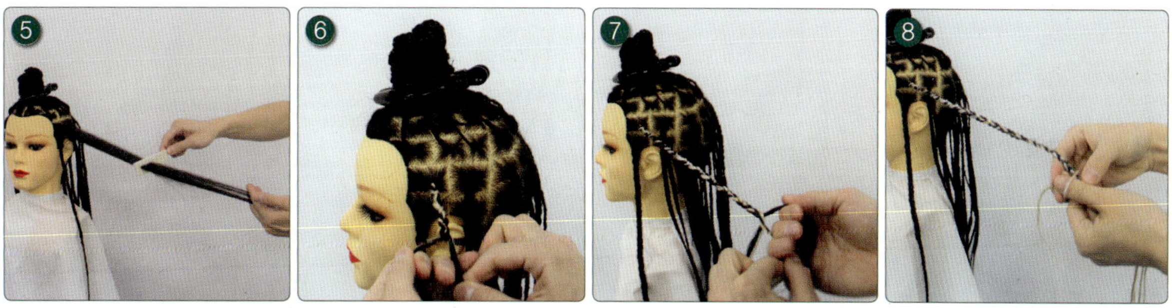

⑤~⑧ • 빗질로 모발을 정돈한 뒤, 두 가닥으로 나누고 털실도 두 가닥으로 넣어서 서로 교차하여 엮어준다음 한 가닥을 다시 두 가닥으로 나누어 총 세 가닥으로 두피에 밀착되도록 텐션Tension을 주어 두상 시술각Normal Projection 90°로 땋아준다.
※ 두상 시술 각 : 두상을 기준으로 한 각도이다.

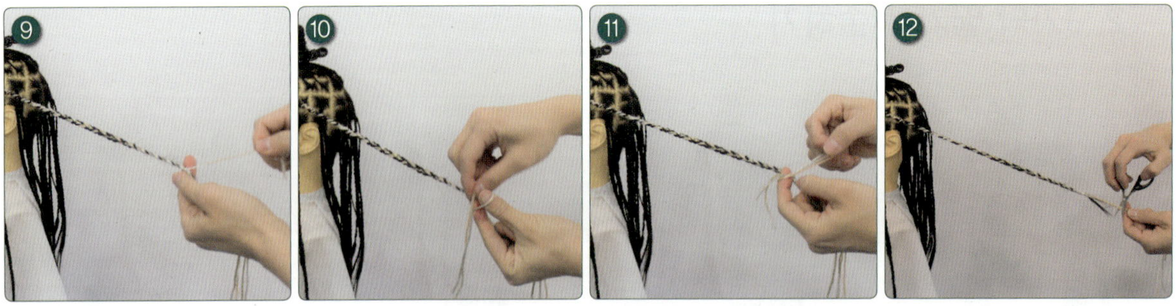

⑨~⑫ • 계속해서 땋아준 다음 마무리 할 지점에서 한 가닥의 있는 털실을 이용하여 감아준 다음 엄지 손가락으로 공간을 만들어 그 안으로 빼내어 고정시킨 뒤 빠져나온 털실은 가위로 잘라주어 세 가닥 얀 브레이즈 Yarn Braids 시술을 완성한다.

⑬~⑳ • 얀 브레이즈의 시술을 원하는 세 가닥 인모 브레이즈 슬라이스에 이동하여 전과 동일한 방법으로 시술을 진행한다.

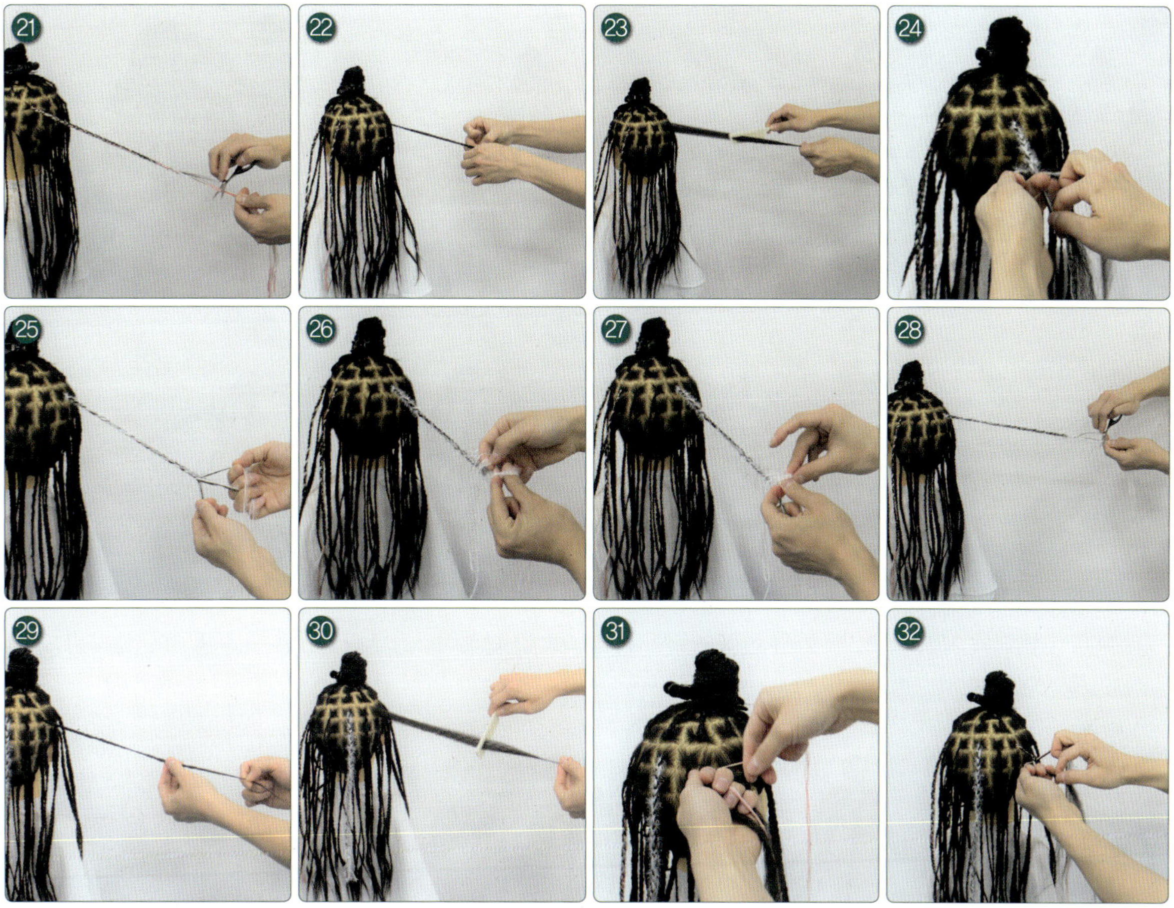

㉑~㉜ • 전과 동일한 방법으로 시술을 진행한다.

㉝~㊵ • 반대쪽 사이드 포인트까지 전과 동일한 방법으로 얀 브레이즈를 시술을 진행하고 U라인 블로킹을 풀어준다.

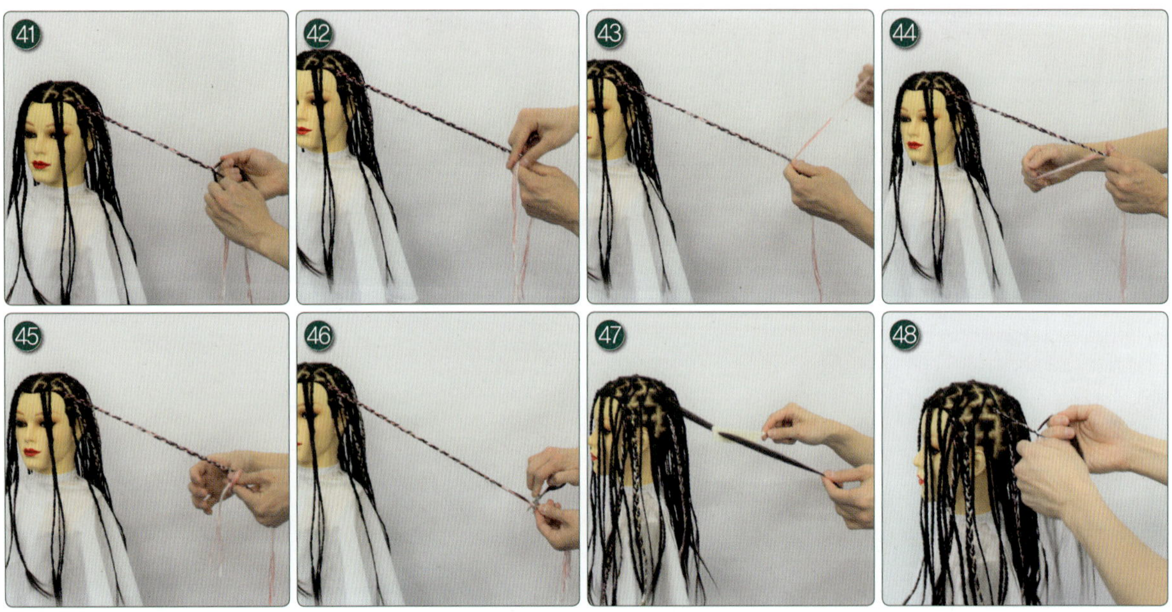

㊶~㊽ • 두상 시술 각 90°로 전과 동일한 방법으로 시술한다.

㊾~㊿ • 센터 포인트C.P : Center Point 부분도 두상 시술 각 90°로 전과 동일한 방법으로 시술한다.

65~80 • 우측 센터 포인트 부분 슬라이스까지 전과 동일한 방법으로 진행하여 시술을 완성한다.

3. 3가닥 땋기 마무리하기

앞Front

뒤Back

우Right Side

좌Left Side

[3가닥 땋기 스타일링 Styling]

앞 Front

뒤 Back

우 Right Side

좌 Left Side

[교수 학습방법]

교수 방법
① 헤어 레게 머리 개념에 대해 알고 디자인의 종류에 따라 분류될 수 있음을 제시한다.
② 헤어 레게 머리 전처리 작업을 알고 시술법에 대해 분석한 내용을 적용한다.
③ 헤어 레게 머리 작업을 할 수 있는 방법을 지도한다.
④ 헤어 레게 머리를 제거할 수 있는 방법을 지도한다.
⑤ 헤어 레게 머리 시술 시 두개피의 유형을 파악할 수 있도록 설명한다.
⑥ 헤어 레게 머리 관리 시 시술한 부분의 디자인이 망가지거나 헝클어지지 않도록 관리 방법을 지도한다.
⑦ 헤어 레게 머리에 사용되는 기기 및 기구에 관하여 사용법을 설명한다.

학습 방법
① 헤어 레게 머리개념에 대해 알고 헤어 레게 머리디자인 종류에 따른 특징을 정리한다.
② 헤어 레게 머리 전처리 작업을 알고 시술법에 대해 분석한 내용을 실습한다.
③ 헤어 레게 머리 작업에 맞는 테크닉 방법을 정리한다.
④ 헤어 레게 머리를 제거할 수 있는 테크닉 방법을 적용한다.
⑤ 헤이 레게 머리 시술 시 누개피의 유형을 파악할 수 있도록 조사하고 정리한다.
⑥ 헤어 레게 머리 관리 시 시술한 부분의 디자인이 망가지거나 헝클어지지 않도록 관리 방법을 연습한다.
⑦ 헤어 레게 머리에 사용되는 기기 및 기구에 관하여 사용법을 파악한다.

실습과정 사진	
사진	설명

실습결과 사진

앞 Front	뒤 Back
좌측 Left Side	우측 Right Side

가모 브레이즈

1. 2가닥 꼬기

※ 가모레게원사를 이용하여 머리카락과 함께 땋는 스타일로 길이의 변화가 자유롭고 가모의 종류와 색의 영향을 받아 다양한 느낌을 연출할 수 있다.

학습내용단원명	수업 목표
가모 브레이즈 2가닥 꼬기	• 디자인에 따라 헤어 익스텐션을 할 수 있다. • 꼬기를 이용하여 헤어 익스텐션을 연출할 수 있다. • 땋기를 이용하여 헤어 익스텐션을 연출할 수 있다.

1. 2가닥 꼬기 준비하기

(1) 재료

① 브레이즈 원사

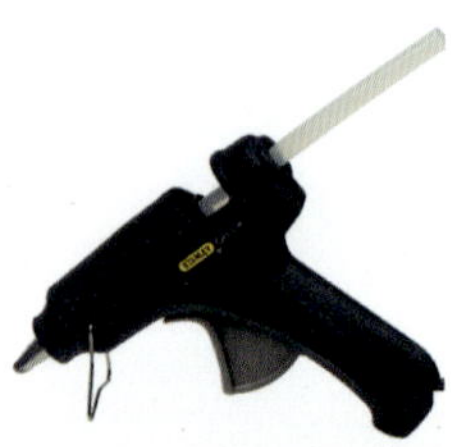
② 글루건

③ 고무실

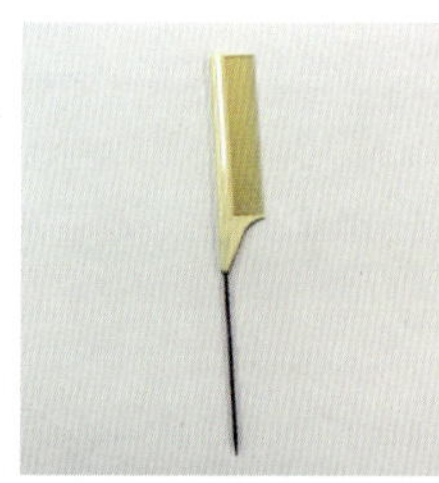
④ 꼬리빗

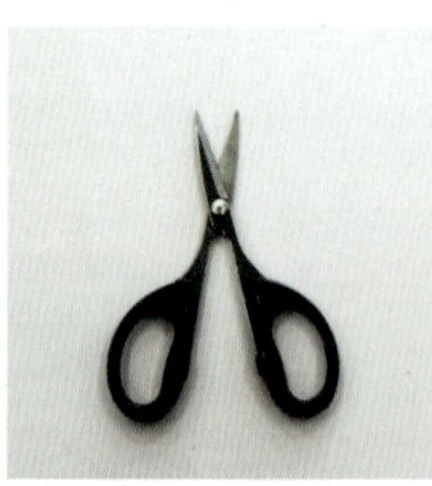
⑤ 가위

⑥ 핀셋

⑦ 핀컬 핀

(2) 도해도 및 시술방법

시술 전

시술 후

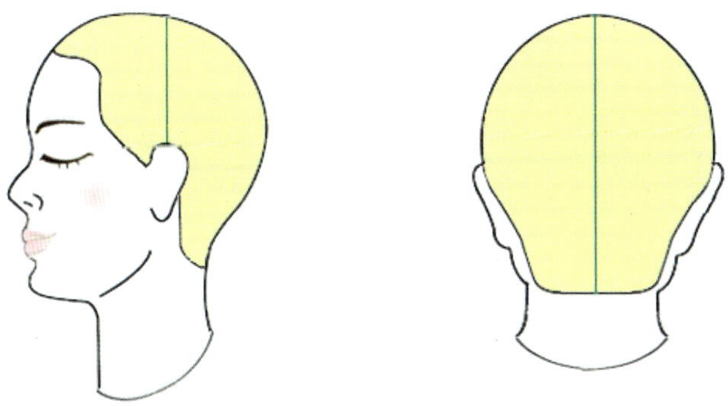

블로킹

섹션

블로킹 Blocking	4등분 Center Parting, Ear to Ear Parting
섹션 Section	수평 Horizontal
분배 Distribution	수직 Perpendicular
각도 Elevation	네이프 – 자연 시술 각 45° Nape – Natural Fall 45° 백, 탑 – 두상 시술 각 90° Back, Top – Normal Projection 90°
베이스 Base	온 더 베이스 On The Base

2. 2가닥 꼬기 시술하기

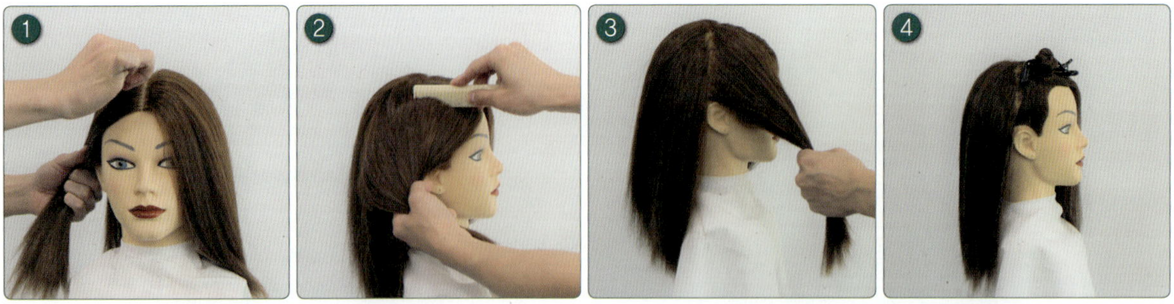

①~④ • 센터 포인트C.P : Center Point에서 탑 포인트T.P : Top Point까지 일직선으로 나눈 후 탑 포인트에서 우측Right Side 이어 백 포인트E.B.P : Ear Back Point까지 일직선으로 나눈 후 블로킹Blocking을 핀셋Pincette으로 고정한다.

⑤~⑧ • 좌측Left Side도 동일한 방법으로 나누고 핀셋으로 고정한 다음 탑 포인트에서 네이프 포인트N.P : Nape Point까지 일직선으로 나누고 핀셋으로 고정한다.

⑨~⑫ • 섹션Section은 수평의 형태가 되도록 나누고 시술에 쓰이는 슬라이스Slice를 나누어 준다.

⑬~⑯ • 시술에 쓰이지 않는 모발은 핀컬 핀Pincurl Pin으로 고정하고 두 가닥으로 슬라이스를 나누어 잡고 사용할 브레이즈Braids 가모를 준비한다.

⑰~⑳ • 인모 두 가닥과 가모 두 가닥, 총 네 가닥을 엮어 두 가닥으로 만든 다음, 두 가닥을 각각 텐션Tension을 주어 두피에 밀착시켜 오른쪽 방향으로 회전한다.
• 더 이상 회전하지 않을 정도로 텐션이 가해지면 자연 시술 각Natural Fall 45°로 교차하여 꼬아가며 진행한다.
※ 자연 시술 각 : 중력을 기준으로 한 각도이다.

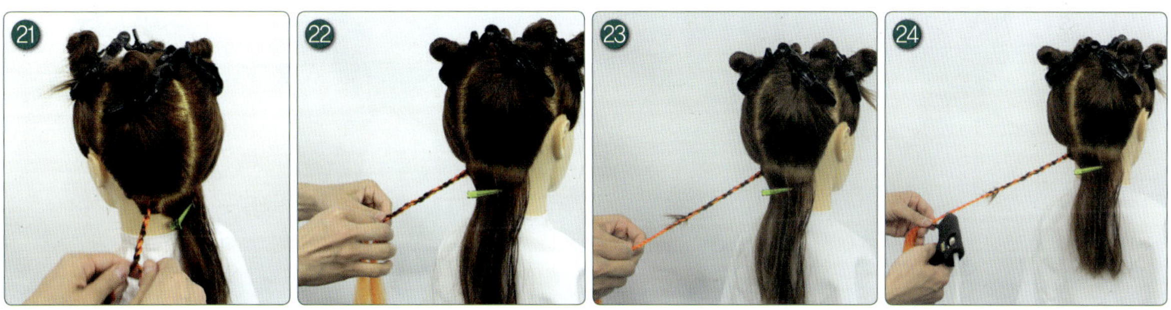

㉑~㉔ • 인모의 길이가 끝나는 지점에서 모발이 너무 많이 빠져나오지 않도록 하고 마무리할 지점에서는 한 손으로 끝부분이 풀어지지 않도록 잡아 고정시킨 후 글루건Glue Gun을 사용해 글루Glue를 충분히 바른다.

㉕~㉘ • 손가락에 물을 묻혀 글루를 식힌 후 완전히 굳으면 가위로 끝부분을 자르고 시술이 끝나는 부분에서 빠져나온 인모를 가위로 잘라내어 마무리 한다.

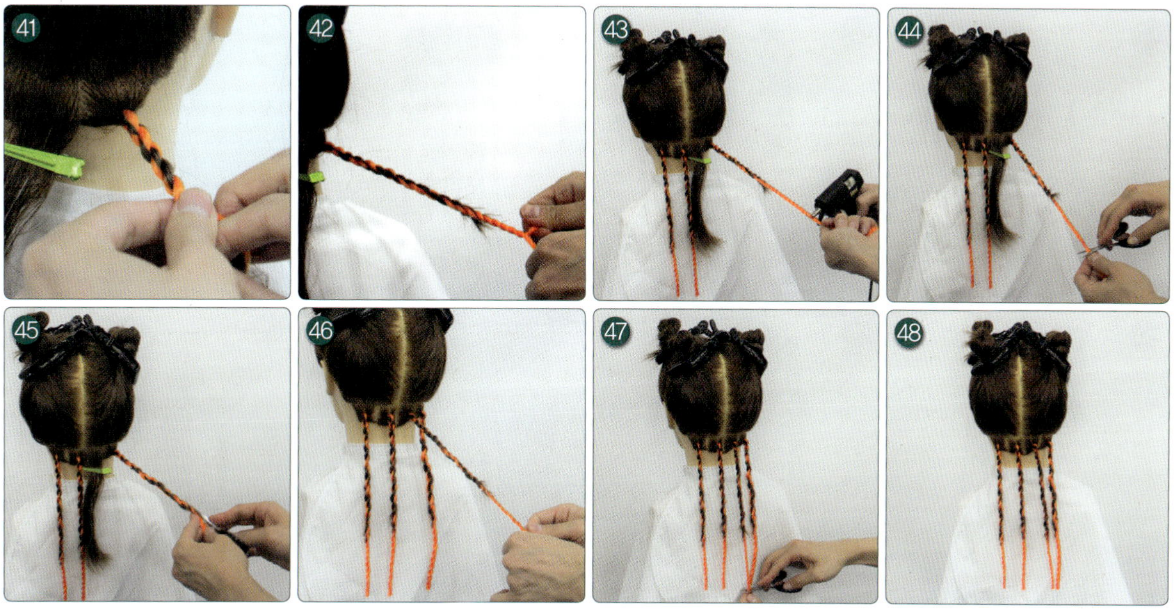

㉙~㊽ • 전과 동일한 방법으로 시술을 진행한다.

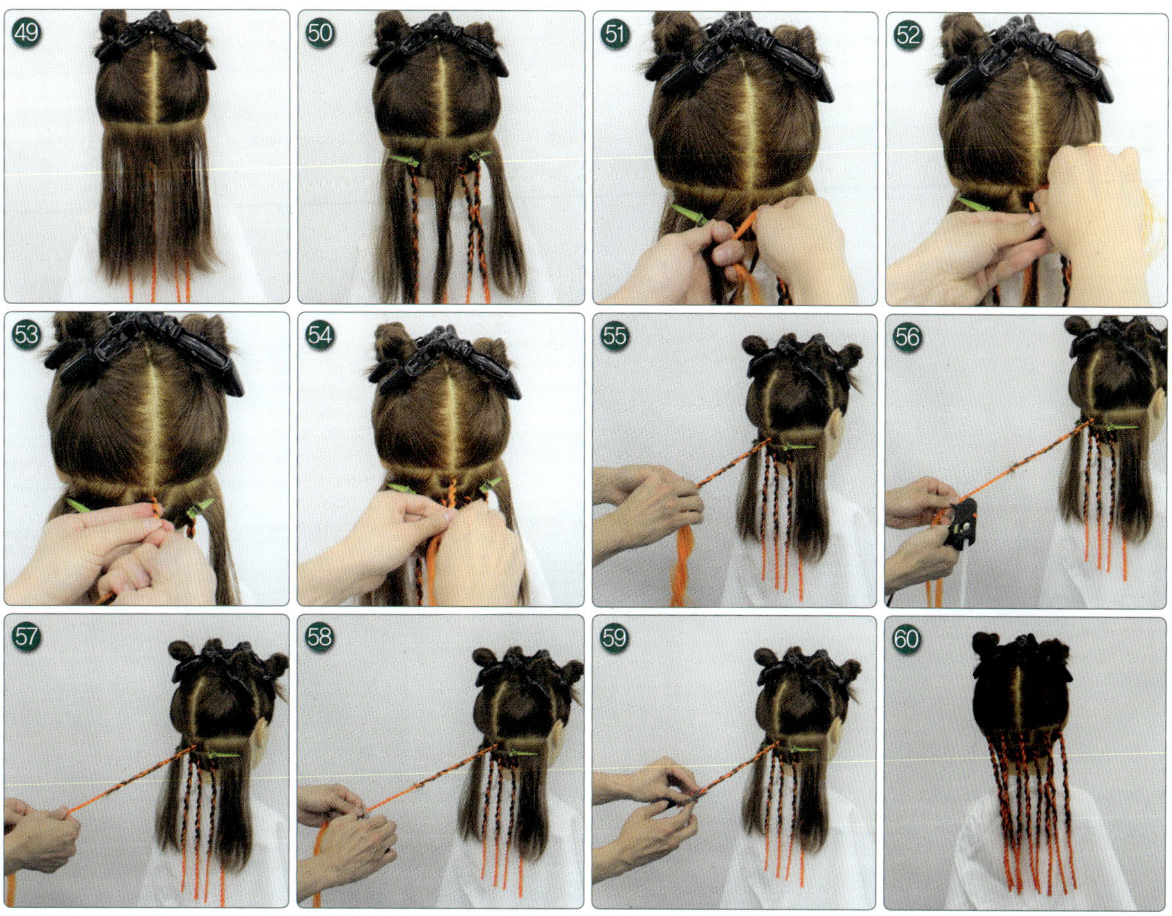

㊾~㊿ • 다음 섹션도 수평섹션Horizontal Section으로 나누고 전과 동일한 방법으로 시술을 진행한다.

61~68 • 백 포인트B.P : Back Point 부분부터는 두상 시술 각Normal Projection 90°로 각도를 제외한 다른 시술방법은 전과 동일한 방법으로 시술을 진행한다.

※ 두상 시술 각 : 두상을 기준으로 한 각도이다.

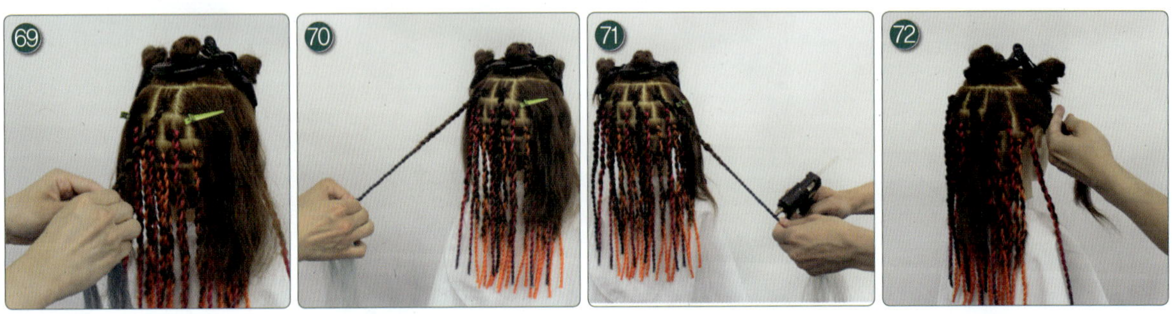

69~72 • 두상 시술 각 90°로 전과 동일한 방법으로 시술을 진행한다.

73~76 • 탑 포인트 부근의 슬라이스는 두상의 곡면으로 인해 삼각형의 슬라이스로 구성하여 시술을 진행하여 뒷부분의 두 가닥 가모 브레이즈를 완성한다.

⑰~㉔ • 좌측로 이동하여 수평 섹션으로 나누고 뒷부분의 시술 각도와 연결하여 두상 시술 각 90°로 시술을 진행한다.

㉕~㉘ • 전과 동일한 방법으로 시술을 진행한다.

※ 헤어라인Hair Line 슬라이스는 두상에 따라 섹션 모양이 변형될 수 있다.

⑧⑨~⑩⓪ • 반대쪽 우측으로 이동하여 수평 섹션으로 나누고 먼저 진행한 뒷부분의 시술 각도와 연결하여 두상 시술 각 90°로 진행하여 시술을 완성한다.

※ 헤어 라인 슬라이스는 두상에 따라 섹션 모양이 변형될 수 있다.

3. 2가닥 꼬기 마무리하기

앞 Front

뒤 Back

우 Right Side

좌 Left Side

[2가닥 꼬기 스타일링 Styling]

앞 Front

뒤 Back

우 Right Side

좌 Left Side

[교수 학습방법]

교수 방법
① 헤어 레게 머리 개념에 대해 알고 디자인의 종류에 따라 분류될 수 있음을 제시한다.
② 헤어 레게 머리 전처리 작업을 알고 시술법에 대해 분석한 내용을 적용한다.
③ 헤어 레게 머리 작업을 할 수 있는 방법을 지도한다.
④ 헤어 레게 머리를 제거할 수 있는 방법을 지도한다.
⑤ 헤어 레게 머리 시술 시 두개피의 유형을 파악할 수 있도록 설명한다.
⑥ 헤어 레게 머리 관리 시 시술한 부분의 디자인이 망가지거나 헝클어지지 않도록 관리 방법을 지도한다.
⑦ 헤어 레게 머리에 사용되는 기기 및 기구에 관하여 사용법을 설명한다.

학습 방법
① 헤어 레게 머리 개념에 대해 알고 헤어 레게 머리 디자인 종류에 따른 특징을 정리한다.
② 헤어 레게 머리 전처리 작업을 알고 시술법에 대해 분석한 내용을 실습한다.
③ 헤어 레게 머리 작업에 맞는 테크닉 방법을 정리한다.
④ 헤어 레게 머리를 제거할 수 있는 테크닉 방법을 적용한다.
⑤ 헤어 레게 머리 시술 시 두개피의 유형을 파악할 수 있도록 조사하고 정리한다.
⑥ 헤어 레게 머리 관리 시 시술한 부분의 디자인이 망가지거나 헝클어지지 않도록 관리 방법을 연습한다.
⑦ 헤어 레게 머리에 사용되는 기기 및 기구에 관하여 사용법을 파악한다.

실습과정 사진	
사진	설명

실습결과 사진	
앞 Front	뒤 Back
좌측 Left Side	우측 Right Side

2. 3가닥 땋기

※ 가모 레게원사를 이용하여 3가닥으로 모발을 땋아 시술하는 브레이즈 시술이다.

학습내용 단원명	수업 목표
가모 브레이즈 3가닥 땋기	• 디자인에 따라 헤어 익스텐션을 할 수 있다. • 꼬기를 이용하여 헤어 익스텐션을 연출할 수 있다. • 땋기를 이용하여 헤어 익스텐션을 연출할 수 있다.

1. 3가닥 땋기 준비하기

(1) 재료

① 브레이즈 원사

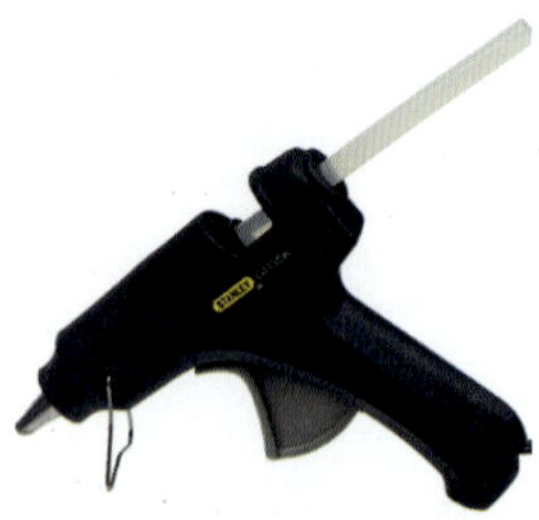

② 글루건

③ 고무실

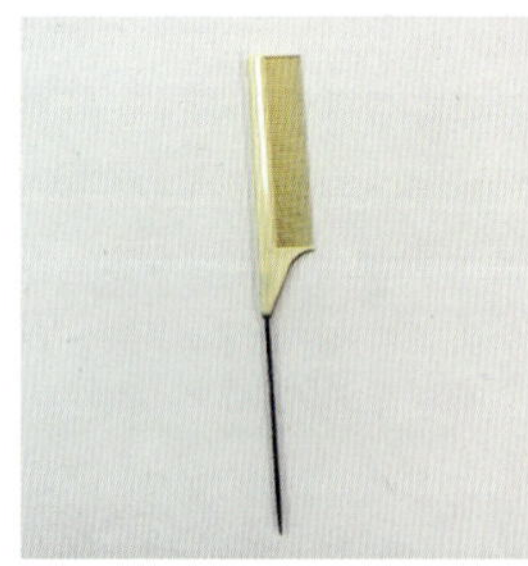

④ 꼬리빗

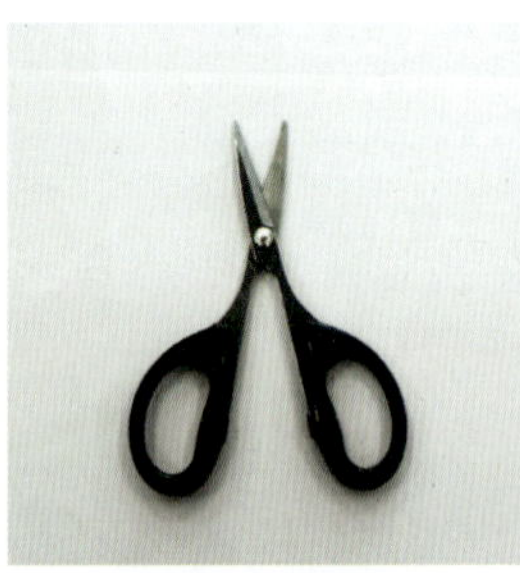

⑤ 가위

⑥ 핀셋

⑦ 핀컬 핀

(2) 도해도 및 시술방법

시술 전

시술 후

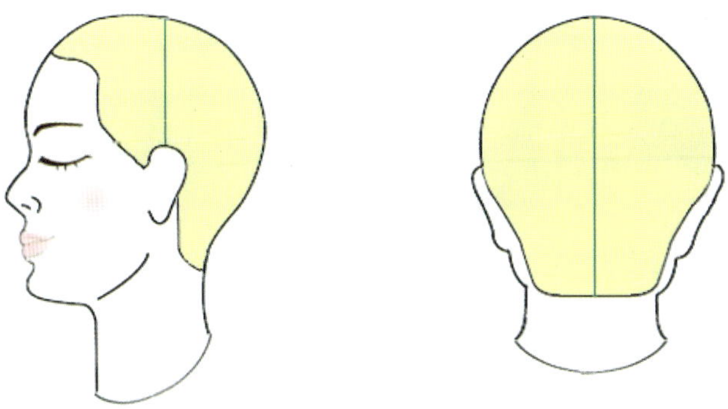

블로킹

섹션

블로킹 Blocking	4등분 Center Parting, Ear to Ear Parting
섹션 Section	수평 Horizontal
분배 Distribution	수직 Perpendicular
각도 Elevation	네이프 – 자연 시술 각 45° Nape – Natural Fall 45° 백, 탑 – 두상 시술 각 90° Back, Top – Normal Projection 90°
베이스 Base	온 더 베이스 On The Base

2. 3가닥 땋기 시술하기

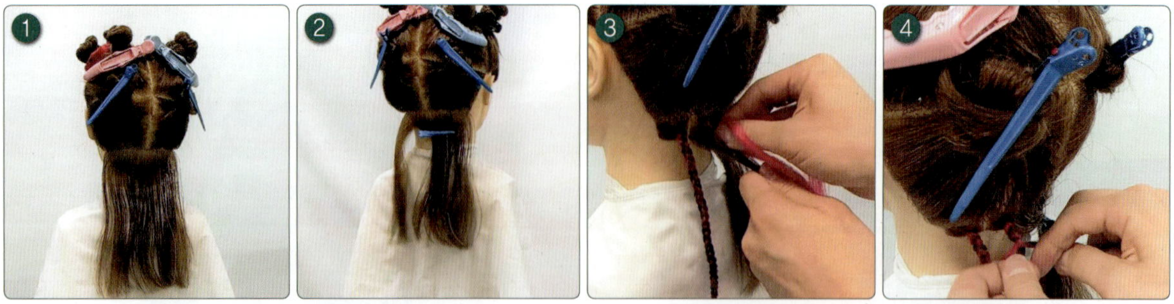

①~④ • 정중선과 측중선으로 4등분 블로킹Blocking을 나눈 후 이어 백 포인트E.B.P : Ear Back Point에서 백 포인트 B.P : Back Point를 지나 다시 반대 쪽 이어 백 포인트로 나눈 다음 섹션Section을 수평의 형태로 나눈다.

• 슬라이스의 인모 두 가닥과 가모 두 가닥, 총 네 가닥을 엮어 두 가닥으로 만든 다음 한 가닥을 다시 두 가닥으로 나누어 총 세 가닥으로 만든 뒤 두피에 밀착되도록 텐션Tension을 주어 교차해서 자연 시술 각Natural Fall 45°로 땋아준다.

※ 자연 시술 각 : 중력을 기준으로 한 각도이다.

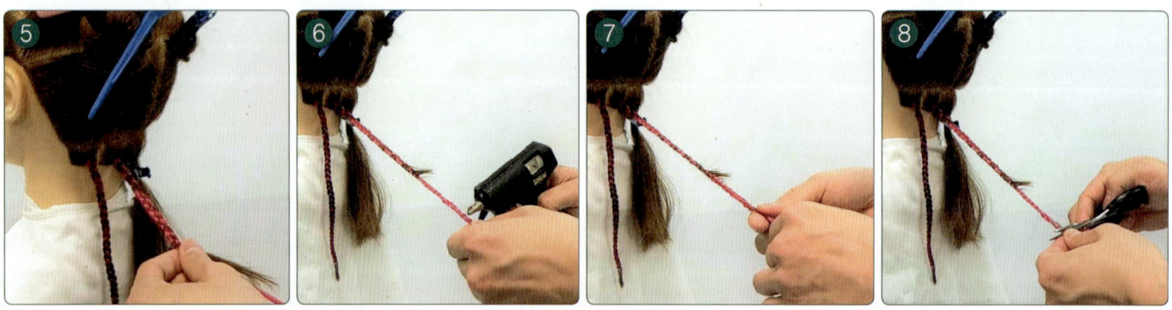

⑤~⑧ • 마무리 지점까지 땋아준 뒤 글루건Glue Gun을 사용하여 끝 부분에 글루Glue를 충분히 발라주고 손가락에 물을 충분히 묻혀 글루를 식혀준 다음 끝 부분을 가위로 잘라낸다.

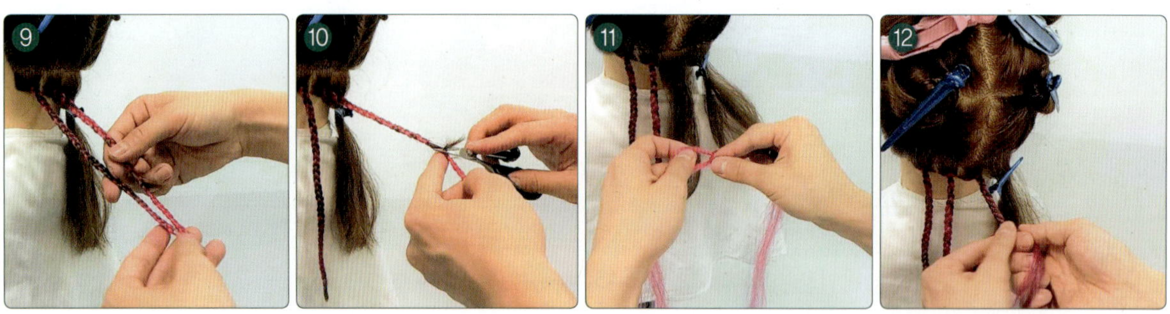

⑨~⑫ • 시술이 끝나는 부분에서 빠져나온 인모를 가위로 잘라내어 마무리하고 다음 슬라이스도 인모 두 가닥과 가모 두 가닥을 교차하여 엮어준다.

⑬~㉜ • 다음 섹션도 자연 시술 각 45°로 전과 동일한 방법으로 시술을 진행한다.

㉝~㊱ • 백 포인트B.P : Back Point 부분부터는 두상 시술 각Normal Projection 90°로 각도를 제외한 다른 시술방법은 전과 동일한 방법으로 시술을 진행한다.

※ 두상 시술 각 : 두상을 기준으로 한 각도이다.

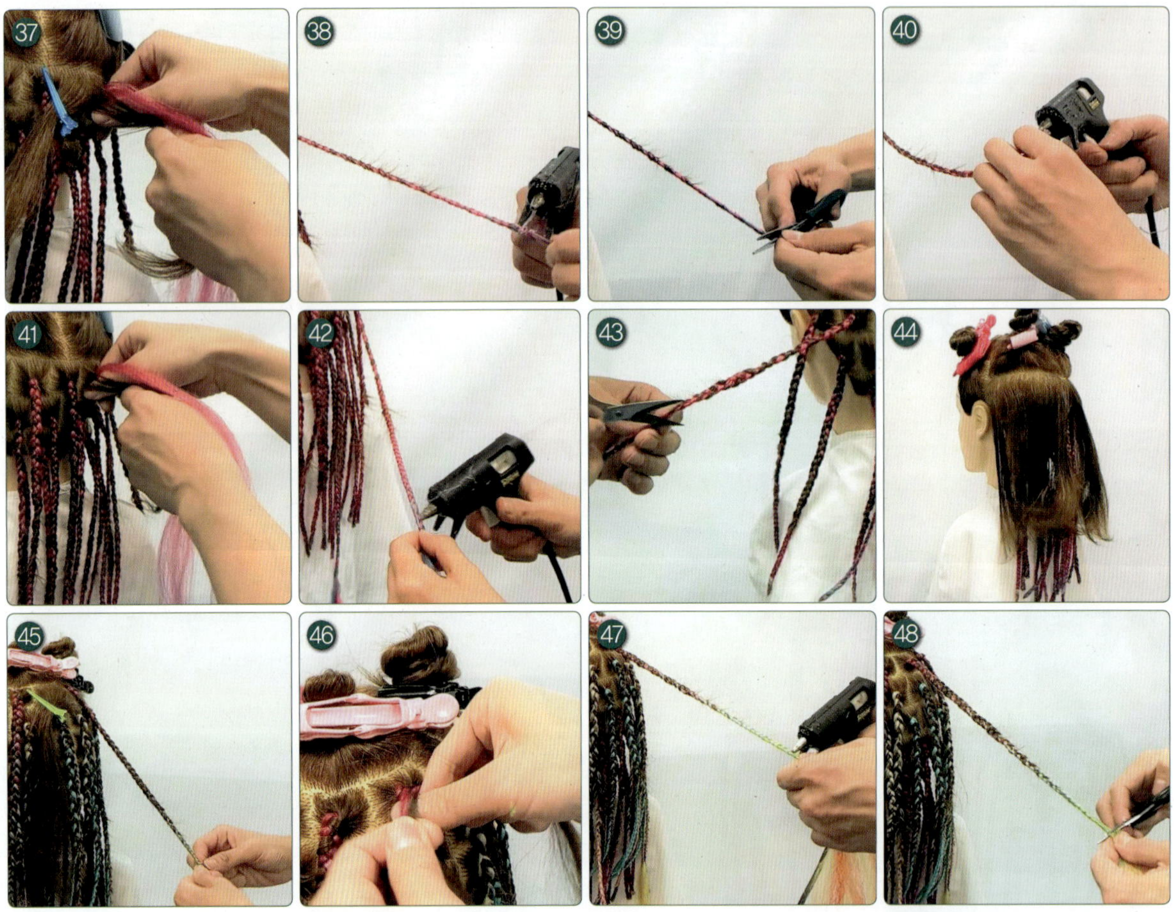

㊲~㊽ • 전과 동일한 방법으로 시술을 진행한다.

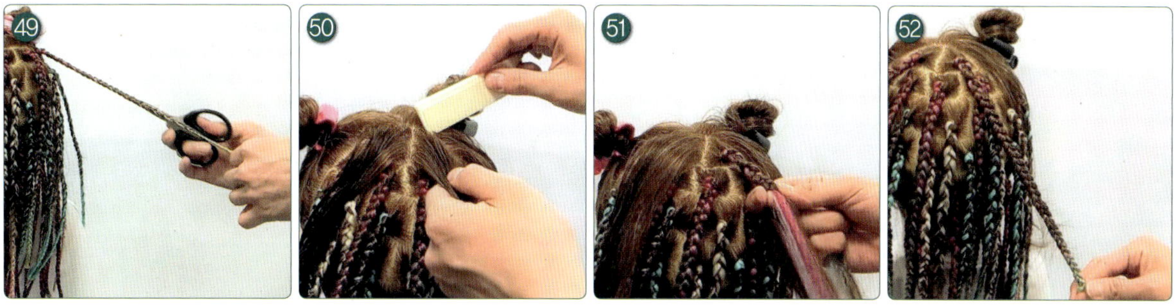

㊾~52 • 탑 포인트 부근의 슬라이스는 두상의 곡면으로 인해 삼각형의 슬라이스로 구성하여 시술을 진행하여 뒷부분의 세 가닥 가모 브레이즈를 완성한다.

⑬~㉘ • 좌측으로 이동하여 수평 섹션으로 나누고 뒷부분의 시술 각도와 연결하여 두상 시술 각 90°로 시술을 진행한다.

69~80 • 전과 동일한 방법으로 시술을 진행한다.

※ 헤어 라인Hair Line 슬라이스는 두상에 따라 섹션 모양이 변형될 수 있다.

⑧①~⑧⑧ • 우측으로 이동하여 수평 섹션으로 나누고 먼저 진행한 뒷부분의 시술 각도와 연결하여 두상 시술 각 90°로 시술을 진행하고 모발의 기장은 좌측과 동일하게 설정한다.

⑧⑨~⑩⓪ • 전과 동일한 방법으로 진행하여 시술을 완성한다.
※ 헤어 라인 슬라이스는 두상에 따라 섹션 모양이 변형될 수 있다.

3. 3가닥 땋기 마무리하기

앞 Front

뒤 Back

우 Right Side

좌 Left Side

[교수 학습방법]

교수 방법
① 헤어 레게 머리 개념에 대해 알고 디자인의 종류에 따라 분류될 수 있음을 제시한다.
② 헤어 레게 머리 전처리 작업을 알고 시술법에 대해 분석한 내용을 적용한다.
③ 헤어 레게 머리 작업을 할 수 있는 방법을 지도한다.
④ 헤어 레게 머리를 제거할 수 있는 방법을 지도한다.
⑤ 헤어 레게 머리 시술 시 두개피의 유형을 파악할 수 있도록 설명한다.
⑥ 헤어 레게 머리 관리 시 시술한 부분의 디자인이 망가지거나 헝클어지지 않도록 관리 방법을 지도한다.
⑦ 헤어 레게 머리에 사용되는 기기 및 기구에 관하여 사용법을 설명한다.

학습 방법
① 헤어 레게 머리 개념에 대해 알고 헤어 레게 머리 디자인 종류에 따른 특징을 정리한다.
② 헤어 레게 머리 전처리 작업을 알고 시술법에 대해 분석한 내용을 실습한다.
③ 헤어 레게 머리 작업에 맞는 테크닉 방법을 정리한다.
④ 헤어 레게 머리를 제거할 수 있는 테크닉 방법을 적용한다.
⑤ 헤어 레게 머리 시술 시 두개피의 유형을 파악할 수 있도록 조사하고 정리한다.
⑥ 헤어 레게 머리 관리 시 시술한 부분의 디자인이 망가지거나 헝클어지지 않도록 관리 방법을 연습한다.
⑦ 헤어 레게 머리에 사용되는 기기 및 기구에 관하여 사용법을 파악한다.

실습과정 사진	
사진	설명

실습결과 사진	
앞 Front	뒤 Back
좌측 Left Side	우측 Right Side

학생 자가 진단 및 교수평가

• 평가 준거

<table>
<tr><th rowspan="2">학습내용</th><th rowspan="2">학습목표</th><th colspan="3">성취수준</th></tr>
<tr><th>상</th><th>중</th><th>하</th></tr>
<tr><td rowspan="2">레게 머리 스타일 준비</td><td>1. 고객에게 여러 가지 디자인을 제안할 수 있다.</td><td></td><td></td><td></td></tr>
<tr><td>2. 모발 상태에 따라 다양한 레게 머리의 도구 및 재료를 준비할 수 있다.</td><td></td><td></td><td></td></tr>
<tr><td rowspan="4">레게 머리 디자인 작업</td><td>3. 레게 머리 형태를 디자인 작업할 수 있다.</td><td></td><td></td><td></td></tr>
<tr><td>4. 레게 원사와 얀Yarn을 본 모발로부터 제거할 수 있다.</td><td></td><td></td><td></td></tr>
<tr><td>5. 스타일 유지를 위한 관리 방법을 고객에게 설명할 수 있다.</td><td></td><td></td><td></td></tr>
<tr><td>6. 사용한 도구 및 재료를 위생적으로 처리할 수 있다.</td><td></td><td></td><td></td></tr>
</table>

• 평가자 체크리스트

<table>
<tr><th rowspan="2">학습내용</th><th rowspan="2">학습목표</th><th colspan="3">성취수준</th></tr>
<tr><th>상</th><th>중</th><th>하</th></tr>
<tr><td rowspan="2">레게 머리 스타일 준비</td><td>1. 고객에게 여러 가지 디자인을 제안할 수 있다.</td><td></td><td></td><td></td></tr>
<tr><td>2. 모발 상태에 따라 다양한 레게 머리의 도구 및 재료를 준비할 수 있다.</td><td></td><td></td><td></td></tr>
<tr><td rowspan="4">레게 머리 디자인 작업</td><td>3. 레게 머리 형태를 디자인 작업할 수 있다.</td><td></td><td></td><td></td></tr>
<tr><td>4. 레게 원사와 얀을 본 모발로부터 제거할 수 있다.</td><td></td><td></td><td></td></tr>
<tr><td>5. 스타일 유지를 위한 관리 방법을 고객에게 설명할 수 있다.</td><td></td><td></td><td></td></tr>
<tr><td>6. 사용한 도구 및 재료를 위생적으로 처리할 수 있다.</td><td></td><td></td><td></td></tr>
</table>

• 포트폴리오

학습내용	학습목표	성취수준		
		상	중	하
레게 머리 스타일 준비	1. 레게 머리 정의와 종류에 대한 포트폴리오 제작 여부			
	2. 레게 머리 재료와 도구를 준비하고 전처리 작업에 대한 포트폴리오 제작 능력			
레게 머리 디자인 작업	3. 레게 머리 디자인 종류를 알고 작업하는 포트폴리오 제작 여부			
	4. 레게 머리를 본 모발로부터 제거 작업하는 포트폴리오 제작 능력			
	5. 스타일 유지를 위한 관리를 제안하는 포트폴리오 제작 여부			

[교수자 피드백]

콘로우

1. 직선

※ 콘로우는 모발, 혹은 가발을 이용해서 땋기를 응용한 스타일로 모발을 두피에 밀착 시킨 후 모발을 단단하게 땋는 시술방법이며 직선과 사선의 형태로 만들어 내는 직선 콘로우, 섹션의 곡선을 활용한 형태는 만드는 방사선 콘로우, 다양한 디자인을 활용하여 형태를 만드는 디자인 콘로우 등이 있다.

학습내용 단원명	수업 목표
콘로우 직선	• 고객에게 여러 가지 디자인을 제안할 수 있다. • 모발 상태에 따라 다양한 콘로우 도구 및 재료를 준비할 수 있다. • 콘로우 형태를 디자인 작업할 수 있다.

1. 직선 준비하기

(1) 재료

① 고무실

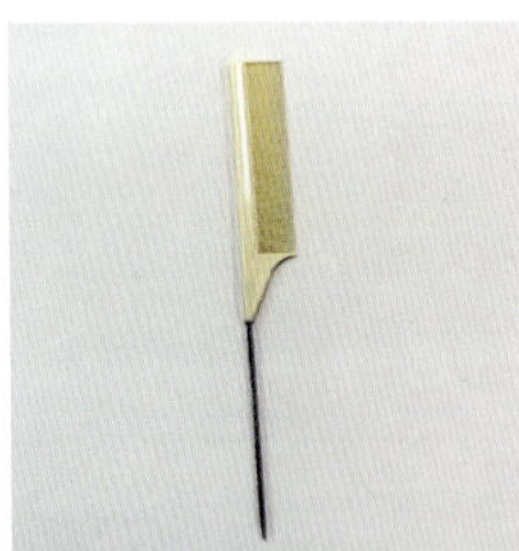
② 꼬리빗

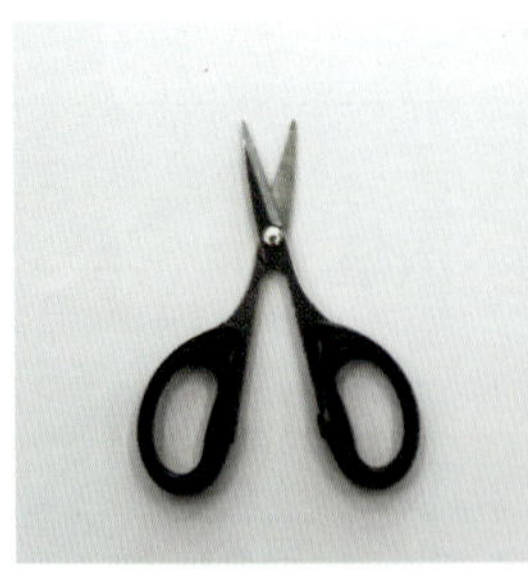
③ 가위

④ 핀셋

(2) 도해도 및 시술방법

시술 전

시술 후

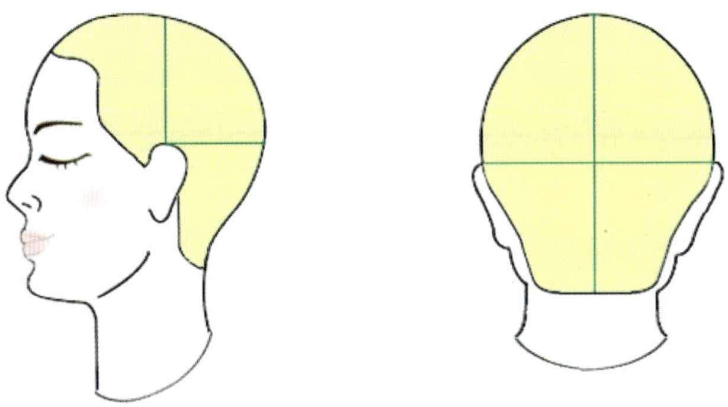

블로킹

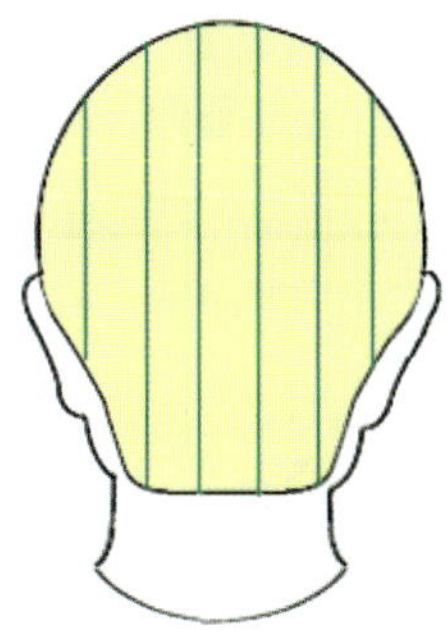

섹션

블로킹 Blocking	6등분 Center Parting, Ear to Ear Parting
섹션 Section	수직 Vertical
각도 Elevation	네이프, 백, 탑 – 두상 시술 각 0° Nape, Back, Top – Normal Projection 0°
베이스 Base	온 더 베이스 On The Base

2. 직선 시술하기

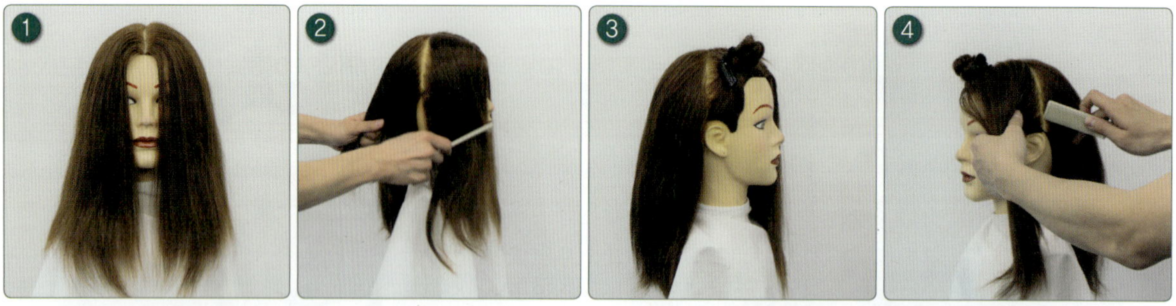

①~④ • 센터 포인트C.P : Center Point에서 탑 포인트T.P : Top Point까지 일직선으로 나누고 탑 포인트에서 이어 백 포인트E.B.P : Ear Back Point까지 나누어 준다.

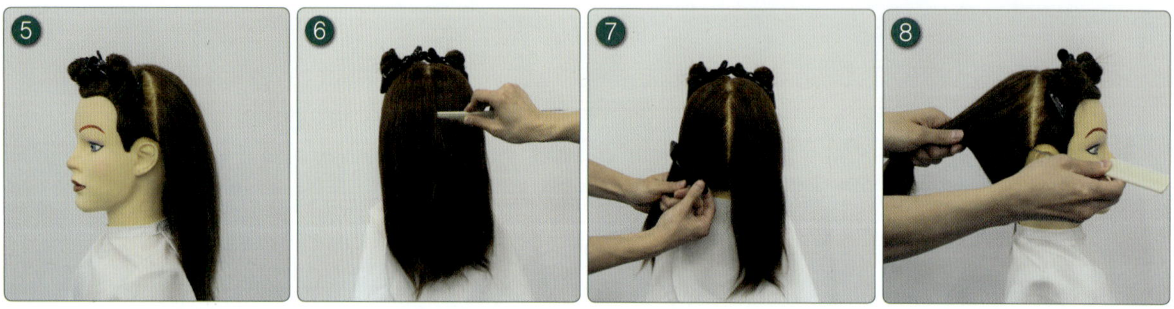

⑤~⑧ • 탑 포인트에서 네이프 포인트N.P : Nape Point까지 일직선으로 나누어 준 다음 이어 백 포인트에서 백 포인트B.P : Back Point까지 나누어 준다.

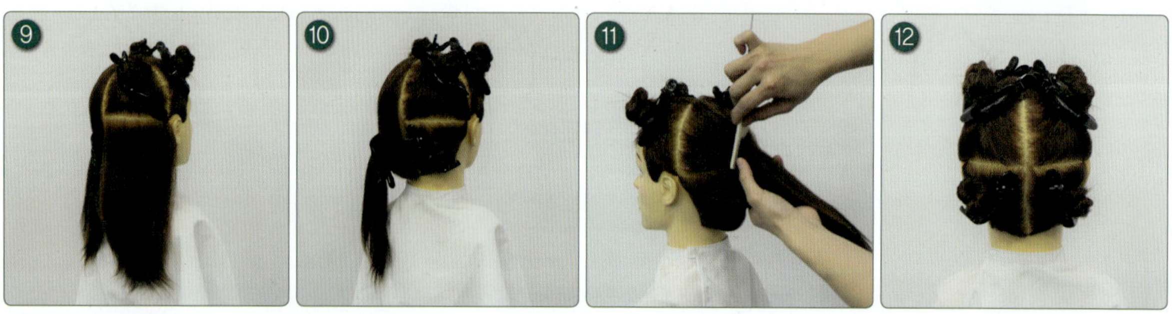

⑨~⑫ • 4등분으로 블로킹Blocking을 나누고 핀셋Pincette으로 고정시켜 준다.

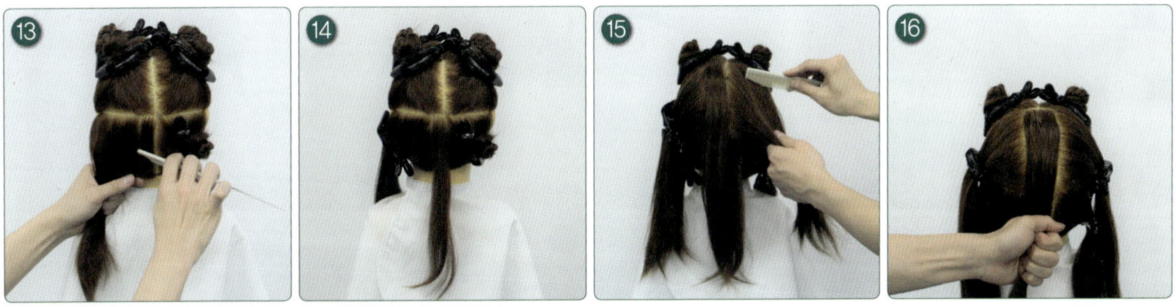

⑬~⑯ • 네이프 포인트에서 탑 포인트까지 양쪽 직경 1.5cm로 섹션Section을 나누어 준다.

⑰~⑳ • 정중앙 섹션을 제외한 모발은 핀셋으로 고정한다.

㉑~㉔ • 모발을 세 가닥으로 나누고 엄지와 검지를 이용하여 두피에 밀착시켜서 아웃out 땋기를 진행한다.

㉕~㉜ • 동일한 텐션Tension을 유지하며 0°로 아웃 땋기를 진행한 후 고무실을 5회 이상 감아 묶어 고정한다.

㉙~㊱ • 다음 시술 진행을 위해 직경 2~3cm로 섹션을 나눈다.

㊲~㊵ • 전과 동일한 방식으로 좌측도 아웃 땋기를 진행한다.

㊶~㊹ • 두상의 곡면에 밀착될 수 있도록 동일한 텐션을 유지하며 시술을 진행한다.

㊺~㊽ • 네이프Nape는 최대한 밀착해서 시술을 진행한다.

㊾~56 • 전과 동일한 방식으로 우측 시술을 진행한다.

57~60 • 고무실을 5회 이상 감아 묶어 고정한 후 남은 여분의 고무실은 잘라낸다.

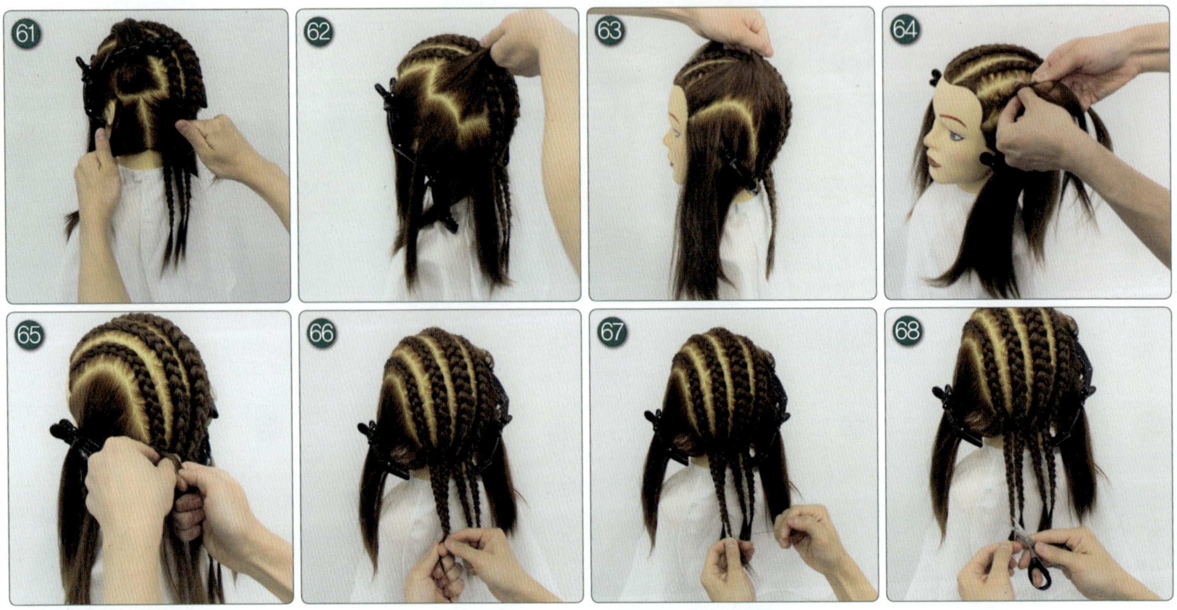

61~68 • 두상 곡면의 영향을 많이 받는 섹션이기 때문에 한쪽으로 치우치지 않도록 텐션을 유지하며 아웃 땋기를 진행한다.

69
70
71
72
73
74
75
76
77
78
79
80
81
82
83
84
85
86
87
88

⑥⑨~⑨⑥ • 좌·우측 사이드Side는 전과 동일한 방식으로 시술을 진행한다.

※ 사이드 섹션은 두상의 곡선에 유의하여 한쪽으로 치우치지 않도록 텐션과 두상의 똑바른 위치를 유지하여 시술을 진행한다.

3. 직선 마무리하기

앞 Front

뒤 Back

우 Right Side

좌 Left Side

[교수 학습방법]

교수 방법
① 헤어 콘로우 개념에 대해 알고 디자인의 종류에 따라 분류될 수 있음을 설명한다.
② 헤어 콘로우 전처리 작업을 알고 시술법에 대해 분석한 내용을 적용한다.
③ 헤어 콘로우 작업을 할 수 있는 방법을 지도한다.
④ 헤어 콘로우를 제거할 수 있는 방법을 지도한다.
⑤ 헤어 콘로우 시술 시 두개피의 유형을 파악할 수 있도록 설명한다.
⑥ 헤어 콘로우 관리 시 시술한 부분의 디자인이 망가지거나 헝클어지지 않도록 관리 방법을 지도한다.
⑦ 헤어 콘로우에 사용되는 기기 및 기구에 관하여 사용법을 설명한다.

학습 방법
① 헤어 콘로우 개념에 대해 알고 헤어 콘로우 디자인 종류에 따른 특징을 정리한다.
② 헤어 콘로우 전처리 작업을 알고 시술법에 대해 분석한 내용을 실습한다.
③ 헤어 콘로우 작업에 맞는 방법을 학습한다.
④ 헤어 콘로우를 제거할 수 있는 방법을 학습한다.
⑤ 헤어 콘로우 시술 시 두개피의 유형을 파악할 수 있도록 조사하고 정리한다.
⑥ 헤어 콘로우 관리 시 시술한 부분의 디자인이 망가지거나 헝클어지지 않도록 관리 방법을 연습한다.
⑦ 헤어 콘로우에 사용되는 기기 및 기구에 관하여 사용법을 파악한다.

실습과정 사진	
사진	설명

실습결과 사진	
앞 Front	뒤 Back
좌측 Left Side	우측 Right Side

2. 방사선

※ 콘로우 시술시 섹션과 선을 곡선의 형태로 모발을 두피에 밀착시켜 아웃Out : 뒤집어 땋기 하는 시술이다.

학습내용 단원명	수업 목표
콘로우 방사선	• 고객에게 여러 가지 디자인을 제안할 수 있다. • 모발 상태에 따라 다양한 콘로우 도구 및 재료를 준비할 수 있다. • 콘로우 형태를 디자인 작업할 수 있다.

1. 방사선 준비하기

(1) 재료

① 고무실

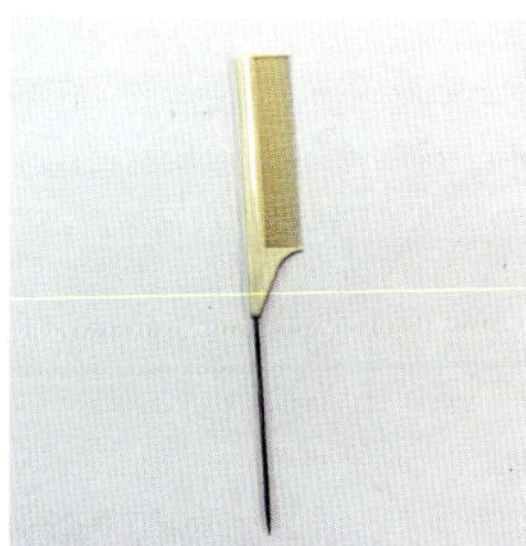

② 꼬리빗

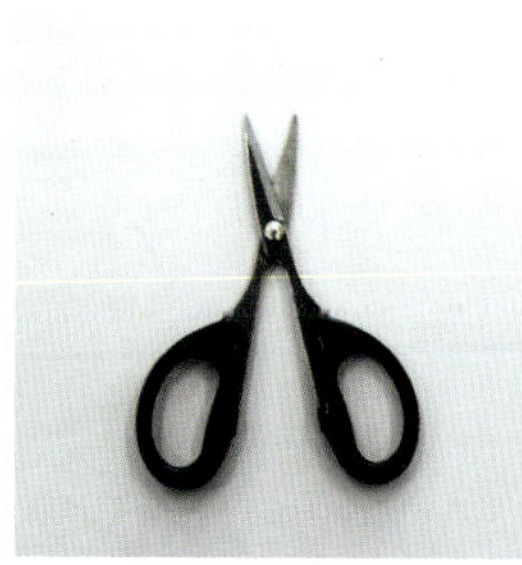

③ 가위

④ 핀셋

(2) 도해도 및 시술방법

시술 전

시술 후

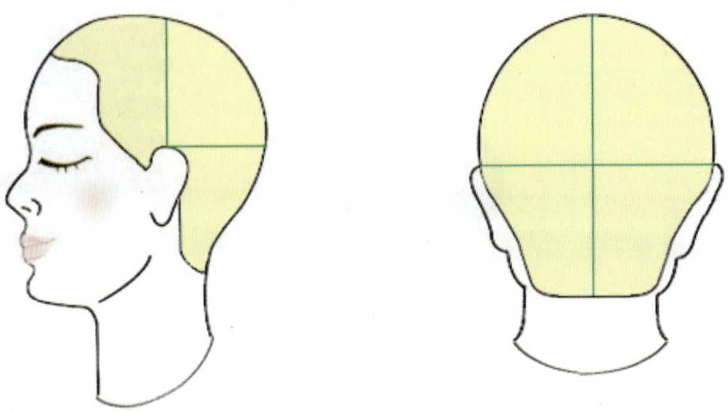

블로킹

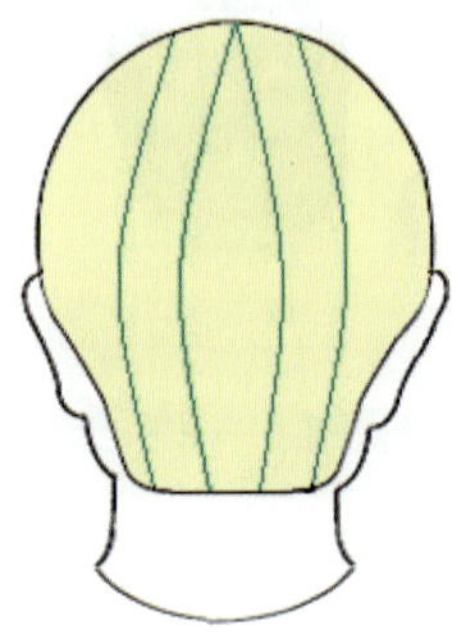

섹션

블로킹 Blocking	6등분 Center Parting, Ear to Ear Parting
섹션 Section	수직 Vertical
각도 Elevation	네이프, 백, 탑 – 두상 시술 각 0° Nape, Back, Top – Normal Projection 0°
베이스 Base	온 더 베이스 On The Base

2. 방사선 시술하기

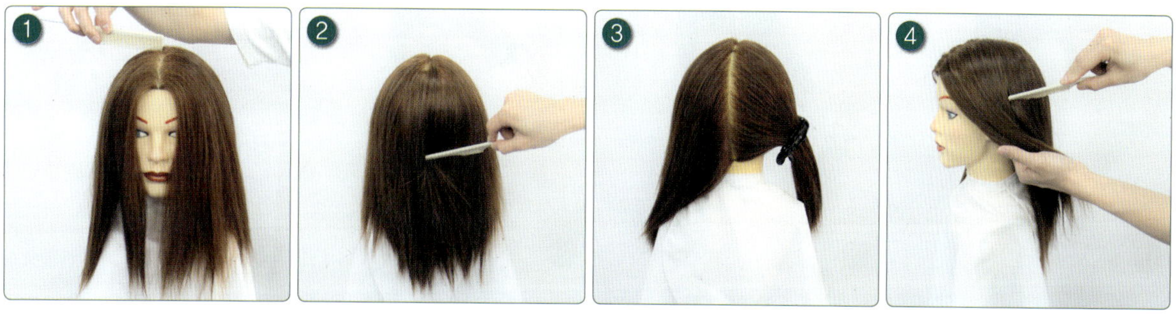

①~④ • 센터 포인트C.P : Center Point에서 네이프 포인트N.P : Nape Point까지 일직선으로 나눈다.

⑤~⑫ • 탑 포인트T.P : Top Point에서 이어 백 포인트E.B.P : Ear Back Point 까지 일직선으로 나누어준 다음 백 포인트B.P : Back Point까지 나누어 준다.

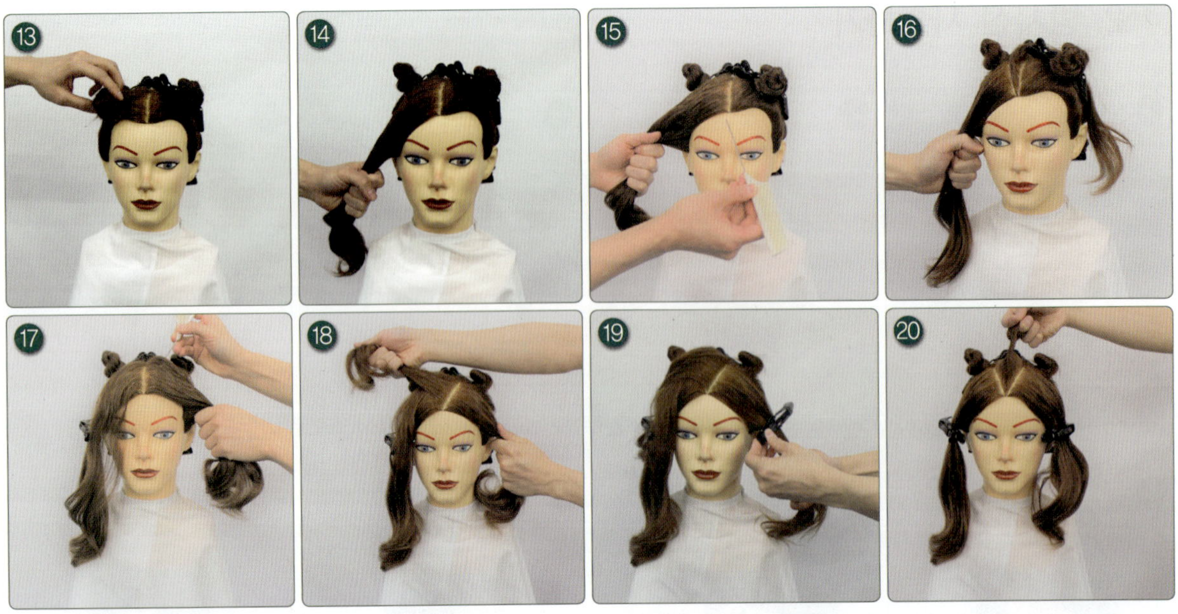

⑬~⑳ • 센터 포인트를 기준으로 탑 포인트까지 방사선의 섹션Pivot Section을 나누어 준다.

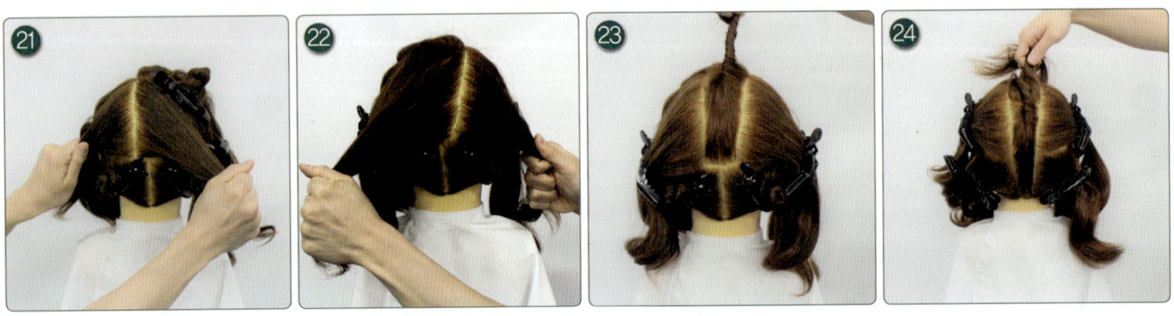

㉑~㉔ • 탑 포인트에서 네이프 포인트까지 양쪽 직경 1.5cm 으로 섹션Section을 나누어 준다.

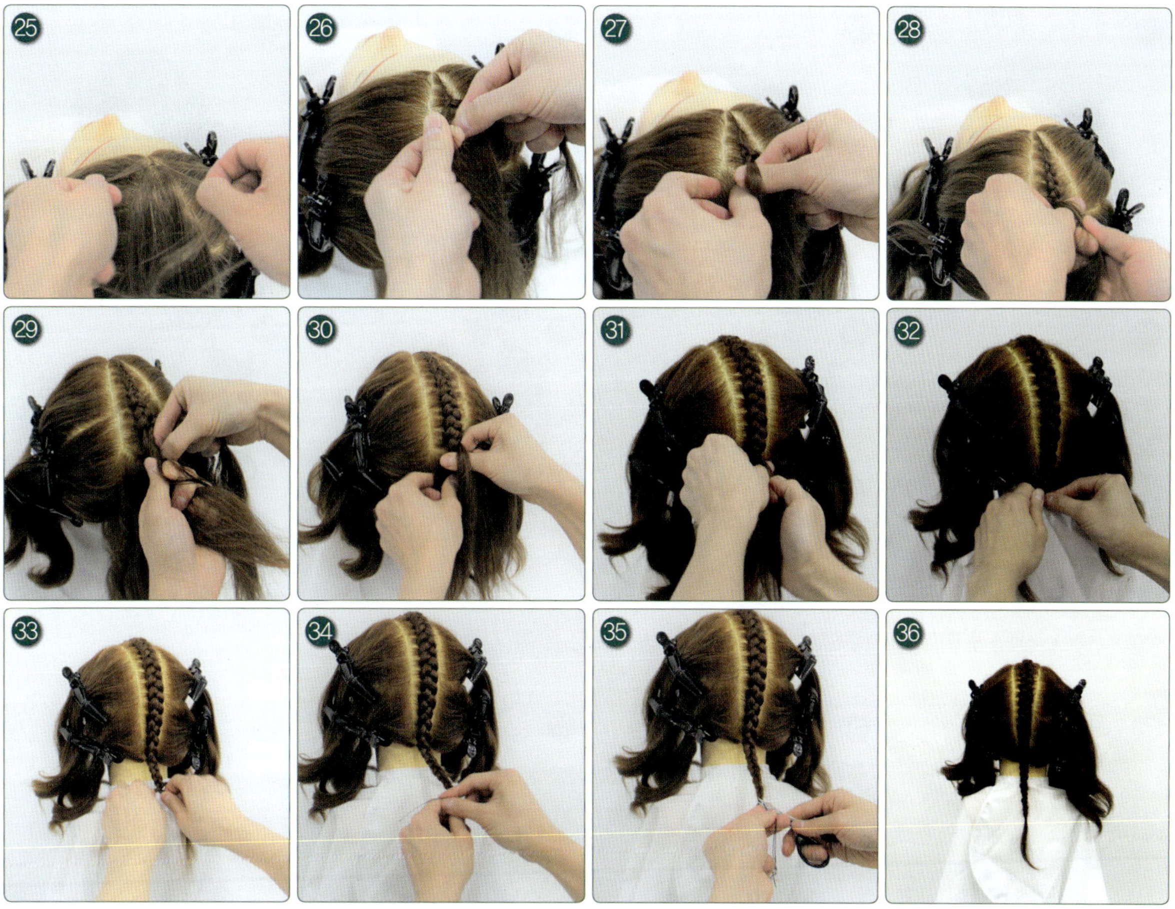

㉕~㊱ • 삼각 섹션Triangle section으로 모발을 나눠 엄지와 검지를 이용하여 두피에 밀착시켜서 아웃out 땋기를 진행하고 고무실을 5회 이상 감아 묶어 고정한 후 남은 여분의 고무실은 잘라낸다.

㊲~㊹ • 센터 포인트를 기준으로 전과 동일한 방식으로 우측 시술을 진행한다.

45~64 • 두상의 곡면에 유의하며 동일한 텐션Tension을 유지하고 네이프Nape는 최대한 밀착해서 전과 동일한 방식으로 시술을 진행한다.

65~76 • 센터 포인트를 기준으로 0°로 아웃 땋기를 진행한 후 고무실을 5회 이상 감아 묶어 고정한다.

⑺~⑻ • 두상 곡면의 영향을 많이 받는 섹션Section이기 때문에 한쪽으로 치우치지 않도록 텐션을 유지하며 아웃 땋기를 진행한다.

⑧⑨~⑨⑥ • 좌·우측 사이드Side는 전과 동일한 방식으로 시술을 진행한다.

※ 사이드 섹션은 두상의 곡선에 유의하여 한쪽으로 치우치지 않도록 텐션과 두상의 똑바른 위치를 유지하여 시술을 진행한다.

3. 방사선 마무리하기

앞Front

뒤Back

우Right Side

좌Left Side

[교수 학습방법]

교수 방법
① 헤어 콘로우 개념에 대해 알고 디자인의 종류에 따라 분류될 수 있음을 설명한다.
② 헤어 콘로우 전처리 작업을 알고 시술법에 대해 분석한 내용을 적용한다.
③ 헤어 콘로우 작업을 할 수 있는 방법을 지도한다.
④ 헤어 콘로우를 제거할 수 있는 방법을 지도한다.
⑤ 헤어 콘로우 시술 시 두개피의 유형을 파악할 수 있도록 설명한다.
⑥ 헤어 콘로우 관리 시 시술한 부분의 디자인이 망가지거나 헝클어지지 않도록 관리 방법을 지도한다.
⑦ 헤어 콘로우에 사용되는 기기 및 기구에 관하여 사용법을 설명한다.

학습 방법
① 헤어 콘로우 개념에 대해 알고 헤어 콘로우 디자인 종류에 따른 특징을 정리한다.
② 헤어 콘로우 전처리 작업을 알고 시술법에 대해 분석한 내용을 실습한다.
③ 헤어 콘로우 작업에 맞는 방법을 학습한다.
④ 헤어 콘로우를 제거할 수 있는 방법을 학습한다.
⑤ 헤어 콘로우 시술 시 두개피의 유형을 파악할 수 있도록 조사하고 정리한다.
⑥ 헤어 콘로우 관리 시 시술한 부분의 디자인이 망가지거나 헝클어지지 않도록 관리 방법을 연습한다.
⑦ 헤어 콘로우에 사용되는 기기 및 기구에 관하여 사용법을 파악한다.

실습과정 사진	
사진	설명

실습결과 사진	
앞 Front	뒤 Back
좌측 Left Side	우측 Right Side

3. 디자인

※ 콘로우 시술시 섹션과 선을 디자인하여 모발을 두피에 밀착시켜 아웃Out : 뒤집어 땋기 하는 시술이다.

학습내용 단원명	수업 목표
콘로우 디자인	• 고객에게 여러 가지 디자인을 제안할 수 있다. • 모발 상태에 따라 다양한 콘로우 도구 및 재료를 준비할 수 있다. • 콘로우 형태를 디자인 작업할 수 있다.

1. 디자인 준비하기

(1) 재료

① 고무실

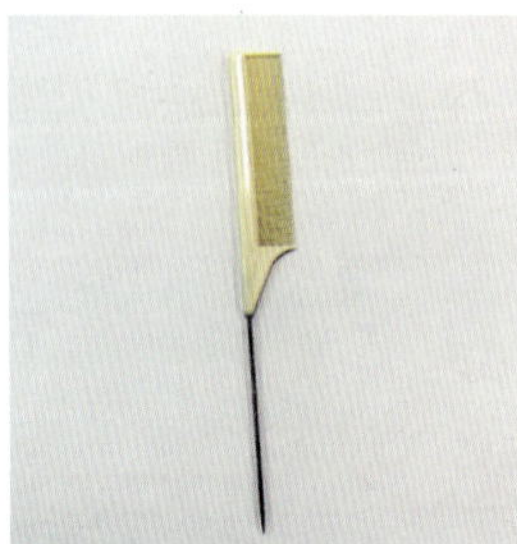

② 꼬리빗

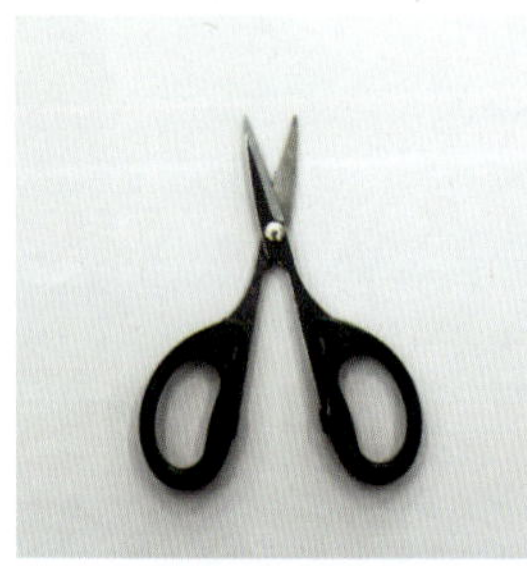

③ 가위

④ 핀셋

(2) 도해도 및 시술방법

시술 전

시술 후

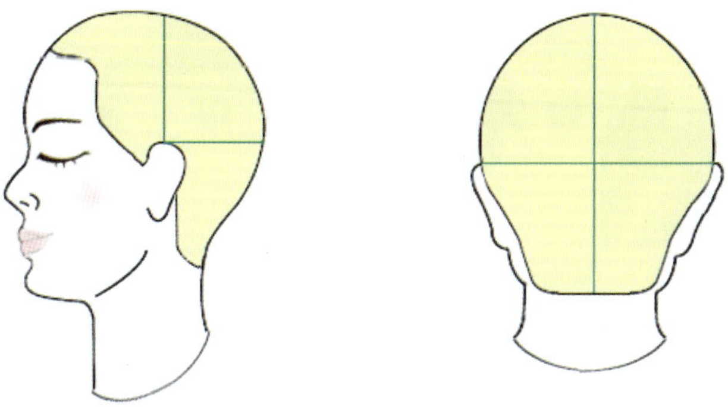

블로킹

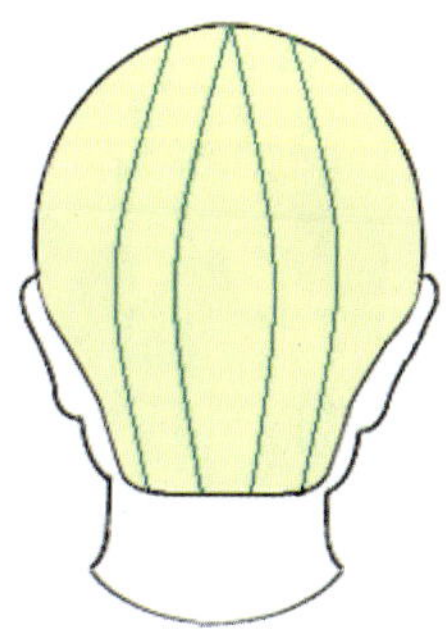

섹션

블로킹 Blocking	4등분 Center Parting, Ear to Ear Parting
섹션 Section	수직 Vertical
각도 Elevation	네이프, 백, 탑 – 두상 시술 각 0° Nape, Back, Top – Normal Projection 0°
베이스 Base	온 더 베이스 On The Base

2. 디자인 시술하기

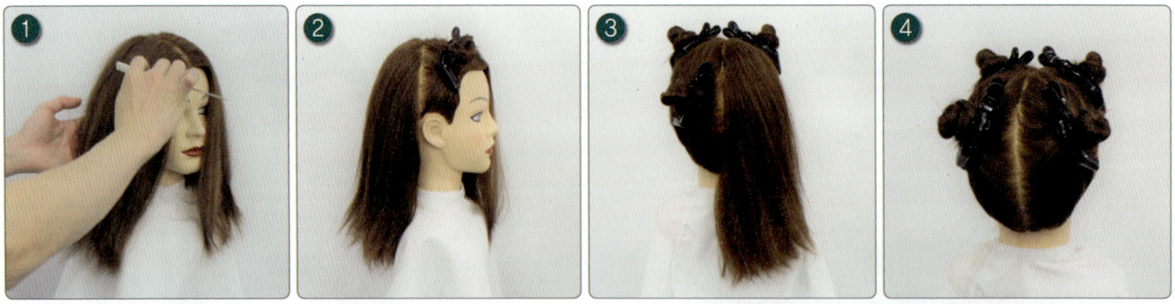

①~④ • 탑 포인트T.P : Top Point에서 이어 백 포인트E.B.P : Ear Back Point 까지 일직선으로 나누고 백 포인트B.P : Back Point까지 4등분으로 나누어 준다.

⑨~⑯ • 센터 포인트C.P : Center Point에서 2~3cm 직경의 수직 섹션Vertical Section으로 나눈 후 아웃Out 땋기를 진행한다.

⑰~㉘ • 좌측도 전과 동일하게 수직 섹션Vertical Section으로 나눈 후 아웃 땋기를 진행한다.

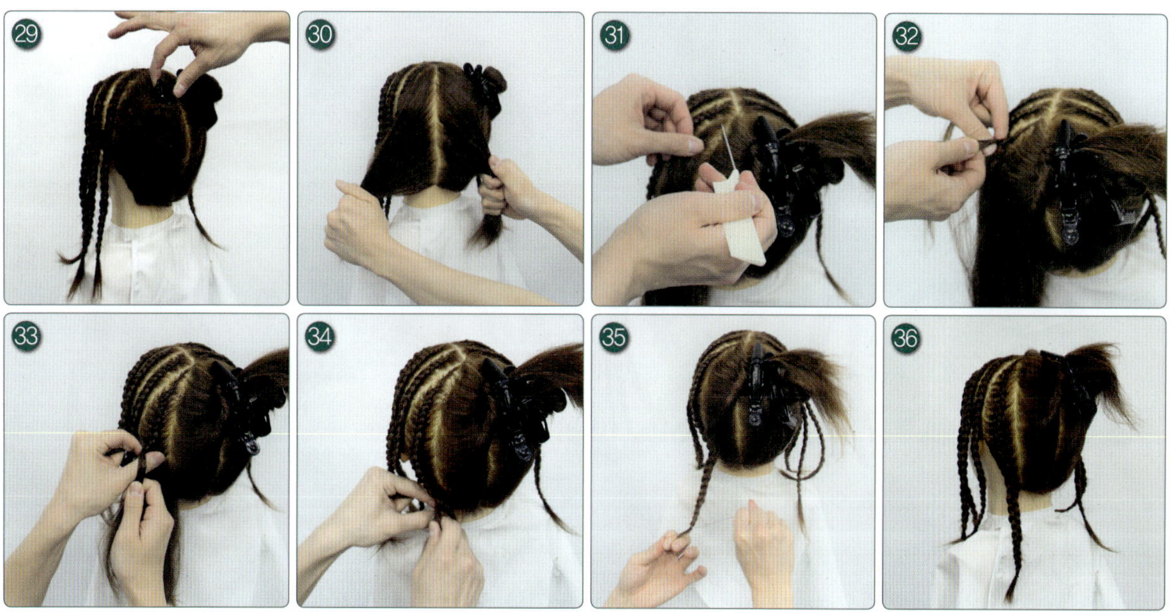

㉙~㊱ • 측중선 이후로는 방사선 섹션Pivot Section으로 나누어 시술을 진행한다.

㊲~㊵ • 전과 동일한 방식으로 아웃 땋기를 진행한다.

㊶~56 • 탑 포인트를 기준으로 방사선 섹션으로 아웃 땋기를 진행한 후 고무실을 5회 이상 감아 묶어 고정한 후 마무리한다.

3. 디자인 마무리하기

앞Front

뒤Back

우Right Side

좌Left Side

[교수 학습방법]

교수 방법
① 헤어 콘로우 개념에 대해 알고 디자인의 종류에 따라 분류될 수 있음을 설명한다.
② 헤어 콘로우 전처리 작업을 알고 시술법에 대해 분석한 내용을 적용한다.
③ 헤어 콘로우 작업을 할 수 있는 방법을 지도한다.
④ 헤어 콘로우를 제거할 수 있는 방법을 지도한다.
⑤ 헤어 콘로우 시술 시 두개피의 유형을 파악할 수 있도록 설명한다.
⑥ 헤어 콘로우 관리 시 시술한 부분의 디자인이 망가지거나 헝클어지지 않도록 관리 방법을 지도한다.
⑦ 헤어 콘로우에 사용되는 기기 및 기구에 관하여 사용법을 설명한다.

학습 방법
① 헤어 콘로우 개념에 대해 알고 헤어 콘로우 디자인 종류에 따른 특징을 정리한다.
② 헤어 콘로우 전처리 작업을 알고 시술법에 대해 분석한 내용을 실습한다.
③ 헤어 콘로우 작업에 맞는 방법을 학습한다.
④ 헤어 콘로우를 제거할 수 있는 방법을 학습한다.
⑤ 헤어 콘로우 시술 시 두개피의 유형을 파악할 수 있도록 조사하고 정리한다.
⑥ 헤어 콘로우 관리 시 시술한 부분의 디자인이 망가지거나 헝클어지지 않도록 관리 방법을 연습한다.
⑦ 헤어 콘로우에 사용되는 기기 및 기구에 관하여 사용법을 파악한다.

실습과정 사진	
사진	설명

실습결과 사진	
앞 Front	뒤 Back
좌측 Left Side	우측 Right Side

학생 자가 진단 및 교수평가

• 평가 준거

학습내용	학습목표	성취수준		
		상	중	하
콘로우 스타일 준비	1. 고객에게 여러 가지 디자인을 제안할 수 있다.			
	2. 모발 상태에 따라 다양한 콘로우 도구 및 재료를 준비할 수 있다.			
콘로우 디자인 작업	3. 콘로우 형태를 디자인 작업할 수 있다.			
	4. 콘로우를 본 모발로부터 제거할 수 있다.			
	5. 스타일 유지를 위한 관리 방법을 고객에게 설명할 수 있다.			
	6. 사용한 도구와 재료를 위생적으로 처리할 수 있다.			

• 평가자 체크리스트

학습내용	학습목표	성취수준		
		상	중	하
콘로우 스타일 준비	1. 고객에게 여러 가지 디자인을 제안할 수 있다.			
	2. 모발 상태에 따라 다양한 콘로우 도구 및 재료를 준비할 수 있다.			
콘로우 디자인 작업	3. 콘로우 형태를 디자인 작업할 수 있다.			
	4. 콘로우를 본 모발로부터 제거할 수 있다.			
	5. 스타일 유지를 위한 관리 방법을 고객에게 설명할 수 있다.			
	6. 사용한 도구와 재료를 위생적으로 처리할 수 있다.			

• 포트 폴리오

학습내용	학습목표	성취수준		
		상	중	하
콘로우 스타일 준비	1. 콘로우 머리 정의와 종류에 대한 포트폴리오 제작 능력			
	2. 콘로우 머리 재료와 도구를 준비하고 전처리 작업에 대한 포트폴리오 제작 능력			
콘로우 디자인 작업	3. 콘로우 머리 디자인 종류를 알고 작업하는 포트폴리오 제작 능력			
	4. 콘로우 머리를 본 모발로부터 제거하는 포트폴리오 제작 능력			
	5. 스타일 유지를 위한 관리를 제안하는 포트폴리오 제작 능력			

[교수자 피드백]

특수 펌

1. 아프로 펌 Afro Perm

※ 아프로 펌Afro Perm은 꽃 철사와 같이 가는 로드Rod로 흑인모발 특유의 곱슬 형태를 만드는 특수 펌이다.

학습내용 단원명	수업 목표
아프로 펌	• 고객의 특성과 라이프 스타일에 어울리는 디자인 헤어펌 이미지를 상담할 수 있다. • 고객의 요구를 반영한 창의적인 헤어펌을 디자인할 수 있다.

1. 아프로 펌 준비하기

(1) 재료

① 꽃 철사

② 펌제R사

③ 앤드 페이퍼

④ 시술용 장갑

⑤ 헤어 밴드

⑥ 수건

⑦ 비닐 헤어캡

⑧ 중화 받침대

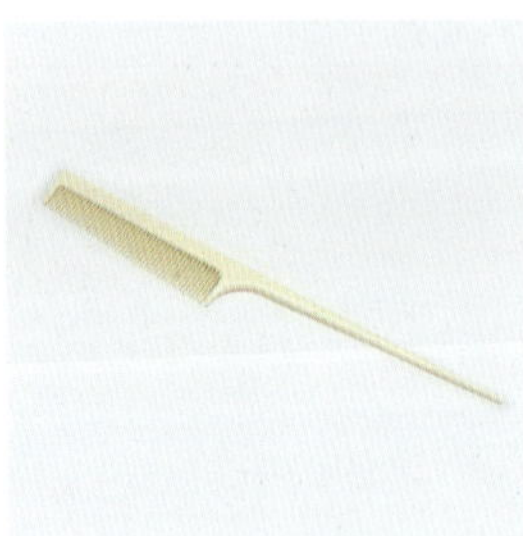

⑨ 꼬리빗

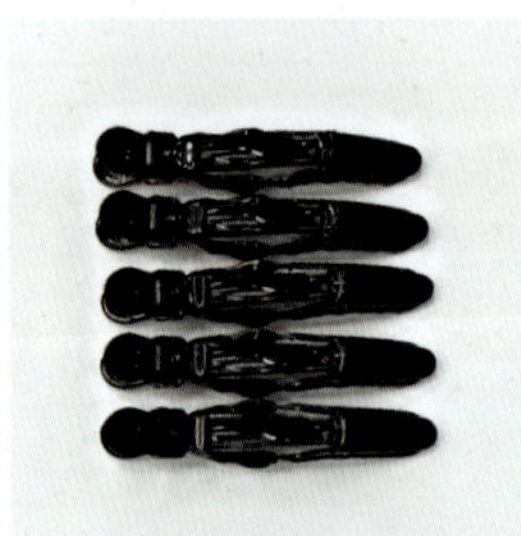

⑩ 핀셋

⑪ 핀컬 핀

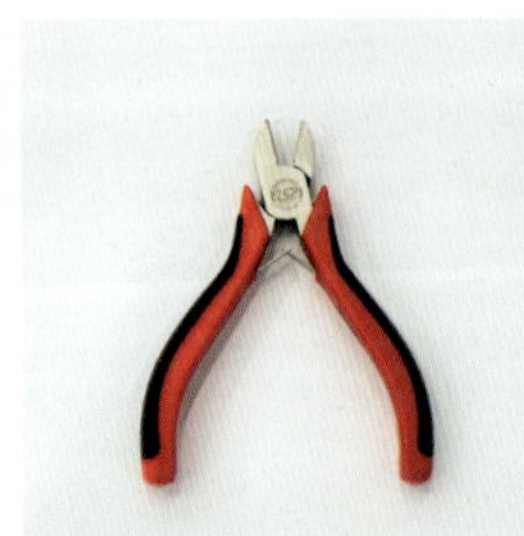

⑫ 니퍼

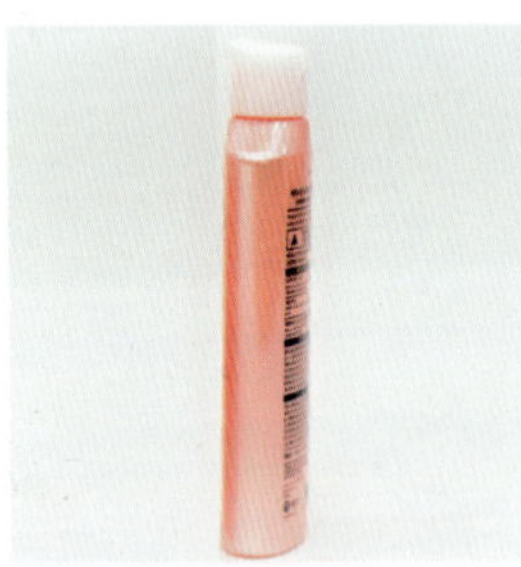

⑬ 트리트먼트K사

⑭ 드라이기

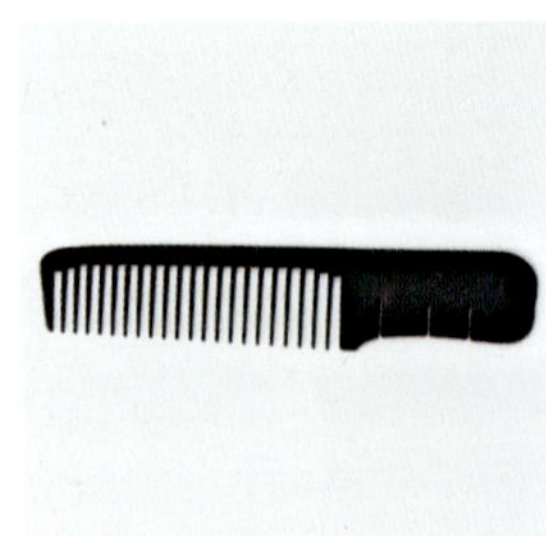

⑮ 얼레살 빗

(2) 도해도 및 시술방법

시술 전

시술 후

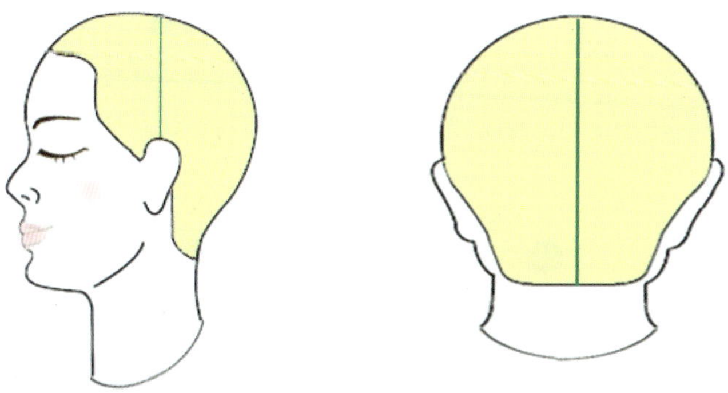

블로킹

섹션

블로킹 Blocking	정중선 Center Line, 측중선 Ear to Ear Line
섹션 Section	수평 Horizontal
분배 Distribution	직각 분배 Perpendicular Distribution
각도 Elevation	네이프 Nape – 자연 시술 각 Natural Fall 45°, 백 Back, 탑 Top – 두상 시술 각 Normal Projection 90°
베이스 Base	온 더 베이스 On The Base

2. 아프로 펌 시술하기

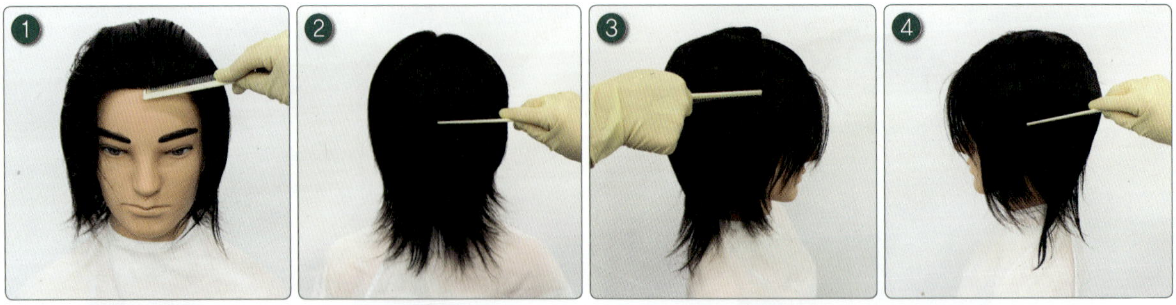

①~④ • 센터 포인트C.P : Center Point에서 네이프 포인트N.P : Nape Point까지 일직선으로 나눈 후 탑 포인트T.P : Top Point에서 이어 포인트E.P : Ear Point까지 양쪽 모두 일직선으로 나눈다.

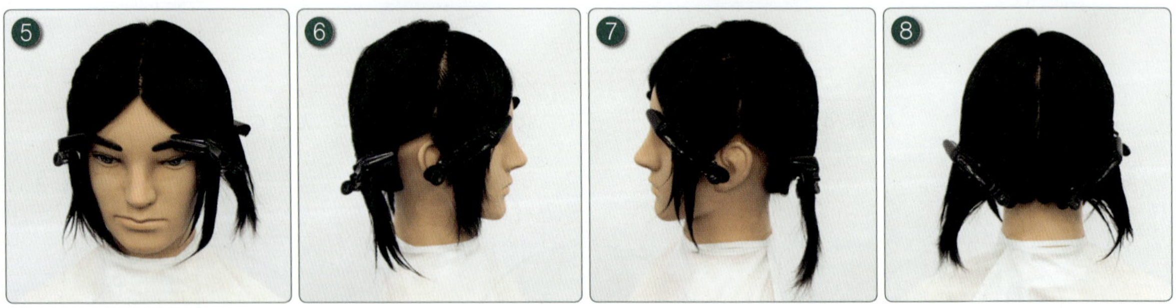

⑤~⑧ • 센터 파팅Center Parting, 이어 투 이어 파팅Ear to Ear Parting 후 4등분으로 블로킹Blocking하여 핀셋Pincette으로 고정한다.

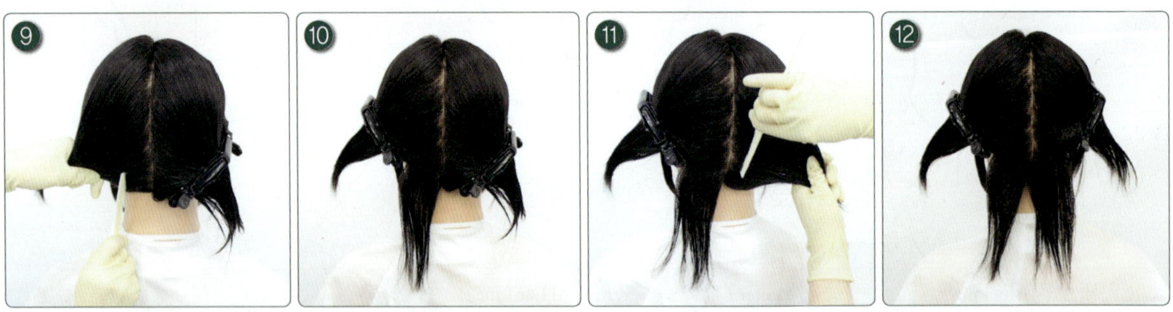

⑨~⑫ • 네이프 포인트의 첫 번째 섹션Section을 3cm 간격으로 수평의 형태가 되도록 나눈다.

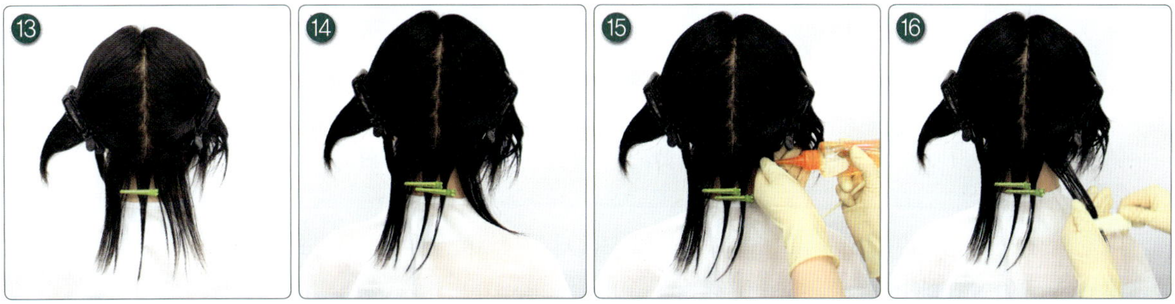

⑬~⑯ • 정중선Center Line을 기준으로 슬라이스Slice는 3cm로 설정하여 핀컬 핀Pincurl pin으로 먼저 고정한 후, 첫 번째 슬라이스는 퍼머넌트 웨이브Permanent Wave 제 1제환원제 : R사를 도포하고 약제가 흡수되도록 빗질해 준다.

⑰~⑳ • 네이프 라인Nape Line은 자연 시술 각Natural Fall 45°로 슬라이스를 양손으로 잡고 두피 쪽에서 시계방향으로 텐션Tension을 주어 모발 끝까지 트위스트Twist하여 꼬아준 후, 꼬은 모발이 풀어지지 않도록 모발 끝을 잡고 엔드 페이퍼End Paper를 모발 밑에 대고 반으로 접어준다.

※ 자연 시술 각은 중력을 기준으로 한 각도이다.

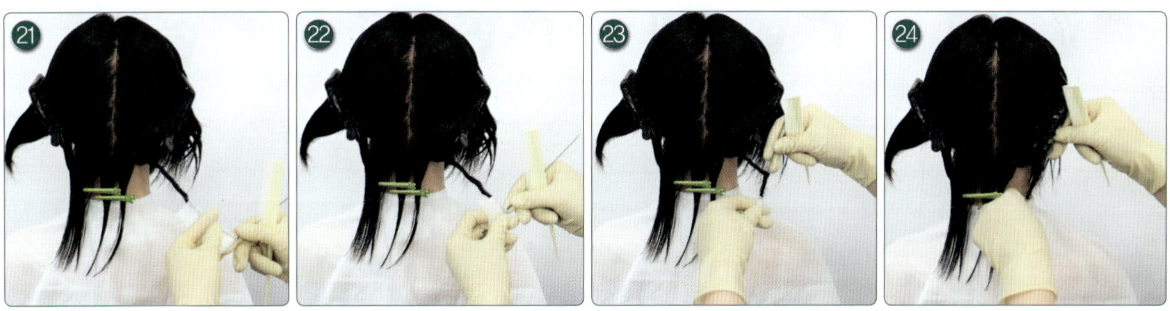

㉑~㉔ • 앤드 페이퍼 끝에 꽃 철사를 놓고 2~3회 수평으로 말아준 후, 꽃 철사를 세로로 세워 시계방향으로 텐션을 주어 두피 끝까지 트위스트하여 말아준다.

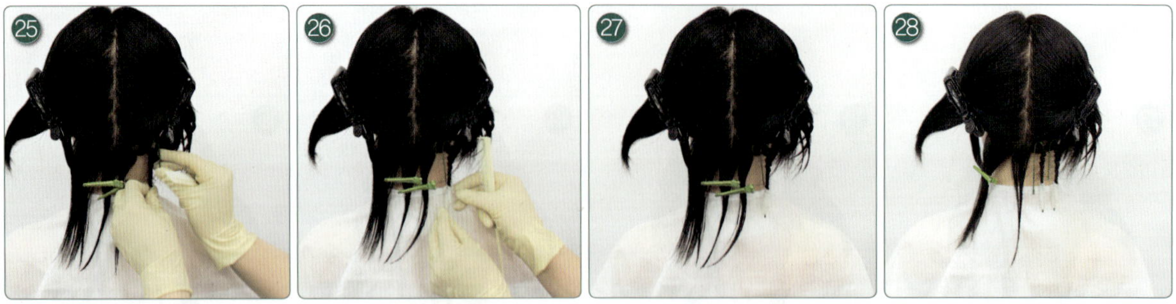

㉕~㉘ • 꽃 철사로 와인딩 Winding이 끝난 후 두피 끝에서 꽃 철사를 U자로 구부리고 방향성을 잡아주고 와인딩을 완성한다.

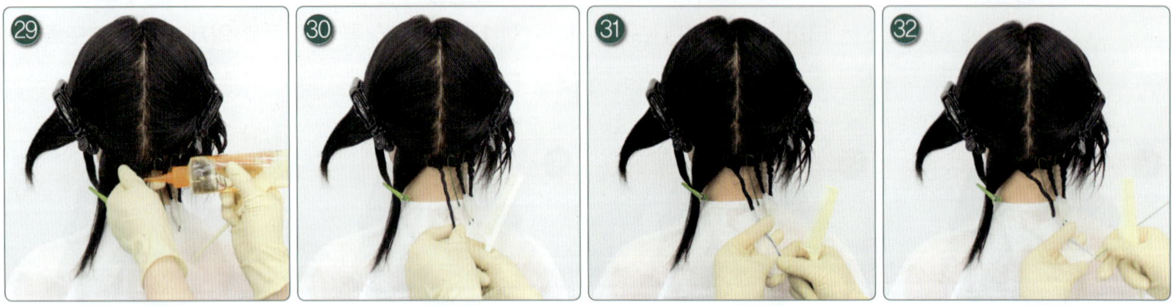

㉙~㉜ • 다음 슬라이스를 잡기 전에 시술에 불필요한 모발이 섞이지 않도록 옆에 모발을 핀컬 핀으로 고정 한 후, 슬라이스에 퍼머넌트 웨이브 제 1제 환원제 : R사를 도포하고 자연 시술 각 45°로 두피 쪽에서 시계방향으로 모발 끝까지 트위스트하여, 엔드 페이퍼를 반으로 접어 꽃 철사를 놓고 2~3회 수평으로 말아준다.

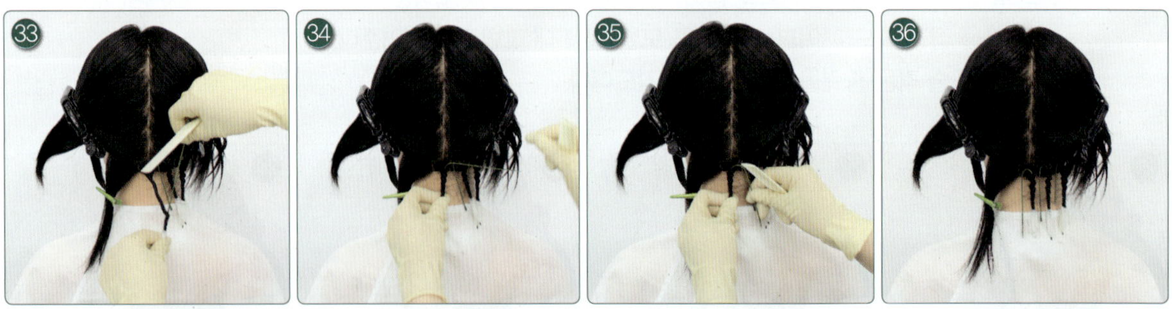

• 꽃 철사를 세워서 시계방향으로 두피 쪽으로 트위스트하여 말아주고 두피 끝에서 꽃 철사를 U자 모양으로 구부린 다음 방향성을 잡아주어 와인딩을 완성한다.

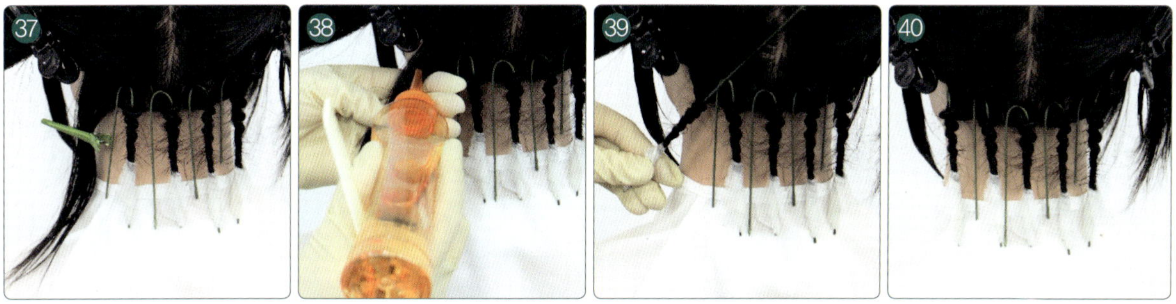

㊲~㊵ • 마지막 슬라이스에 고정되었던 핀컬 핀을 제거하고 퍼머넌트 웨이브 제 1제환원제 : R사를 도포한 후, 꽃 철사 와인딩을 진행하여 네이프Nape 부분의 와인딩을 완성한다.

㊶~㊹ • 백 포인트B.P : Back Point 부분도 수평 섹션Horizontal Section으로 나눈다.

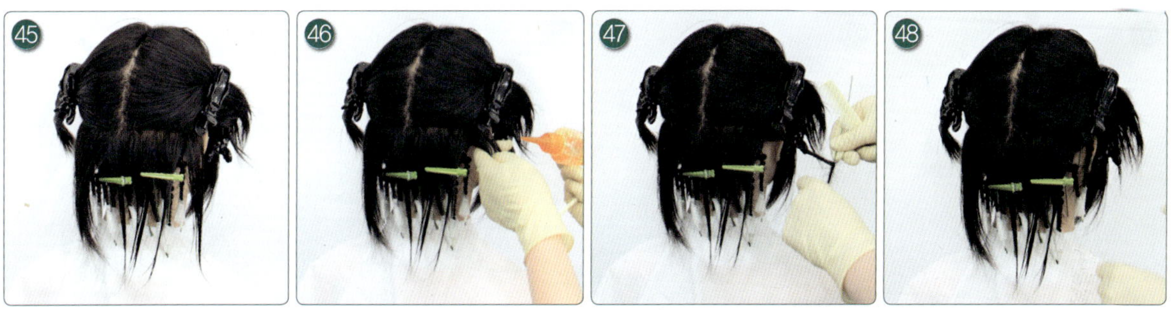

㊹~㊽ • 슬라이스가 많이 질 경우, 핀컬 핀으로 교차해서 고정하고 백Back 부분의 슬라이스는 두상 시술 각Normal Projection 90°로, 각도를 제외한 다른 시술 방법은 전과 동일한 방법으로 꽃 철사 와인딩을 진행한다.

※ 두상 시술 각 : 두상을 기준으로 한 각도이다.

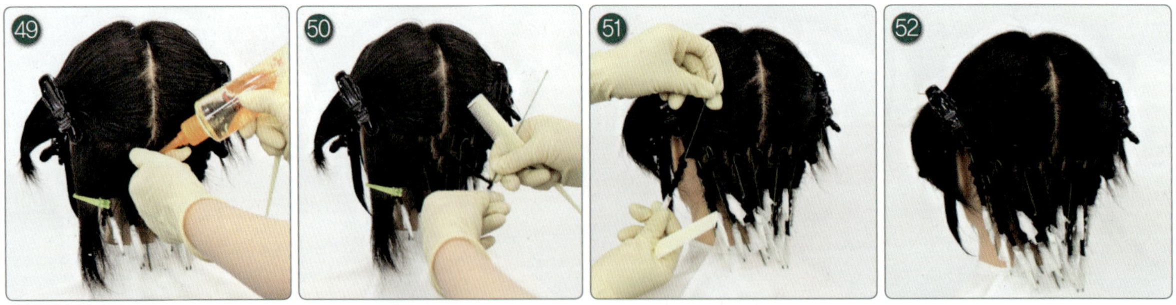

49~52 • 다음 슬라이스도 차례대로 시술하여 백 포인트 부분을 완성한다.

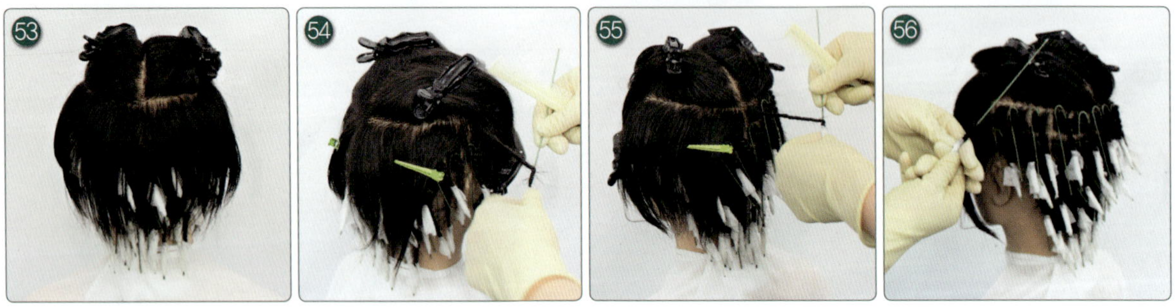

53~56 • 골든 포인트G.P : Golden Point 부분도 수평 섹션으로 나누고 두상 시술 각 90°로 전과 같은 방식으로 와인딩을 진행한다.

57~60 • 탑 골든 미디움 포인트T.G.M.P : Top Goiden Medium Point부분도 수평 섹션으로 나누고 두상 시술 각 90°로 텐션을 유지하여 전과 같은 방식으로 와인딩을 진행한다.

61~64 • 탑 포인트 부분도 손을 두상 시술 각 90°로 각도에 맞게 위로 들어 올려 와인딩을 진행하여 뒷모습의 시술을 완성한다.

65~68 • 우측Right Side으로 이동하여, 사이드 코너 포인트S.C.P : Side Corner Point부분도 수평 섹션으로 나누고 핀컬 핀으로 시술 모발과 겹쳐지지 않도록 고정해주고 먼저 진행한 뒷부분의 시술 각도와 연결하여 두상 시술 각 90°로 와인딩한다.

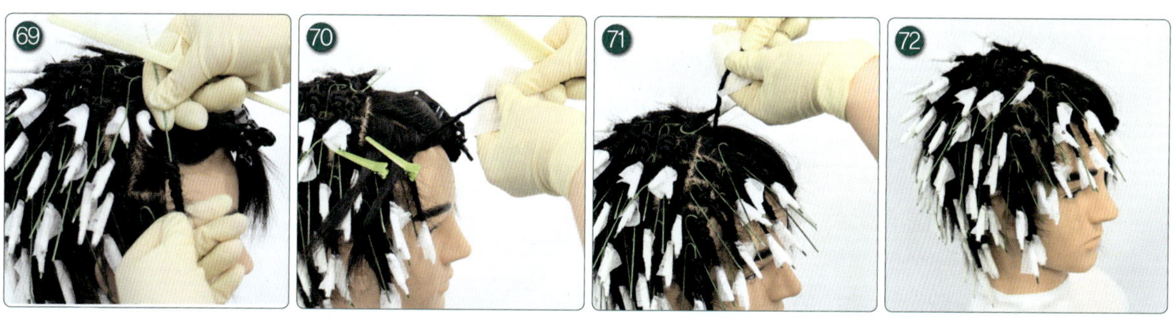

69~72 • 페이스 라인Face Line 부분을 시술할 때에는 약액이 얼굴로 흘러내리지 않도록 주의하여 진행하고 각도는 뒷부분의 각도와 연결하여 두상 시술 각 90°로 와인딩하여 와인딩을 완성한다.

⑬~⑯ • 좌측으로 이동하여, 전과 같은 방식으로 와인딩을 진행한다.

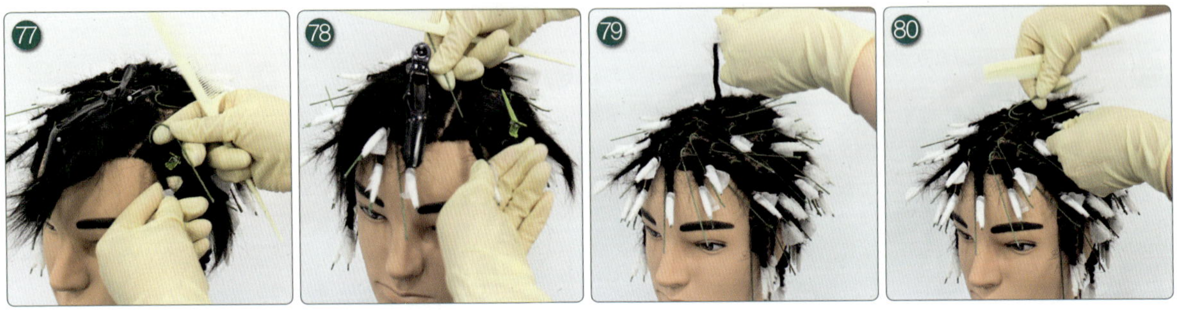

⑰~⑳ • 좌측Left Side도 약액이 얼굴로 흘러내리지 않도록 주의하여 아프로 펌Afro Perm 와인딩을 완성한다.

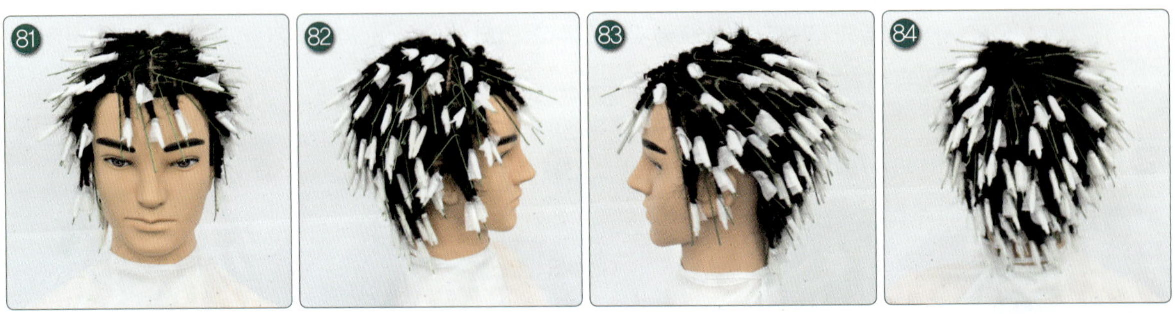

㉛~㉞ • 아프로 펌Afro Perm 와인딩이 완성된 모습이다.

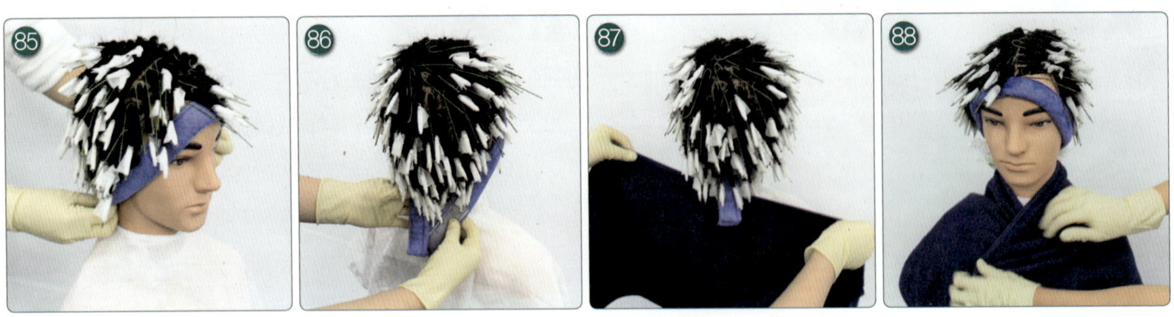

㉟~㊳ • 퍼머넌트 웨이브 제 1제환원제 : R사 2차 도포하기 전, 약액이 흘러 내리지 않게 하기 위해서 헤어 밴드Hair Band와 수건Towel을 착용한다.

(89)~(82) • 퍼머넌트 웨이브 제 1제환원제 : R사를 네이프Nape, 탑Top, 사이드Side순으로 하나씩 꼼꼼하게 2차 도포하고 외부 산소를 차단하기 위해서 비닐 캡을 씌우고 연화가 될 때까지 20~30분정도 방치한다.

※ 모발의 상태에 따라 방치 시간과 가온처리는 다를 수 있다.

(93)~(96) • 수건과 비닐 캡을 벗은 다음, 꽃 철사 하나를 로드 아웃Rod Out하여 테스트 컬Test Curl을 확인하고 모발의 컬의 형태가 완성되었으면 꽃 철사를 원래 상태로 와인딩한다.

• 수건과 중화 받침대를 착용하고 제 2제산화제 : R사를 네이프, 탑, 사이드 순으로 꼼꼼하게 도포한다.

(97)~(100) • 제 2제산화제 : R사 10분의 방치 시간 후, 네이프, 탑, 사이드 순으로 로드 아웃한다.

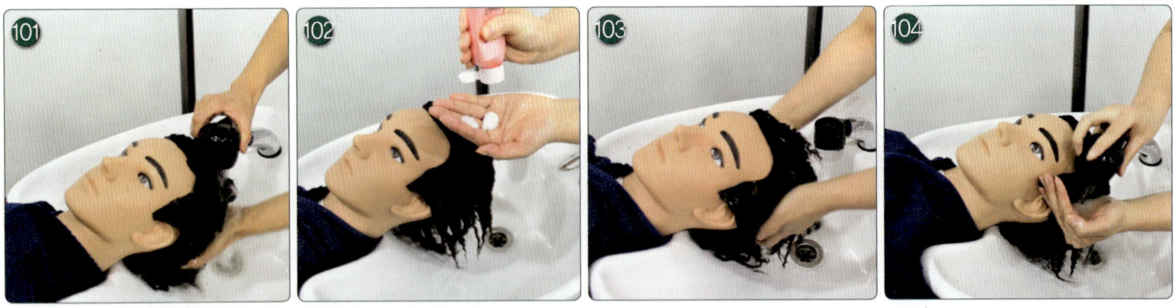

101~104 • 샴푸대로 이동하여 미온수로 깨끗하게 약제를 씻은 후, 트리트먼트Treatment의 적당량을 손바닥으로 덜어 모발에 골고루 도포하여 스캘프 매니플레이션Scalp Manipulation을 해주고 미온수로 깨끗하게 씻어준다.

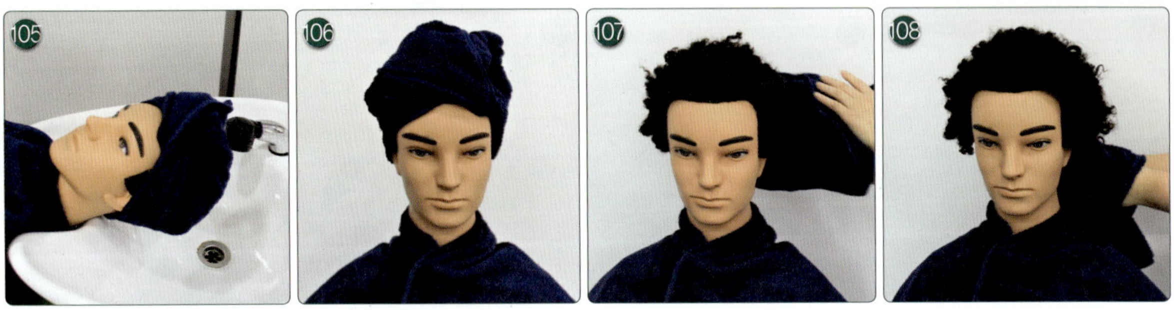

105~108 • 수건으로 모발의 물기를 제거한다.

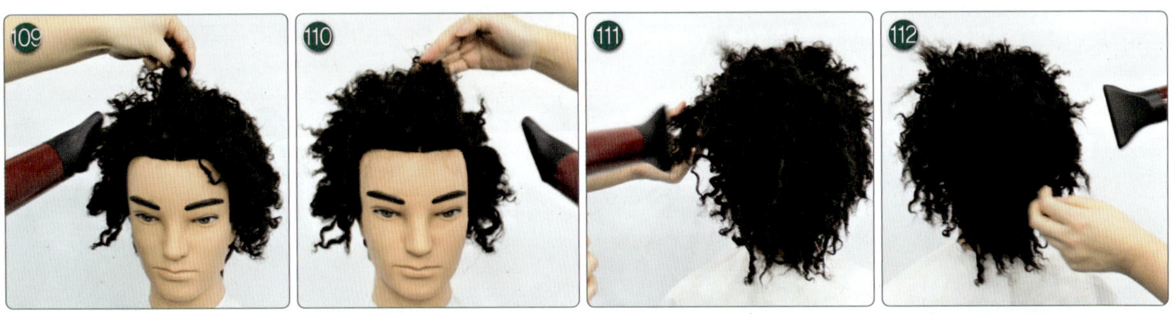

109~112 • 드라이기로 두피와 모발을 건조한다.

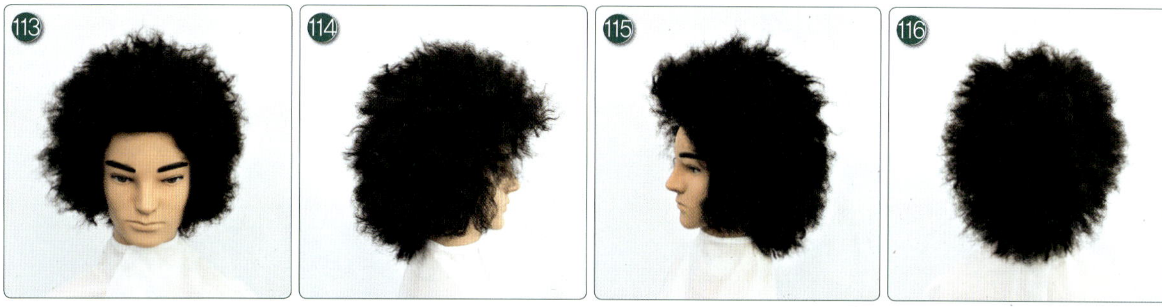

⑬~⑯ • 두피와 모발을 건조한 모습이다.

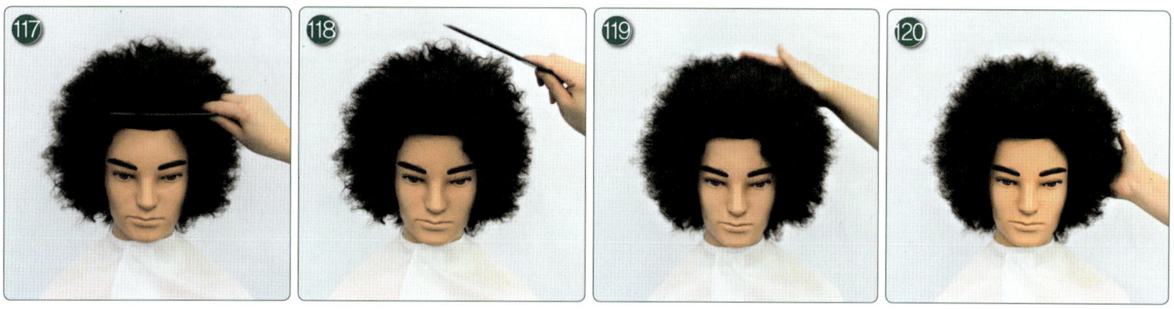

⑰~⑳ • 빗으로 모발을 정돈해주고 손바닥으로 둥근 모양을 잡아주어 아프로 펌을 완성한다.

3. 아프로 펌 마무리하기

앞 Front

뒤 Back

우 Right Side

좌 Left Side

[아프로 펌 스타일링 Styling]

앞 Front

뒤 Back

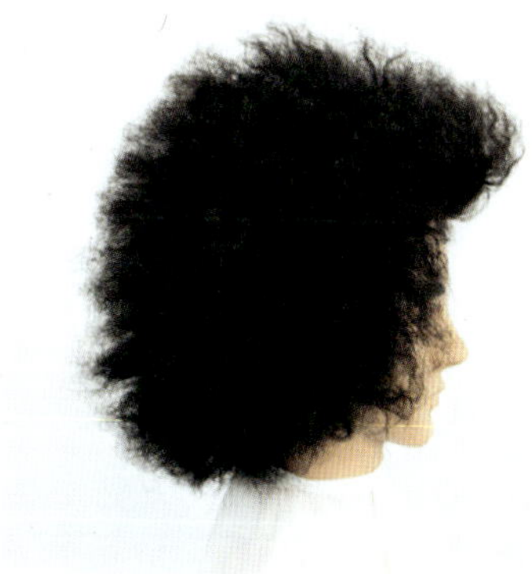

우 Right Side

좌 Left Side

[교수 학습방법]

교수 방법
① 선수 학습인 기본 헤어펌에 대한 학습자의 지식 보유 수준을 퀴즈를 통해서 확인하고 주요 내용을 PPT로 정리해서 설명한다. ② 아프로 펌 작업 과정을 동영상으로 보여 주며 학습자가 아프로 펌에 흥미를 가지도록 유도한다. ③ 아프로 펌 준비, 진행, 마무리 단계에서 발생할 수 있는 오류에 대한 사례를 프레젠테이션 또는 동영상 등으로 설명한다. ④ 아프로 펌의 와인딩 방법을 시연하며 설명하고 학습자의 실습을 지도한다. ⑤ 실습 시 학습자가 아프로 펌과 관련된 도구를 적합하고 안전하게 사용하고 있는지 관찰하고 피드백을 제공한다. ⑥ 모둠별로 미용 업소에서 이루어지고 있는 아프로 펌 과정을 역할 연기로 경험하도록 지도 후 모둠별 느낀 점과 문제점에 대해 발표하며 다른 모둠의 학습자와 내용을 공유하도록 한다.

학습 방법
① 기본 헤어펌에 대한 내용을 퀴즈를 통해 확인하고 주요 내용을 노트에 정리한다. ② 실제 작업 과정을 동영상으로 살펴보고 작업 순서 및 특징 등을 노트에 기록하며, 궁금한 사항은 조사해서 기록한다. ③ 아프로 펌 실습 시 준비, 진행, 마무리 단계에서 발생할 수 있는 오류에 대해 이해하고 연습을 통해 해결한다. ④ 아프로 펌의 와인딩 방법을 교수자의 시연과 설명을 통해 이해하고 실습하며 숙련도를 높인다. ⑤ 아프로 펌 실습 시 도구 사용에 대해 교수자로부터 피드백을 받아 안전하고 올바른 사용법을 숙지한다. ⑥ 모둠별로 미용업소에서 이루어지고 있는 아프로 펌 과정을 역할 연기를 통해 경험하고 느낀점과 문제점에 대해 발표하고 다른 모둠의 발표 내용을 청취하며 궁금한 점을 질문한다.

실습과정 사진	
사진	설명

실습결과 사진	
앞 Front	뒤 Back
좌측 Left Side	우측 Right Side

2. 호일 펌Foil Perm

호일 펌Foil Perm은 알루미늄 호일Foil을 이용하여 지글지글한 모발의 형태를 만드는 특수 펌이다.

학습내용단원명	수업 목표
호일 펌	• 고객의 특성과 라이프 스타일에 어울리는 디자인 헤어펌 이미지를 상담할 수 있다. • 고객의 요구를 반영한 창의적인 헤어펌을 디자인할 수 있다.

1. 호일 펌 준비하기

(1) 재료

① 호일

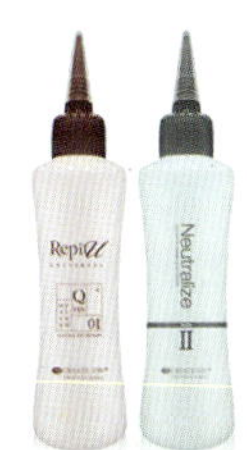
② 펌제R사

③ 헤어 밴드

④ 수건

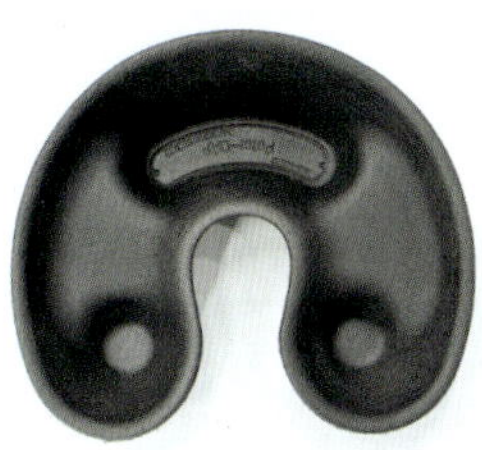
⑤ 중화 받침대

⑥ 시술용 장갑

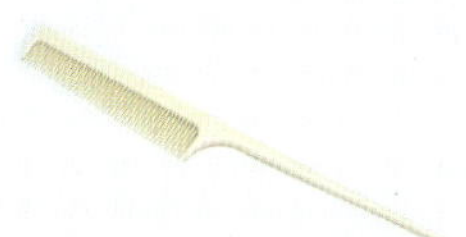
⑦ 꼬리빗

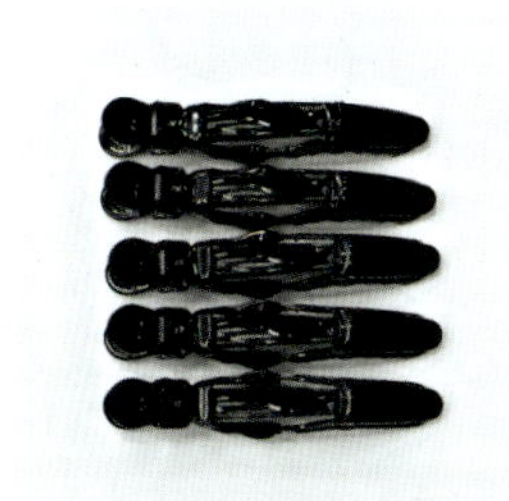
⑧ 핀셋

⑨ 핀컬 핀

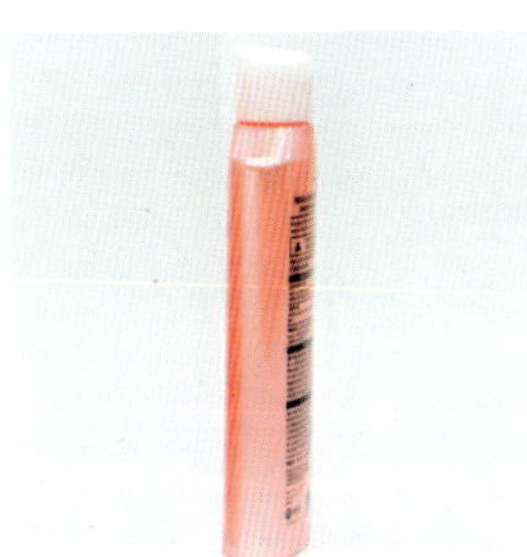
⑩ 트리트먼트K사

⑪ 드라이기

⑫ 얼레살 빗

(2) 도해도 및 시술방법

시술 전

시술 후

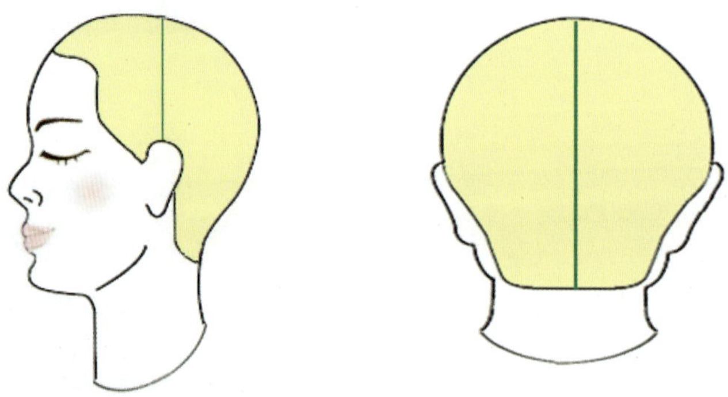
블로킹

섹션

블로킹 Blocking	정중선 Center Line, 측중선 Ear to Ear Line
섹션 Section	수평 Horizontal
분배 Distribution	직각 분배 Perpendicular Distribution
각도 Elevation	네이프 Nape – 자연 시술 각 Natural Fall 45°, 백 Back, 탑 Top – 두상 시술 각 Normal Projection 90°
베이스 Base	온 더 베이스 On The Base

2. 호일 펌 시술하기

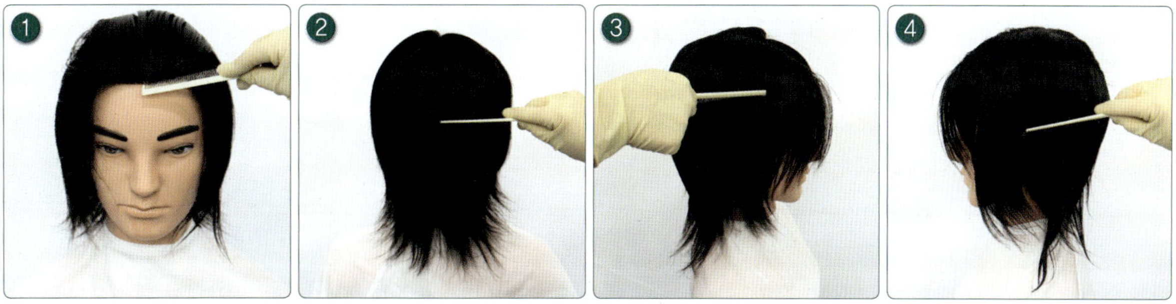

①~④ • 센터 포인트 C.P : Center Point 에서 네이프 포인트 N.P : Nape Point 까지 일직선으로 나눈 후 탑 포인트 T.P : Top Point 에서 이어 포인트 E.P : Ear Point 까지 양쪽 모두 일직선으로 나눈다.

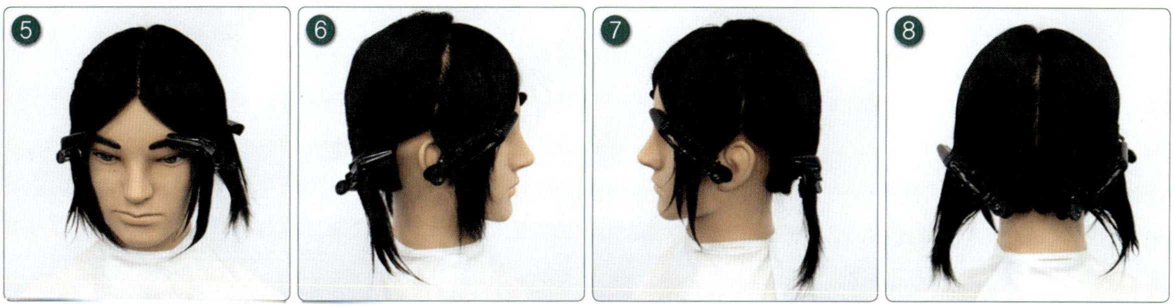

⑤~⑧ • 센터 파팅 Center Parting, 이어 투 이어 파팅 Ear to Ear Parting 후 4등분으로 블로킹 Blocking 하여 핀셋 Pincette 으로 고정한다.

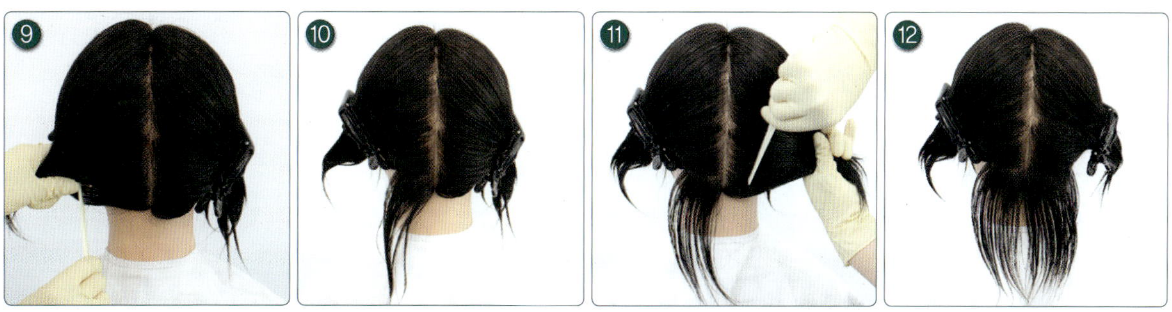

⑨~⑫ • 네이프 포인트의 첫 번째 섹션 Section 은 3cm 간격으로 수평의 형태가 되도록 나눈다.

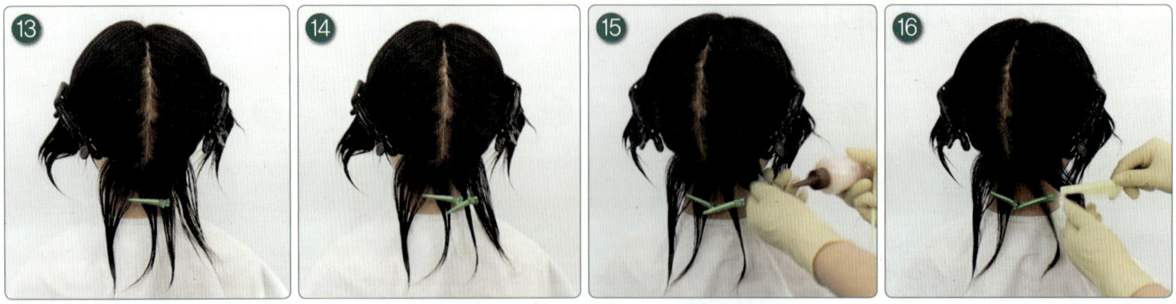

⑬~⑯ • 정중선Center Line을 기준으로 슬라이스Slice는 3cm로 설정하여 핀컬 핀Pincurl pin으로 먼저 고정한 후, 첫 번째 슬라이스는 퍼머넌트 웨이브Permanent Wave 제 1제환원제 : R사를 도포하여 약제가 흡수되도록 빗질해 준다.

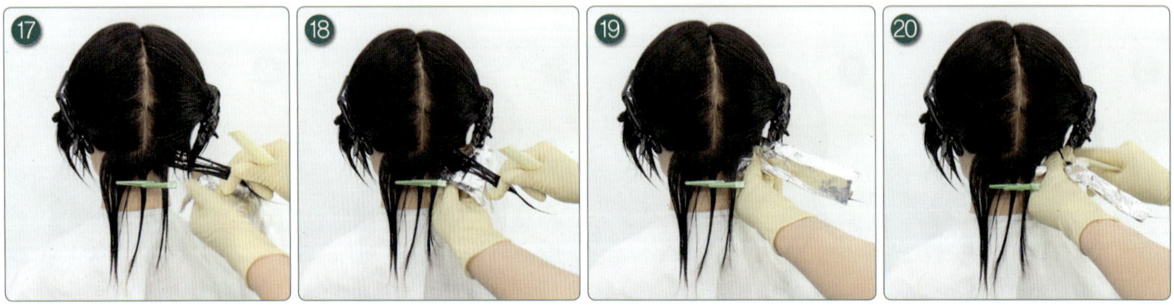

⑰~⑳ • 네이프 라인Nape Line은 자연 시술 각Natural Fall 45°로 슬라이스를 손으로 잡은 상태에서 반대 손으로 5cm 접은 호일Foil을 밑으로 넣어, 두피 가까이에서 엄지와 검지로 잡아준 후 호일을 반으로 두 번 접어준다.

※ 자연 시술 각은 중력을 기준으로 한 각도이다.

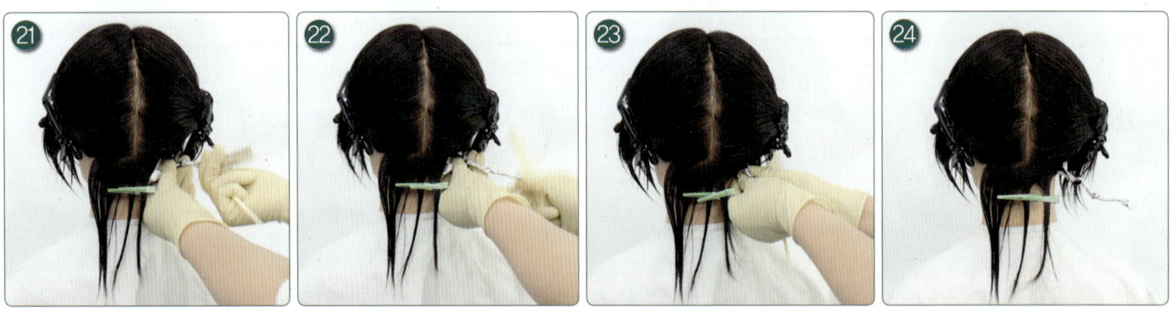

㉑~㉔ • 호일은 계속해서 흔들리지 않게 엄지와 검지로 잡아주고 반대 손으로 두피쪽부터 시계 방향으로 텐션Tension을 주어 모발 끝까지 꼬아준 후, 두피 쪽에 남아 있는 5cm 호일을 모발 위로 감싸주어 와인딩Winding을 완성한다.

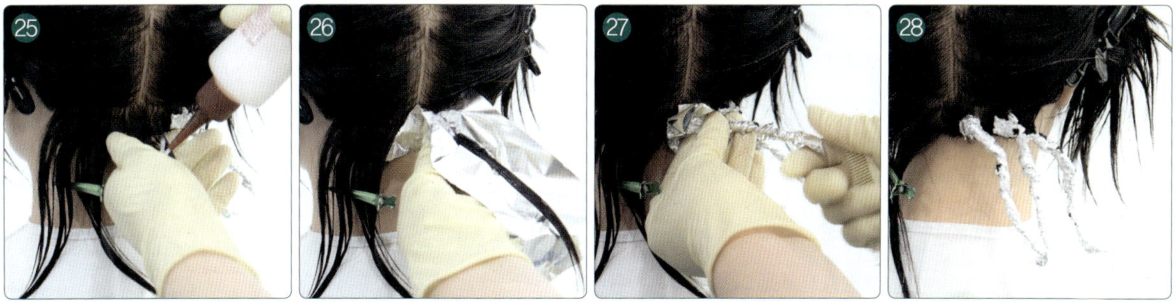

㉕~㉘ • 네이프 라인Nape Line 가운데 슬라이스Slice도 퍼머넌트 웨이브 제 1제환원제 : R사를 도포하여 자연 시술 각 45°로 전과 동일한 방법으로 와인딩을 완성한다.

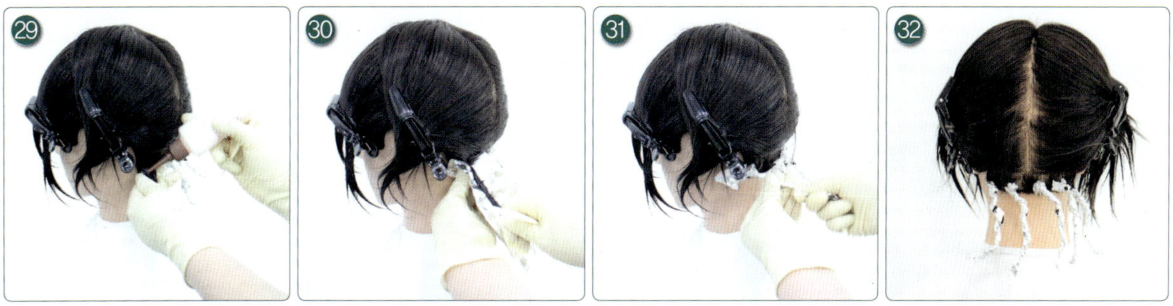

㉙~㉜ • 네이프 라인 마지막 슬라이스도 퍼머넌트 웨이브 제 1제환원제 : R사를 도포하여 자연 시술 각 45°로 전과 동일한 방법으로 호일 펌Foil Perm을 진행하여 네이프Nape부분의 와인딩을 완성한다

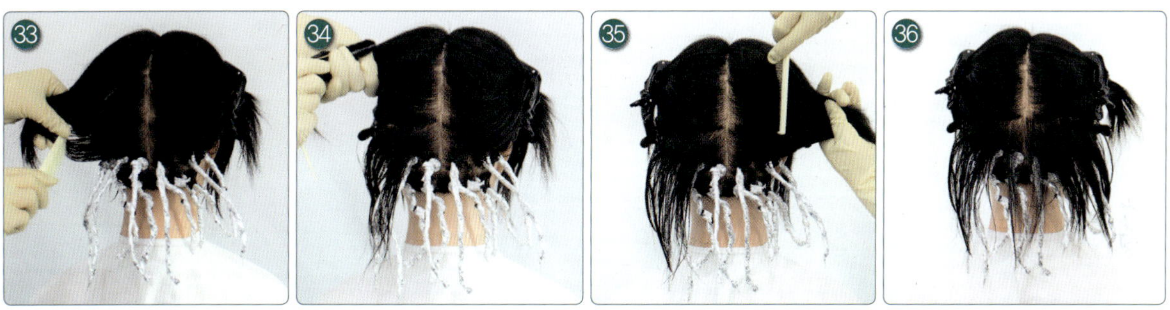

㉝~㊱ • 백 포인트B.P : Back Point부분도 수평 섹션Horizontal Section으로 나눈다.

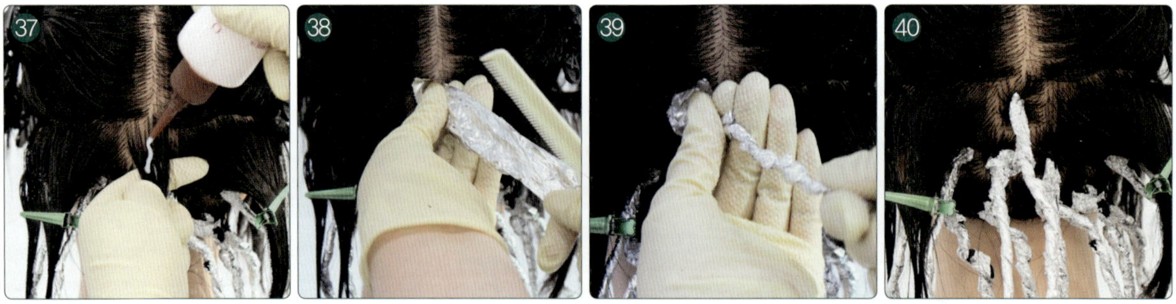

㊲~㊵ • 백 포인트 부분의 가운데 슬라이스를 시작으로 두상 시술 각Normal Projection 90°로 시술 방법은 전과 동일한 방법으로 진행하여 와인딩을 완성한다.

※ 두상 시술 각 : 두상을 기준으로 한 각도이다.

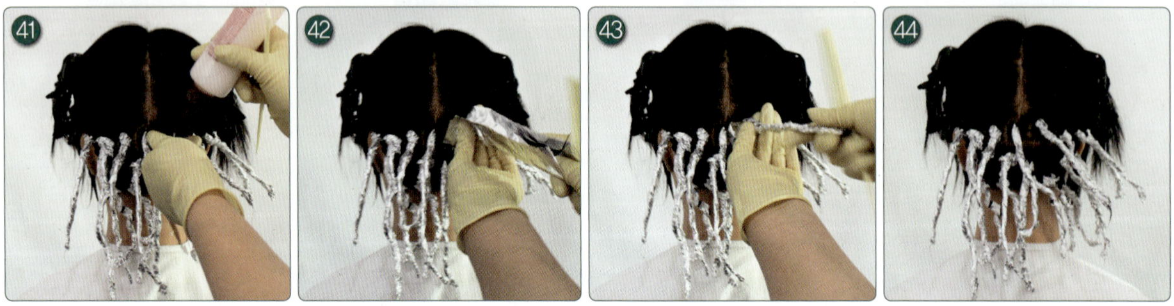

㊶~㊹ • 다음 슬라이스도 차례대로 시술하여 백 포인트 부분의 와인딩을 완성한다.

㊺~㊽ • 골든 포인트G.P : Golden Point 부분도 수평 섹션으로 나누고 두상 시술 각 90°로 전과 같은 방식으로 와인딩을 진행한다.

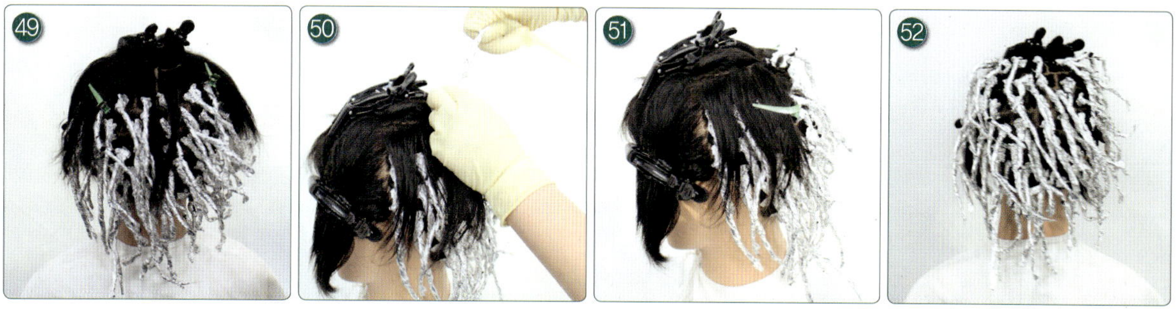

49~52 • 탑 골든 미디움 포인트T.G.M.P : Top Goiden Medium Point 부분도 수평 섹션으로 나누고 두상 시술 각 90°로 텐션을 유지하여 전과 같은 방식으로 와인딩을 진행한다.

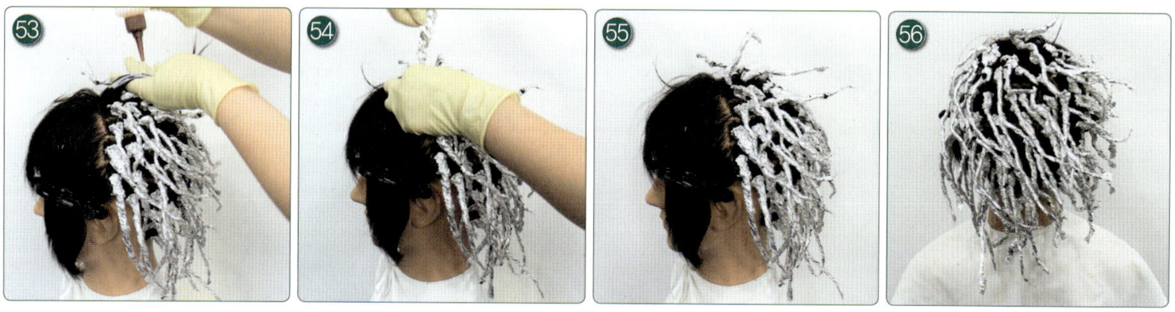

53~56 • 탑 포인트T.P : Top Point 부분도 손을 두상 시술 각 90°로 각도에 맞게 위로 들어 올려 와인딩을 진행하여 뒷모습 시술은 완성한다.

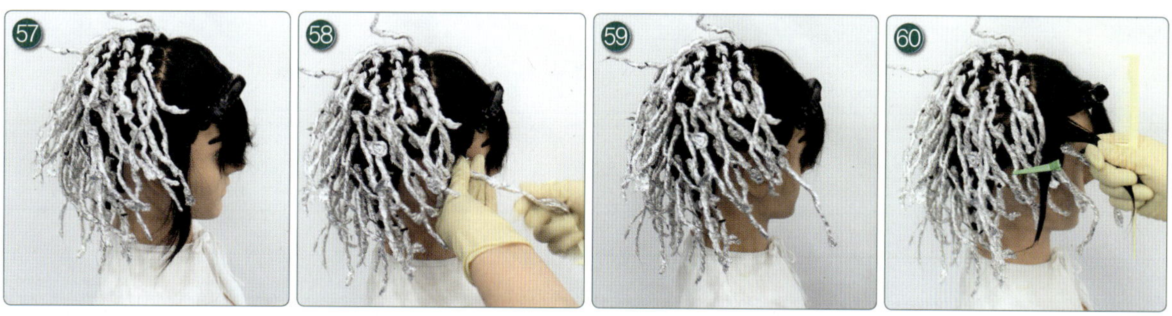

57~60 • 우측Right Side으로 이동하여, 사이드 코너 포인트S.C.P : Side Corner Point 부분도 수평 섹션으로 나누고 먼저 진행한 뒷부분의 시술 각도와 연결하여 두상 시술 각 90°로 와인딩을 완성한다.

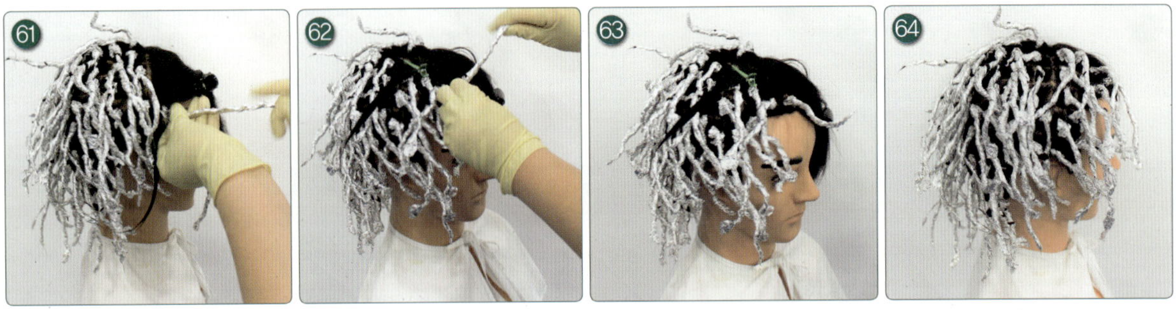

⑥1~⑥4 • 프론트 사이트 포인트F.S.P : Front Side Point부분도 수평 섹션으로 나누고 핀컬 핀으로 시술 모발과 겹쳐지지 않도록 고정해 준 후, 뒷부분의 각도와 연결하여 두상 시술 각 90°로 와인딩을 진행하고 페이스 라인Face Line 부분은 약액이 얼굴로 흘러내리지 않도록 주의하여 우측 와인딩을 완성한다.

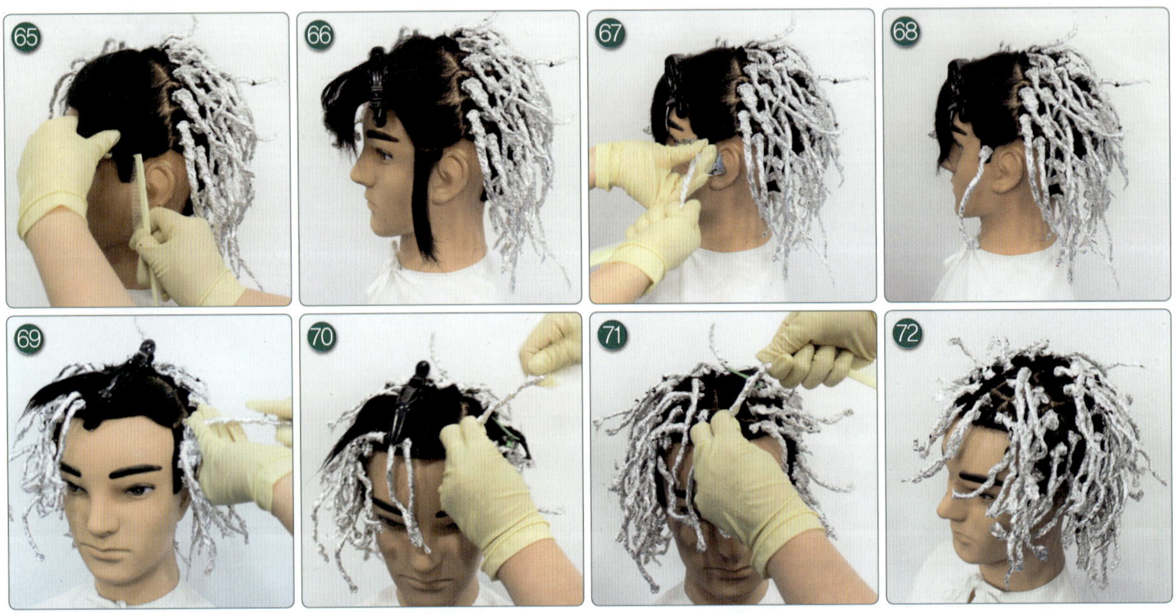

⑥5~⑦2 • 좌측Left Side으로 이동하여, 전과 동일한 방식으로 와인딩을 완성한다.

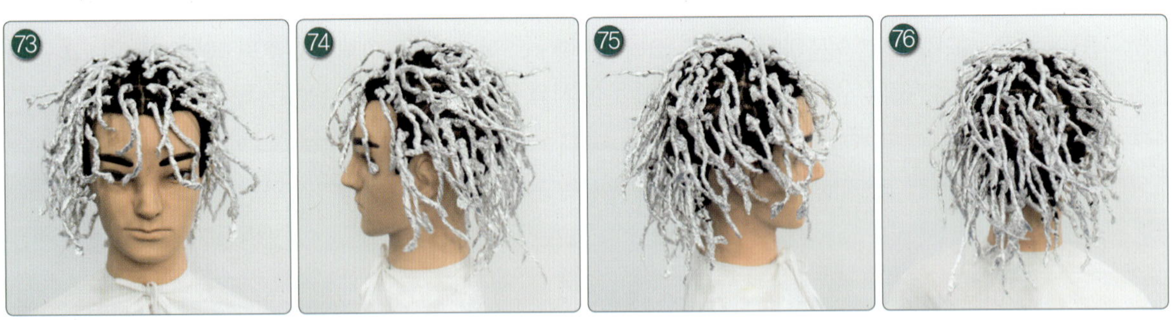

⑦3~⑦6 • 호일 펌Foil Perm 전체 와인딩이 완성된 모습이다.

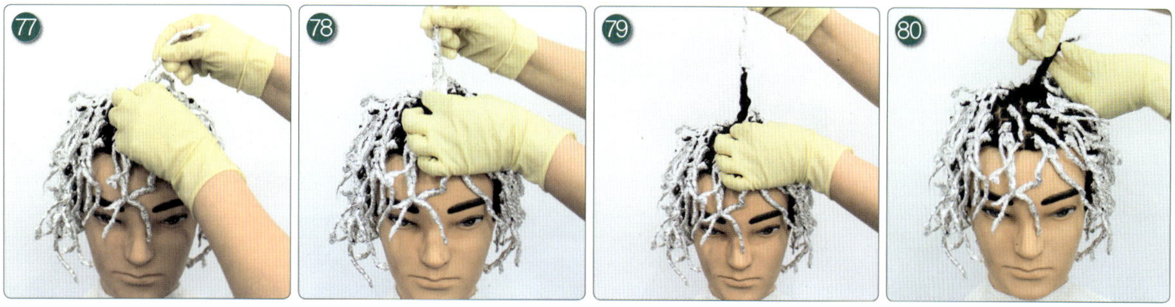

⑦~⑳ • 연화가 될 때까지 20~30분 정도 방치한 다음 호일 하나를 아웃Out하여 테스트컬Test Curl을 하여 모발의 형태를 확인한다.

※ 모발의 상태에 따라 방치 시간과 가온 여부는 다를 수 있다.

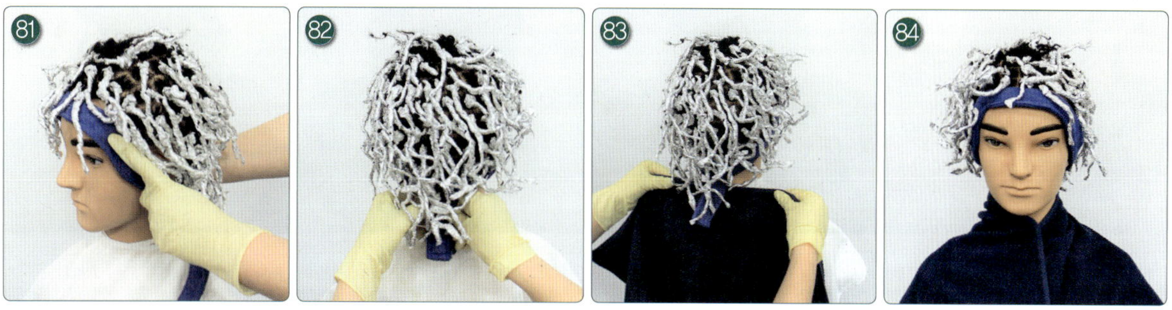

⑧~⑧ • 호일을 모두 아웃하기 전 얼굴과 목을 보호하기 위해서 헤어 밴드Hair Band와 수건을 착용한다.

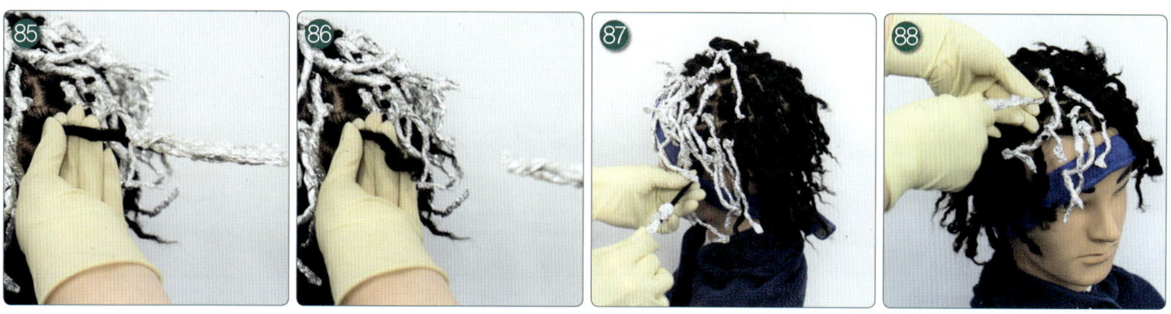

⑧~⑧ • 호일을 아웃할 때, 엄지와 검지로 두피 쪽의 호일을 잡아준 다음 반대 손으로 시계 반대 방향으로 풀어주어 네이프Nape, 탑Top, 사이드Side 순으로 모든 호일을 아웃한다.

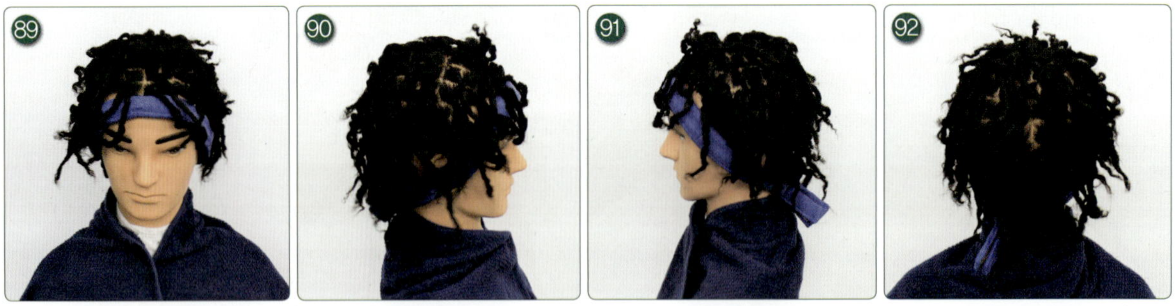

89~92 • 호일이 모두 아웃 된 모습이다.

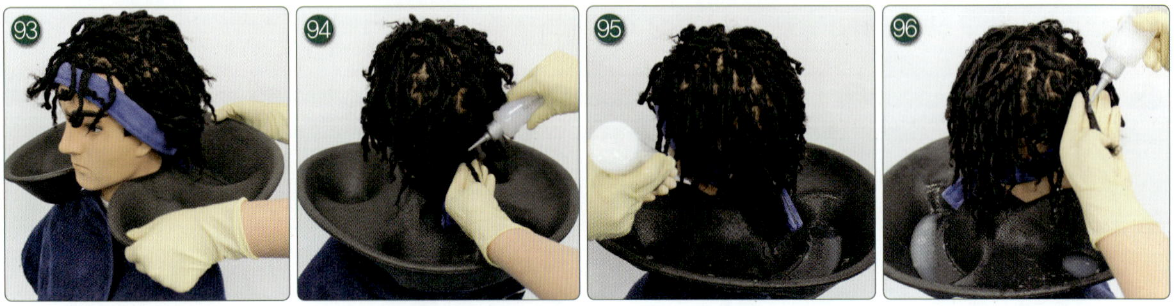

93~96 • 제 2제산화제 : R사를 도포하기 전, 중화 받침대를 착용한 다음 제 2제산화제 : R사를 네이프, 탑, 사이드순으로 꼼꼼하게 도포하고 10분 동안 방치한다.

97~100 • 샴푸대로 이동하여 미온수로 깨끗하게 약제를 씻은 후, 적당량의 트리트먼트Treatment를 손바닥으로 덜어 모발에 골고루 도포하여 스캘프 매니플레이션Scalp Manipulation을 해주고 미온수로 깨끗하게 헹구어 준다.

101~104 • 수건으로 모발의 물기를 제거한다.

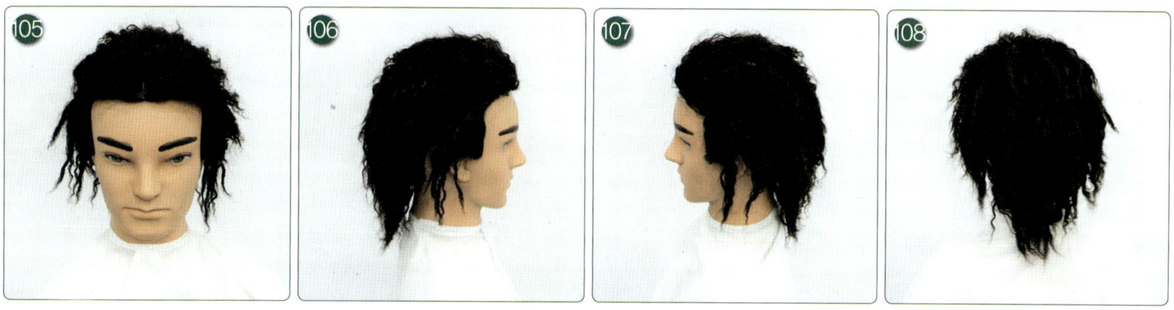

105~108 • 타월 드라이 Towel Dry 가 끝난 모습이다.

109~112 • 드라이기로 두피와 모발을 건조한다.

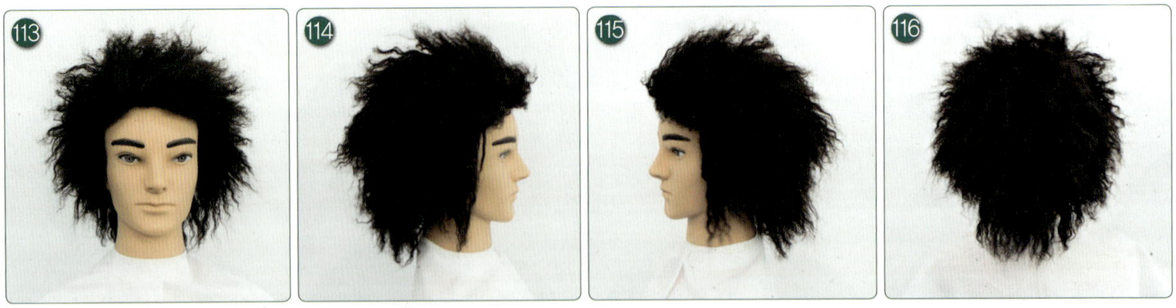

⑬~⑯ • 두피와 모발을 건조한 모습이다.

⑰~⑳ • 빗으로 모발을 정돈해주고 손으로 모발 끝을 트위스트Twist 하여 뾰족한 모양을 잡아 주어 호일 펌을 완성한다.

3. 호일 펌 마무리하기

앞 Front

뒤 Back

우 Right Side

좌 Left Side

[호일 펌 스타일링 Styling]

앞 Front

뒤 Back

우 Right Side

좌 Left Side

[교수 학습방법]

교수 방법
① 선수 학습인 기본 헤어펌에 대한 학습자의 지식 보유 수준을 퀴즈를 통해서 확인하고 주요 내용을 PPT로 정리해서 설명한다. ② 호일 펌 작업 과정을 동영상으로 보여 주며 학습자가 호일 펌에 흥미를 가지도록 유도한다. ③ 호일 펌 준비, 진행, 마무리 단계에서 발생할 수 있는 오류에 대한 사례를 프레젠테이션 또는 동영상 등으로 설명한다. ④ 호일 펌의 와인딩 방법을 시연하며 설명하고 학습자의 실습을 지도한다. ⑤ 실습 시 학습자가 호일 펌과 관련된 도구를 적합하고 안전하게 사용하고 있는지 관찰하고 피드백을 제공한다. ⑥ 모둠별로 미용 업소에서 이루어지고 있는 호일 펌 과정을 역할 연기로 경험하도록 지도 후 모둠별 느낀 점과 문제점에 대해 발표하며 다른 모둠의 학습자와 내용을 공유하도록 한다.

학습 방법
① 기본 헤어펌에 대한 내용을 퀴즈를 통해 확인하고 주요 내용을 노트에 정리한다. ② 실제 작업 과정을 동영상으로 살펴보고, 작업 순서 및 특징 등을 노트에 기록하고 궁금한 사항은 조사해서 기록한다. ③ 호일 펌 실습 시 준비, 진행, 마무리 단계에서 발생할 수 있는 오류에 대해 이해하고 연습을 통해 해결한다. ④ 호일 펌의 와인딩 방법을 교수자의 시연과 설명을 통해 이해하고 실습하며 숙련도를 높인다. ⑤ 호일 펌 실습 시 도구 사용에 대해 교수자로부터 피드백을 받아 안전하고 올바른 사용법을 숙지한다. ⑥ 모둠별로 미용 업소에서 이루어지고 있는 호일 펌 과정을 역할 연기를 통해 경험하고 느낀점과 문제점에 대해 발표하고 다른 모둠의 발표 내용을 청취하며 궁금한 점을 질문한다.

실습과정 사진	
사진	설명

실습결과 사진	
앞 Front	뒤 Back
좌측 Left Side	우측 Right Side

학생 자가 진단 및 교수평가

• 평가 준거

<table>
<tr><th rowspan="2">학습내용</th><th rowspan="2">학습목표</th><th colspan="3">성취수준</th></tr>
<tr><th>상</th><th>중</th><th>하</th></tr>
<tr><td rowspan="3">특수 펌 준비</td><td>1. 고객의 특성과 라이프스타일에 어울리는 특수 펌 이미지를 상담할 수 있다.</td><td></td><td></td><td></td></tr>
<tr><td>2. 고객의 요구를 반영한 창의적인 특수 펌을 디자인할 수 있다.</td><td></td><td></td><td></td></tr>
<tr><td>3. 디자인 연출을 위한 펌제와 다양한 로드를 선택할 수 있다.</td><td></td><td></td><td></td></tr>
<tr><td rowspan="2">특수 펌 진행</td><td>1. 다양한 와인딩 기법으로 특수 펌을 와인딩한 후 1제를 도포하고 처리 시간을 설정할 수 있다.</td><td></td><td></td><td></td></tr>
<tr><td>2. 원하는 특수 펌의 웨이브 형성을 테스트 컬한 후 중화 처리를 할 수 있다.</td><td></td><td></td><td></td></tr>
<tr><td rowspan="3">특수 펌 마무리</td><td>1. 특수 펌의 유형에 따라 로드 오프하여 마무리 세척을 할 수 있다.</td><td></td><td></td><td></td></tr>
<tr><td>2. 특수 펌 유형에 따라 헤어 스타일링을 위해 모발에 잔여 수분함량을 조절할 수 있다.</td><td></td><td></td><td></td></tr>
<tr><td>3. 특수 펌의 유형에 따라 헤어 스타일 연출 방법을 고객에게 설명하고 마무리할 수 있다.</td><td></td><td></td><td></td></tr>
</table>

• 평가자 체크리스트

<table>
<tr><th rowspan="2">학습내용</th><th rowspan="2">학습목표</th><th colspan="3">성취수준</th></tr>
<tr><th>상</th><th>중</th><th>하</th></tr>
<tr><td>특수 펌 준비</td><td>1. 헤어 스타일 상담과 이미지 제안의 이해 여부</td><td></td><td></td><td></td></tr>
<tr><td rowspan="2">특수 펌 진행</td><td>1. 특수 펌 약제의 작용과 특성의 이해 여부</td><td></td><td></td><td></td></tr>
<tr><td>2. 모발 특성에 따른 특수 펌 약제의 처치 시간의 이해 여부</td><td></td><td></td><td></td></tr>
<tr><td rowspan="2">특수 펌 마무리</td><td>1. 특수 펌 와인딩에 따른 로드 오프 순서의 이해 여부</td><td></td><td></td><td></td></tr>
<tr><td>2. 특수 펌 유형에 따른 헤어 스타일링의 방법과 모발 건조의 이해 여부</td><td></td><td></td><td></td></tr>
</table>

• 포트폴리오

학습내용	학습목표	성취수준		
		상	중	하
특수 펌 준비	1. 특수 펌 약제 선택 및 도구 준비 능력			
특수 펌 진행	1. 특수 펌 와인딩 기법 수행 능력			
	2. 제 1제 도포 처치 시간 설정 능력			
	3. 제 2제 중화 처리 능력			
특수 펌 마무리	1. 특수 펌 유형에 따른 로드 오프와 마무리 세척능력			
	2. 특수 펌 유형에 따른 모발에 잔여 수분 함량을 조절하는 능력			
	3. 특수 펌 유형에 따른 헤어 스타일을 연출하여 마무리하는 능력			

[교수자 피드백]

드레드

1. 스파이키

※ 가모를 이용하여 로프처럼 엉킨 모발 다발로 연출하는 스타일로 스파이키 드레드, 스틱 드레드, 소프트 드레드 누비안 드레드 스타일이 있다.
스파이키 드레드는 끝을 뾰족하게 연출하는 스타일로 자연스럽게 떨어지는 것이 특징이다.

학습내용 단원명	수업 목표
드레드 스파이키	• 드레드 머리 형태를 디자인 작업할 수 있다. • 스타일 유지를 위한 관리 방법을 고객에게 설명할 수 있다. • 사용한 도구 및 재료를 위생적으로 처리할 수 있다.

1. 스파이키 준비하기

(1) 재료

① 드레드 가모

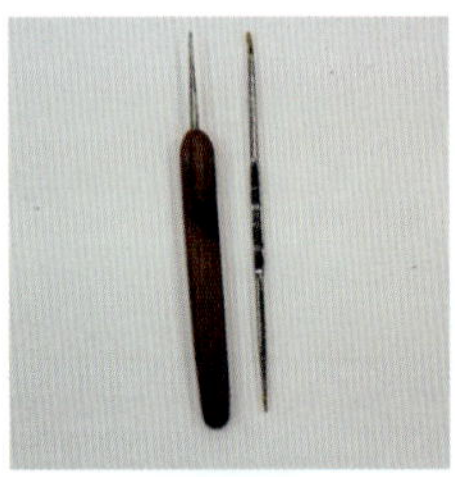

② 코바늘

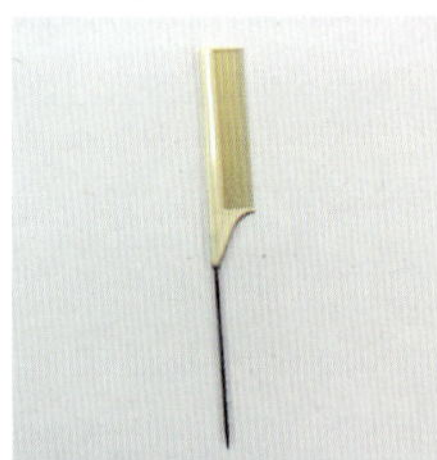

③ 꼬리빗

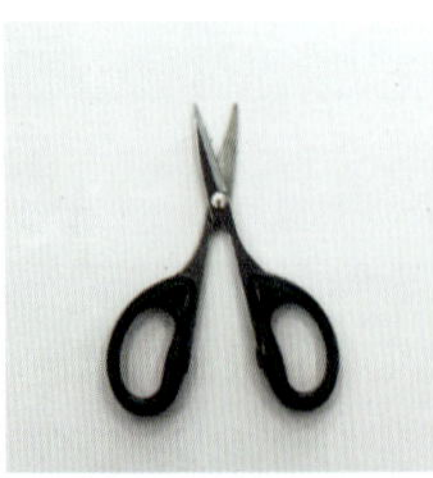

④ 가위

⑤ 핀셋

⑥ 핀컬 핀

(2) 도해도 및 시술방법

시술 전

시술 후

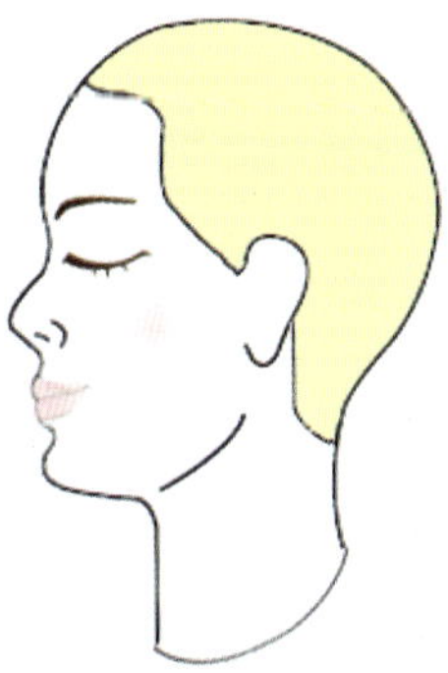

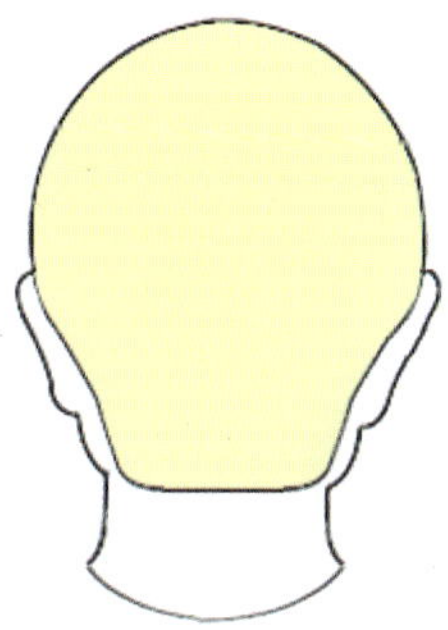

블로킹

섹션

섹션 Section	수평 Horizontal
분배 Distribution	수직 Perpendicular
각도 Elevation	네이프 – 자연 시술 각 45° Nape – Natural Fall 45° 백, 탑 – 두상 시술 각 90° Back, Top – Normal Projection 90°
베이스 Base	온 더 베이스 On The Base

2. 스파이키 시술하기

①~⑧ • 섹션Section과 슬라이스Slice를 나누어 그 위에 드레드Dread 가모를 한 가닥을 고정한 다음 새로운 드레드 가모를 추가하여 세 가닥 땋기를 진행하고 끝부분을 비벼서 마무리한 다음 윗부분에 남아있는 드레드 가모를 사용하여 겉 부분을 감싸 코바늘을 사용해 토대에 안착하게 하여 마감한다.

⑨~⑯ • 한 가닥을 완성하고 이어서 바로 옆 슬라이스 위에 드레드 가모를 엮어 토대를 만든 다음 전과 같은 방식과 순서로 시술을 진행한다.

⑰~⑳ • 스파이키 드레드의 토대를 만든 뒤 겉 부분을 감쌀 때 드레드 가모가 뭉치지 않도록 주의하며 코바늘을 사용하여 고정한다.

㉑~㉘ • 코바늘을 사용하여 겉 부분을 마감처리하고 양 손바닥을 맞대어 비벼 매끄럽게 만들어 준 뒤 다음 시술을 위해 슬라이스 위에 드레드 가모를 고정하고 토대를 만들어 전과 같은 방식과 순서로 시술을 진행한다.

㉙~㊵ • 전과 동일한 방법으로 시술을 진행한다.

※ 드레드 시술 시 끝부분으로 진행될수록 얇아지는 특징을 가지고 있으므로 시술 중 끝부분을 놓치지 않도록 주의하며 드레드 가모는 탄성이 있으므로 토대를 제작하기 위해 힘의 방향을 아래로 하게 되면 길이가 늘어날 수 있으므로 주의한다.

㊶~㊹ • 겉 부분을 감쌀 때 강한 텐션Tension을 주면 드레드 가모가 끊어질 수 있으므로 적당한 정도를 유지하며 진행한다.

45~60 • 손바닥으로 비벼서 겉 부분을 매끄럽게 한 뒤 필요한 부분이 있다면 다시 코바늘을 스파이키 드레드의 겉 부분에서 사용하며 전과 같은 순서로 후면의 시술을 진행한다.

※ 시술 중 드레드 가모의 양이 부족하다면 새롭게 추가하여 사용할 수 있으나 이어지는 부분이 두꺼워지지 않도록 주의하고 코바늘로 마감처리를 하지 않고 손바닥으로 비벼서 마무리하게 되면 겉 부분을 감싼 드레드 가모가 풀어질 수 있으므로 코바늘을 사용해 겉 부분의 드레드 가모를 토대에 안착시킨다.

⑥①~⑥⑧ • 시술 각도는 두상 시술각 90°를 유지하며 시작점이 두상에 밀착된 이후 편한 시술 각도로 진행한다.
※ 시술 각도가 낮아지면 시술의 시작 부분이 두상에서 밀려내려 올 수 있다.

⑲~⑳ • 시술 도중 스파이키 드레드의 중간이 얇아진 경우에는 드레드 가모를 추가로 덧대어 굵기를 맞추면서 후면시술을 마무리하고 왼쪽 측면의 시술을 시작한다.

※ 측면시술 시 헤어 라인Hair Line과 두상 곡면의 변화에 따라 섹션의 높이와 슬라이스의 크기가 달라질 수 있다.

80~98 • 전과 같은 방식과 순서로 오른쪽 측면의 스파이키 드레드 시술을 진행하고 겉 부분을 매끄럽게 만들기 위해 손바닥을 사용할 때 두상 가까이에 밀착된 시작점이 들뜨지 않도록 주의하며 스파이키 드레드 시술을 완성한다.

※ 시술을 마무리하기 전에 앞쪽으로 당겨 양쪽의 길이를 맞춰보도록 한다.

3. 스파이키 마무리하기

앞 Front

뒤 Back

우 Right Side

좌 Left Side

[스파이키 드레드 스타일링 Styling]

앞 Front

뒤 Back

우 Right Side

좌 Left Side

[교수 학습방법]

교수 방법
① 헤어 드레드 개념에 대해 알고 디자인의 종류에 따라 분류될 수 있음을 설명한다.
② 헤어 드레드 전처리 작업을 알고 시술법에 대해 분석한 내용을 적용한다.
③ 헤어 드레드 작업을 할 수 있는 방법을 지도한다.
④ 헤어 드레드를 제거할 수 있는 방법을 지도한다.
⑤ 헤어 드레드 시술 시 두개피의 유형을 파악할 수 있도록 설명한다.
⑥ 헤어 드레드 관리 시 시술한 부분의 디자인이 망가지거나 헝클어지지 않도록 관리 방법을 지도한다.
⑦ 헤어 드레드에 사용되는 기기 및 기구에 관하여 사용법을 설명한다.

학습 방법
① 헤어 드레드 개념에 대해 알고 헤어 드레드 디자인 종류에 따른 특징을 정리한다.
② 헤어 드레드 전처리 작업을 알고 시술법에 대해 분석한 내용을 실습한다.
③ 헤어 드레드 작업에 맞는 방법을 정리한다.
④ 헤어 드레드를 제거할 수 있는 방법을 적용한다
⑤ 헤어 드레드 시술 시 두개피에 유형을 파악할 수 있도록 조사하고 정리한다.
⑥ 헤어 드레드 관리 시 시술한 부분의 디자인이 망가지거나 헝클어지지 않도록 관리 방법을 연습한다.
⑦ 헤어 드레드에 사용되는 기기 및 기구에 관하여 사용법을 파악한다.

실습과정 사진

사진	설명

실습결과 사진	
앞 Front	뒤 Back
좌측 Left Side	우측 Right Side

2. 스틱

※ 땋은 형태가 보이지 않게 가모를 이용하여 감아 길이를 연장하는 드레드 스타일이다.

학습내용 단원명	수업 목표
스틱 드레드	• 드레드 머리 형태를 디자인 작업할 수 있다. • 스타일 유지를 위한 관리 방법을 고객에게 설명할 수 있다. • 사용한 도구 및 재료를 위생적으로 처리할 수 있다.

1. 스틱 준비하기

(1) 재료

① 브레이즈 가모

② 글루건

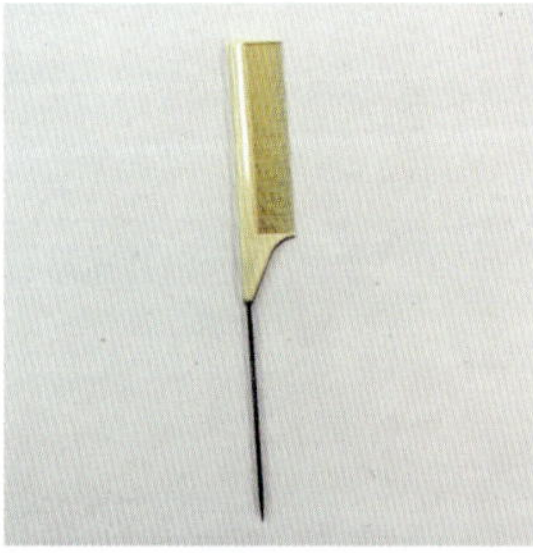
③ 꼬리빗

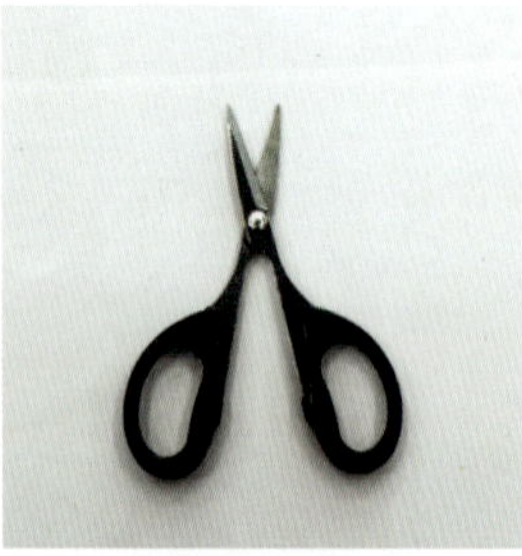
④ 가위

⑤ 핀셋

⑥ 핀컬 핀

(2) 도해도 및 시술방법

시술 전

시술 후

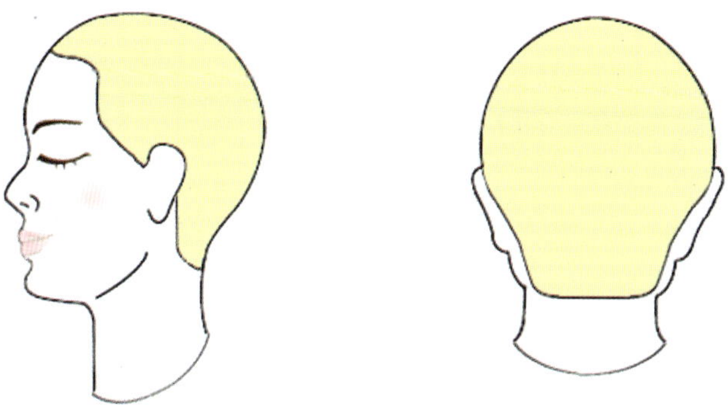

블로킹

섹션

섹션 Section	수평 Horizontal
분배 Distribution	수직 Perpendicular
각도 Elevation	네이프 – 자연 시술 각 45° Nape – Natural Fall 45° 백, 탑 – 두상 시술 각 90° Back, Top – Normal Projection 90°
베이스 Base	온 더 베이스 On The Base

2. 스틱 시술하기

①~④ • 슬라이스Slice를 나누고 모발 위에 브레이즈Braids 가모를 고정한 다음 세 갈래로 나누어 잡아 세 가닥 땋기를 한다.

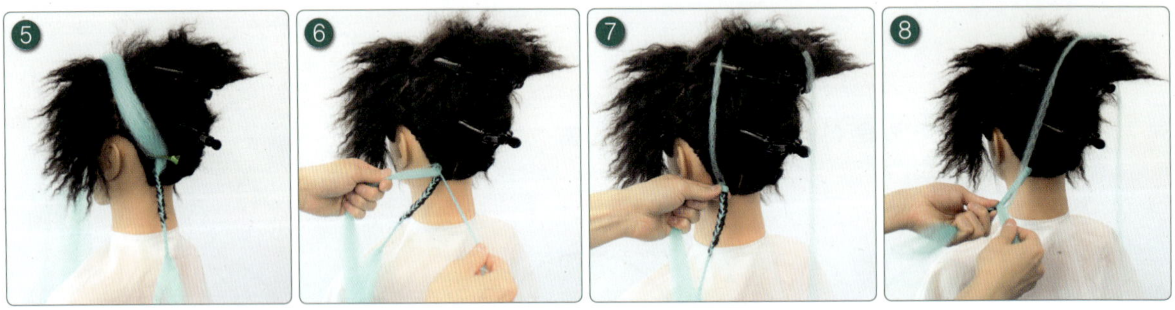

⑤~⑧ • 토대가 되는 세 가닥 땋기의 끝부분을 손끝으로 강하게 밀어 올려 고정한 후 남은 브레이즈 가모를 9 대1로 나누어 토대를 면으로 감싸며 시침질한다.

※ 시침질은 토대의 겉부분을 감싸는 브레이즈 가모의 겉과 속을 번갈아 지나가며 텐션을 유지시키고 토대위에 밀착시키는 역할을 한다.

⑨~⑯ • 스틱 드레드Dread의 끝부분이 풀리지 않도록 손끝으로 힘을 주어 잡고 글루건Glue Gun을 사용해 붙인 다음 남은 브레이즈 가모는 잘라낸 뒤 시술을 진행한다.

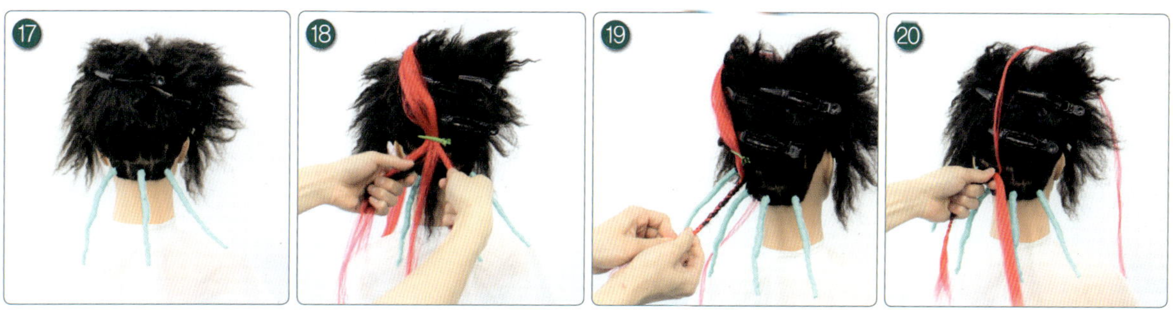

⑰~⑳ • 브레이즈 가모를 세 가닥으로 나누어 스틱 드레드의 토대를 땋아 만든 뒤 윗부분에 남은 브레이즈 가모를 9대1로 분배한다.

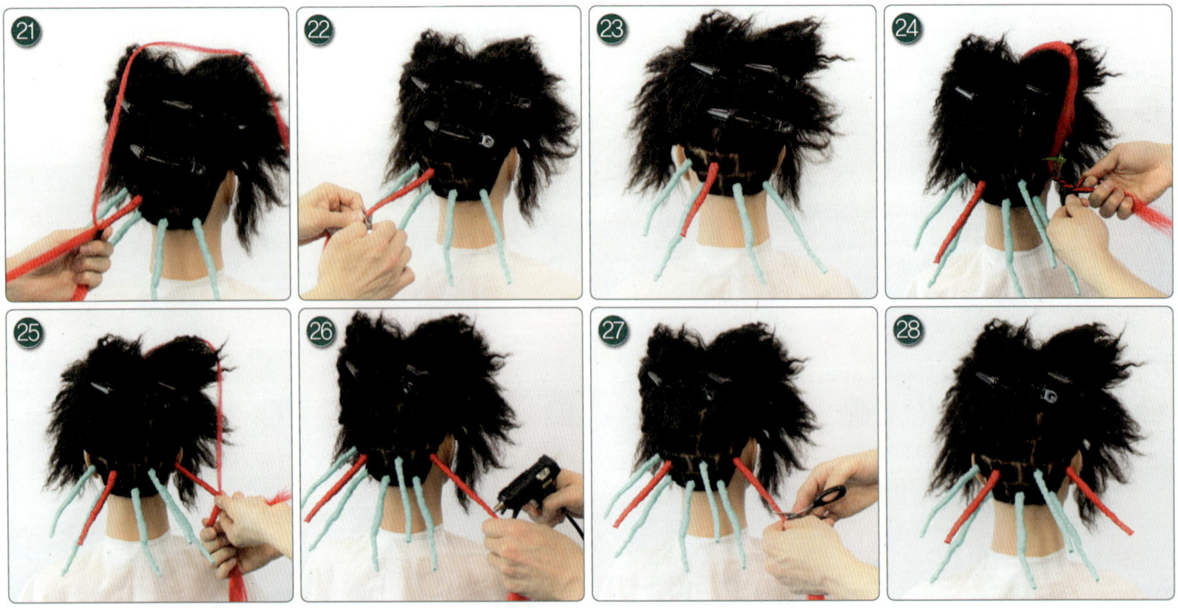

㉑~㉘ • 브레이즈 가모로 시침질하며 스틱 드레드의 겉 부분에 텐션Tension을 주고 글루건을 사용해 고정하여 마무리한 뒤 전과 동일한 순서로 시침질에 유의하며 시술을 진행한다.

㉙~㊵ • 브레이즈 가모의 면을 활용하여 세 가닥 땋기로 만들어진 토대의 겉 부분을 시침질하며 감싸 준 후 남은 브레이즈 가모를 잘라낸 뒤 시술을 진행한다.

※ 토대를 만들 때 아래로 당기게 되면 시적잠이 밀려 내려오기 때문에 두상 시술 각도 90°를 유지하며 시술한다.

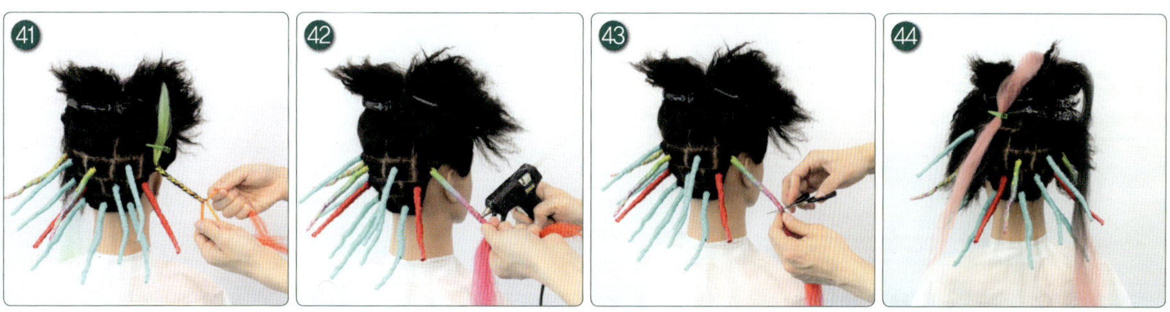

㊶~㊹ • 글루Glue의 양을 충분히 하여 끝부분을 고정하고 여분의 브레이즈 가모는 가위를 사용하여 잘라낸다.

㊺~52 • 전과 같은 순서로 스틱 드레드 시술을 진행하고 끝부분에 글루를 사용하여 고정한다.

※ 토대를 감싸는 브레이즈 가모는 한번 감을 때마다 시침질을 통해 텐션이 유지되며 서로 겹치지 않게 된다.

53~60 • 글루건을 사용하여 끝부분을 붙인 다음 여분의 브레이즈 가모는 잘라낸 후 두상의 곡면에서 스틱 드레드의 시작점이 밀려 내려오지 않도록 주의하며 두상 시술 각 90°를 유지한다.

⑥1~⑥4 • 글루건을 사용하여 스틱 드레드의 끝부분을 고정하기 전까지 겉 부분을 감싼 브레이즈 가모의 텐션을 유지한디.

⑥5~⑦6 • 전과 같은 순서로 후면 전체시술을 완성하고 왼쪽 측면의 시술을 시작한다.

※ 헤어 라인Hair Line과 두상 곡면의 변화에 따라 섹션의 높이와 슬라이스의 크기가 달라질 수 있다. 토대를 만들고 남은 윗부분의 브레이즈 가모를 9대1로 나누어 시침질하며 텐션을 유지한다.

⑦⑦~⑧⑩ • 전과 같은 순서로 왼쪽 측면의 시술을 진행한다.

⑧①~⑧⑧ • 두상의 높은 곳에서 스틱 드레드의 시작점이 밀려 내려오지 않도록 시술 각도를 두상 시술 각 90°로 유지하며 왼쪽 측면의 시술을 완성하고, 오른쪽 측면의 시술을 시작한다.

89~96 • 글루건을 사용하여 스틱 드레드의 끝부분을 고정하고 반대편 스틱 드레드의 길이와 맞게 자른다.

※ 두상의 높은 곳에서 토대를 만들 때 브레이즈 가모를 아래로 잡아당겨 밀려 내려오지 않도록 주의한다.

93~100 • 스틱 드레드 시술이 완성된 모습이다.

3. 스틱 마무리하기

앞Front

뒤Back

우Right Side

좌Left Side

[교수 학습방법]

교수 방법
① 헤어 드레드 개념에 대해 알고 디자인의 종류에 따라 분류될 수 있음을 설명한다. ② 헤어 드레드 전처리 작업을 알고 시술법에 대해 분석한 내용을 적용한다. ③ 헤어 드레드 작업을 할 수 있는 방법을 지도한다. ④ 헤어 드레드를 제거할 수 있는 방법을 지도한다. ⑤ 헤어 드레드 시술 시 두개피의 유형을 파악할 수 있도록 설명한다. ⑥ 헤어 드레드 관리 시 시술한 부분의 디자인이 망가지거나 헝클어지지 않도록 관리 방법을 지도한다. ⑦ 헤어 드레드에 사용되는 기기 및 기구에 관하여 사용법을 설명한다.

학습 방법
① 헤어 드레드 개념에 대해 알고 헤어 드레드 디자인 종류에 따른 특징을 정리한다. ② 헤어 드레드 전처리 작업을 알고 시술법에 대해 분석한 내용을 실습한다. ③ 헤어 드레드 작업에 맞는 방법을 정리한다. ④ 헤이 드레드를 제거할 수 있는 방법을 적용한다. ⑤ 헤어 드레드 시술 시 두개피의 유형을 파악할 수 있도록 조사하고 정리한다. ⑥ 헤어 드레드 관리 시 시술한 부분의 디자인이 망가지거나 헝클어지지 않도록 관리 방법을 연습한다. ⑦ 헤어 드레드에 사용되는 기기 및 기구에 관하여 사용법을 파악한다.

실습과정 사진	
사진	설명

실습결과 사진	
앞 Front	뒤 Back
좌측 Left Side	우측 Right Side

3. 누비안

※ 땋은 형태 보이지 않게 가모를 이용하여 모발을 감싸 트위스트 하는 드레드 스타일이다.

학습내용 단원명	수업 목표
누비안 드레드	• 드레드 머리 형태를 디자인 작업할 수 있다. • 스타일 유지를 위한 관리 방법을 고객에게 설명할 수 있다. • 사용한 도구 및 재료를 위생적으로 처리할 수 있다.

1. 누비안 준비하기

(1) 재료

① 브레이즈 가모

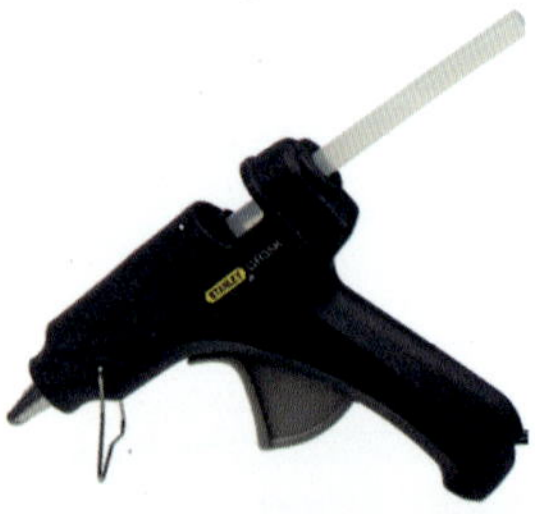

② 글루건

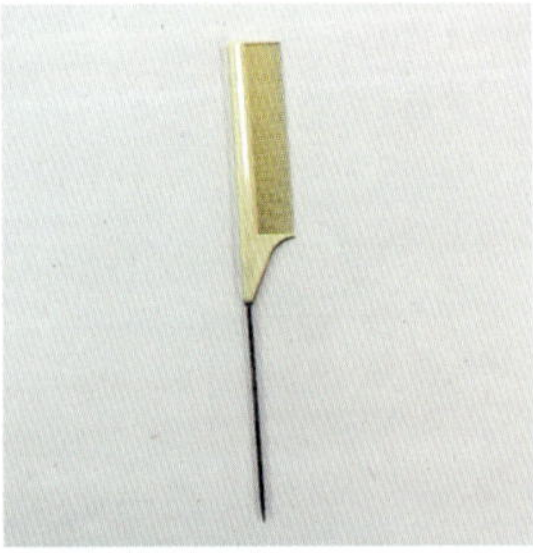

③ 꼬리빗

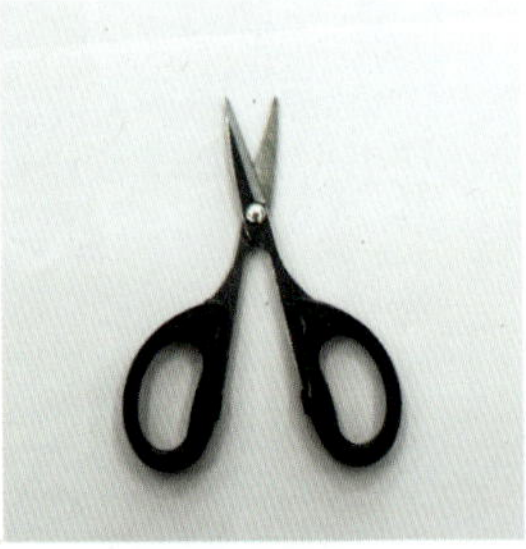

④ 가위

⑤ 핀셋

⑥ 핀컬 핀

(2) 도해도 및 시술방법

시술 전

시술 후

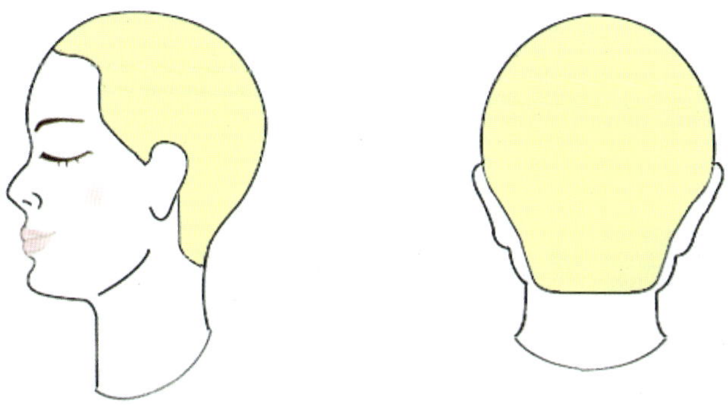

블로킹

섹션

섹션 Section	수평 Horizontal
분배 Distribution	수직 Perpendicular
각도 Elevation	네이프 – 자연 시술 각 45° Nape – Natural Fall 45° 백, 탑 – 두상 시술 각 90° Back, Top – Normal Projection 90°
베이스 Base	온 더 베이스 On The Base

2. 누비안 시술하기

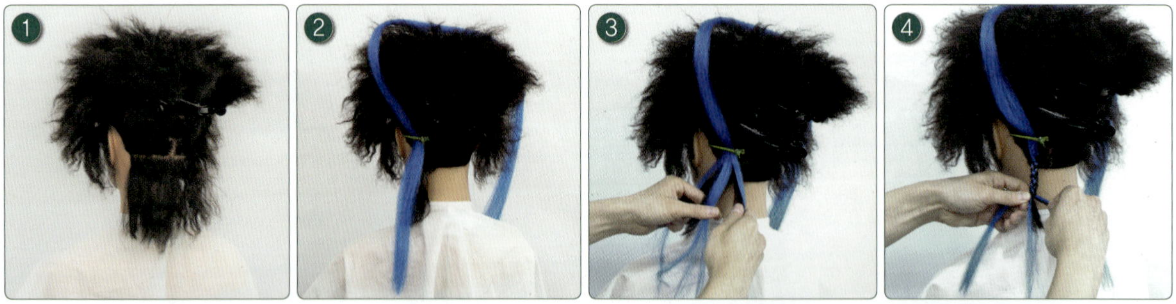

①~④ • 섹션Section과 슬라이스Slice를 나누고 그 위에 브레이즈Braids 가모를 고정하여 세 가닥 땋기로 누비안 드레드Dread의 토대를 만들기 시작한다.

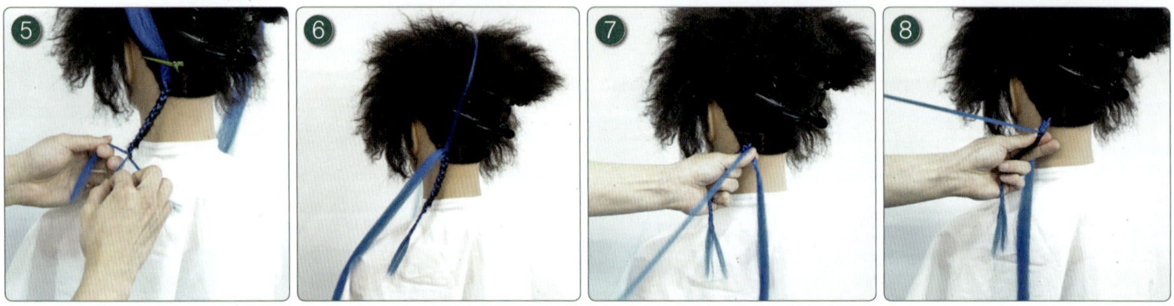

⑤~⑧ • 윗부분에 남은 브레이즈 가모를 9대1로 나누어 잡는다.
※ 브레이즈 가모를 사용해 만든 토대는 누비안 드레드의 길이를 설정한다.

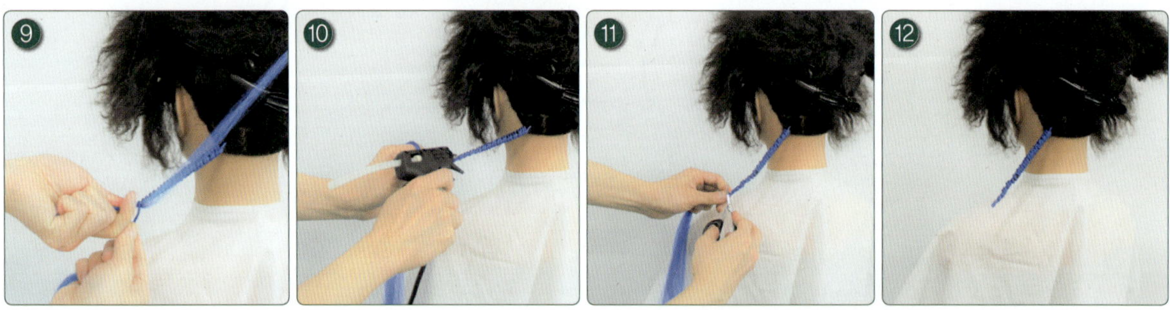

⑨~⑫ • 토대를 브레이즈 가모의 면으로 감싸는 것이 아닌 트위스트Twist된 형태로 감싸주며 나누어진 다른 브레이즈 가모를 사용하여 시침질한다.

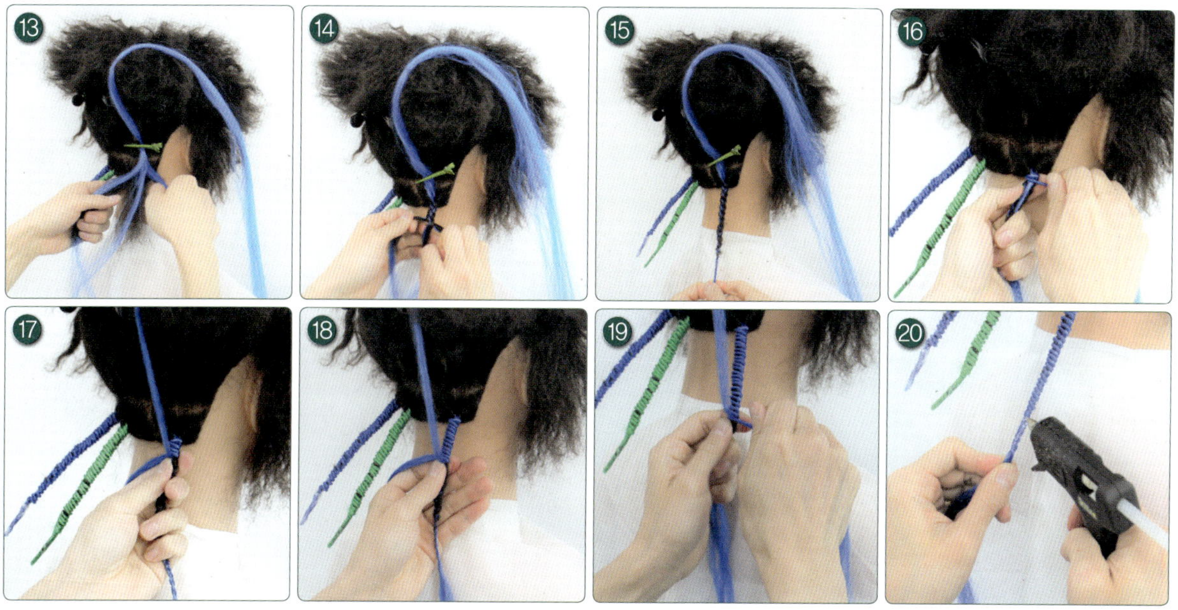

⑬~⑳ • 텐션이 풀리지 않도록 손끝으로 끝부분을 잡아 고정한 다음 글루건Gluegun을 사용하여 붙인다. 여분의 브레이즈 가모는 가위를 사용하여 자른다.

※ 시침질용 브레이즈 가모는 반복적인 움직임을 통해 겉부분의 텐션Tension을 잡아주는 역할을 한다.

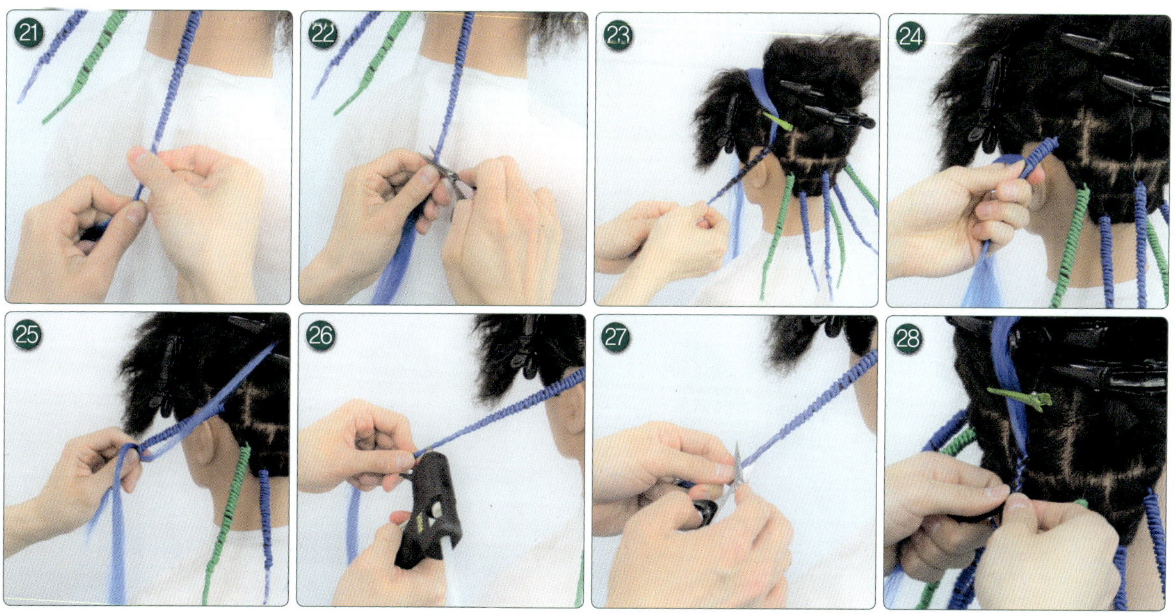

㉑~㉘ • 글루건을 사용할 때는 손가락에 물을 적셔 글루Glue를 식혀가며 고정하고 토대의 끝부분을 마무리할 때는 강하게 밀어 올려 세 가닥 땋기의 끝부분이 풀리지 않도록 한다.

※ 마감처리한 후 토대를 만들 때 아래로 힘을 주어 잡아당기게 되면 두피 부분이 들뜨게 되므로 주의한다.

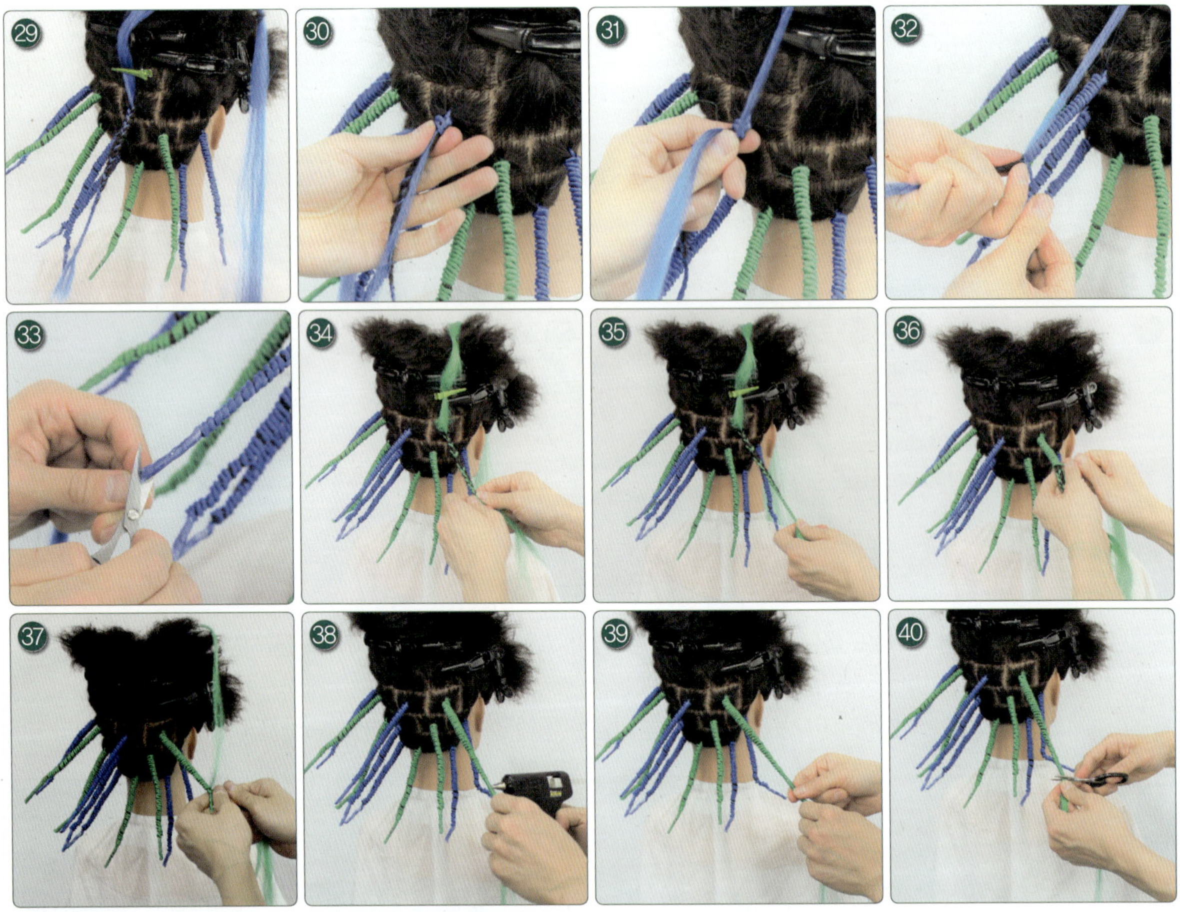

㉙~㊵ • 윗부분에 남은 브레이즈 가모는 겉 부분을 감싸는 용도와 시침질 용도 9대1로 구분하여 사용하며 시침질은 누비안 드레드가 완성될 때까지 겉 부분의 텐션을 유지하는 역할을 하므로 한 가닥이 끝날 때까지 반복하여 마감처리 한다.

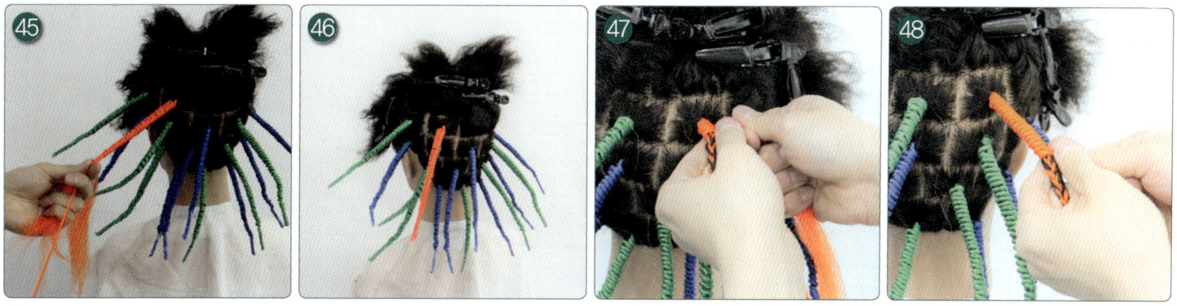

㊶~㊽ • 겉 부분은 브레이즈 가모의 면으로 감싸는 것이 아닌 트위스트 상태로 감싸는 특징이 있기에 많은 양의 브레이즈 가모가 필요하다. 누비안 드레드의 길이 설정 시 참고하여 전과 동일한 순서로 시침질하며 시술을 진행한다.

㊾~㊿ • 표면에 빈틈이 없는지 확인하며 시술하고 겉 부분을 감싸는 과정이 진행될 때마다 한 손으로 끝부분을 잡아 텐션을 유지하며 글루로 고정하기 전까지 손끝으로 잡아 텐션을 유지한다.

※ 두상의 높은 부분에서는 두상 시술각 90°를 유지하기 어렵기 때문에 시작점이 두피 부근에서 들뜨지 않게 주의한다.

61~64 • 글루건을 사용해 마무리 지점을 고정하고 남은 브레이즈 가모는 가위를 사용하여 잘라낸다.

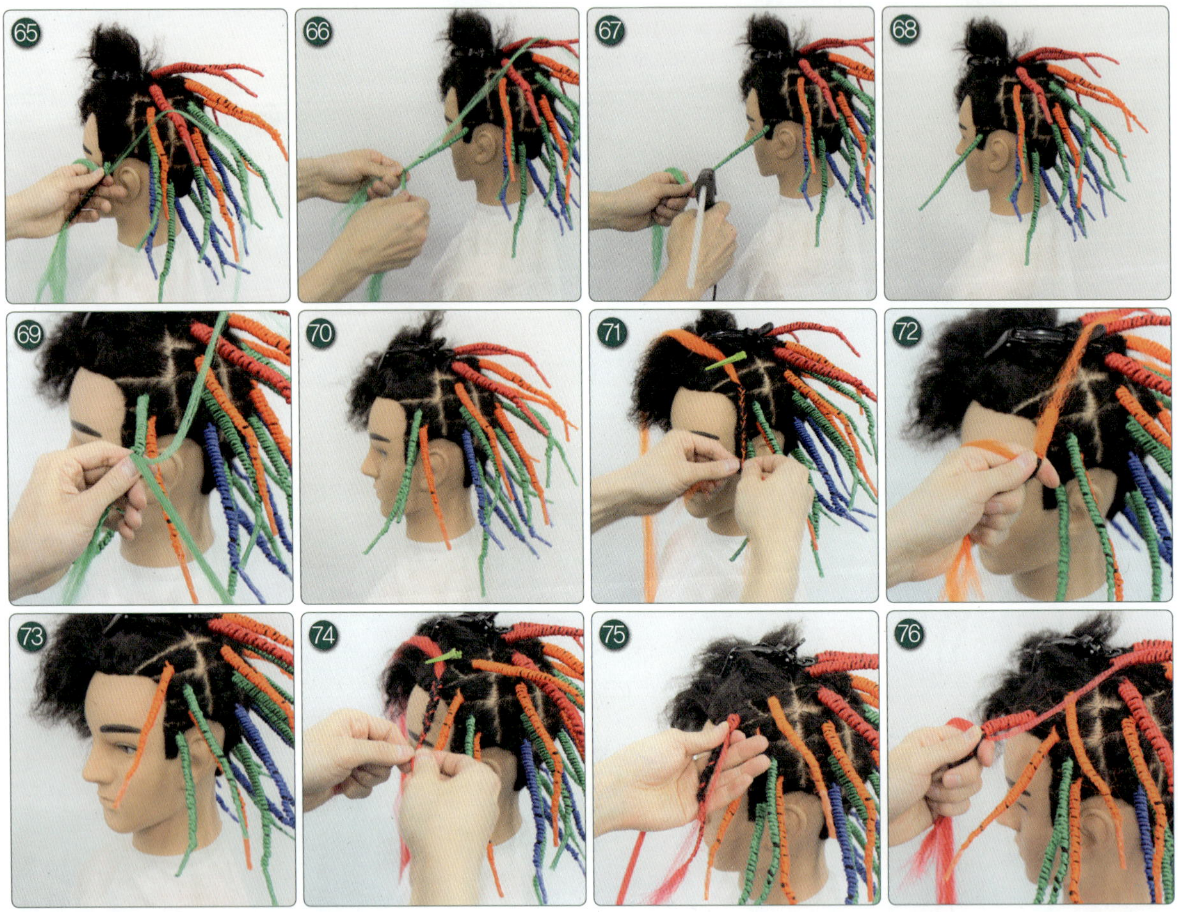

⑥⑤~⑧⓪ • 왼쪽 측면의 시술을 시작하고 시침질을 통해 트위스트된 형태의 브레이즈 가모로 겉 부분을 빈틈없이 채워준다.

※ 헤어 라인Hair Line과 두상 곡면의 변화에 따라 섹션의 높이와 슬라이스의 크기가 달라질 수 있다. 센터 포인트C.P : Center Point부근 시술 시 진행 방향과 시술자의 몸이 직선상에 위치하도록 한다.

⑧①~⑧④ • 왼쪽 측면의 시술을 마치고 오른쪽 측면의 시술을 시작한다.

85~100 • 전과 같은 순서로 브레이즈 가모를 분배하고 시침질하며 시술을 진행한 뒤 양쪽 측면의 길이를 비교하여 글루건을 사용해 마감처리 하고 여분의 브레이즈 가모는 가위를 사용해 잘라낸다.

※ 시술을 시작할 때 두상 시술각 90°를 유지하여 시작점이 두피에서 들뜨지 않도록 한다.

3. 누비안 마무리하기

앞Front

뒤Back

우Right Side

좌Left Side

[교수 학습방법]

교수 방법
① 헤어 드레드 개념에 대해 알고 디자인의 종류에 따라 분류될 수 있음을 설명한다.
② 헤어 드레드 전처리 작업을 알고 시술법에 대해 분석한 내용을 적용한다.
③ 헤어 드레드 작업을 할 수 있는 방법을 지도한다.
④ 헤어 드레드를 제거할 수 있는 방법을 지도한다.
⑤ 헤어 드레드 시술 시 두개피의 유형을 파악할 수 있도록 설명한다.
⑥ 헤어 드레드 관리 시 시술한 부분의 디자인이 망가지거나 헝클어지지 않도록 관리 방법을 지도한다.
⑦ 헤어 드레드에 사용되는 기기 및 기구에 관하여 사용법을 설명한다.

학습 방법
① 헤어 드레드 개념에 대해 알고 헤어 드레드 디자인 종류에 따른 특징을 정리한다.
② 헤어 드레드 전처리 작업을 알고 시술법에 대해 분석한 내용을 실습한다.
③ 헤어 드레드 작업에 맞는 방법을 정리한다.
④ 헤어 드레드를 제거할 수 있는 방법을 적용한다.
⑤ 헤어 드레드 시술 시 두개피의 유형을 파악할 수 있도록 조사하고 정리한다.
⑥ 헤어 드레드 관리 시 시술한 부분의 디자인이 망가지거나 헝클어지지 않도록 관리 방법을 연습한다.
⑦ 헤어 드레드에 사용되는 기기 및 기구에 관하여 사용법을 파악한다.

실습과정 사진	
사진	설명

실습결과 사진	
앞 Front	뒤 Back
좌측 Left Side	우측 Right Side

4. 소프트

※ 드레드 가닥이 스트레이트가 섞여 있는 느낌으로 소프트하고 자연스러운 드레드 스타일이다.

학습내용 단원명	수업 목표
드레드 소프트	• 드레드 머리 형태를 디자인 작업할 수 있다. • 스타일 유지를 위한 관리 방법을 고객에게 설명할 수 있다. • 사용한 도구 및 재료를 위생적으로 처리할 수 있다.

1. 소프트 준비하기

(1) 재료

① 드레드 가모

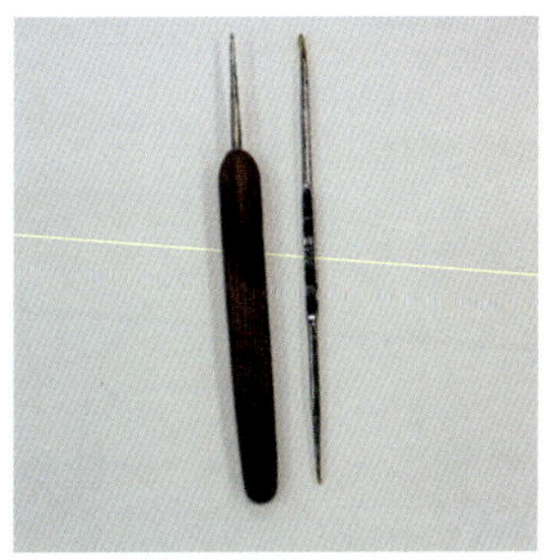

② 코바늘

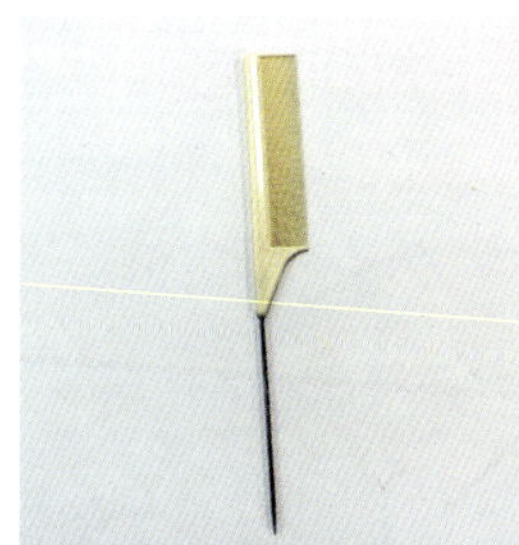

③ 꼬리빗

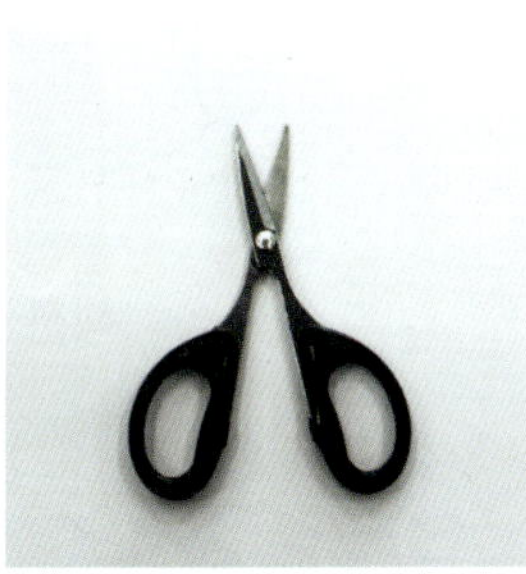

④ 가위

⑤ 핀셋

⑥ 핀컬 핀

(2) 도해도 및 시술방법

시술 전

시술 후

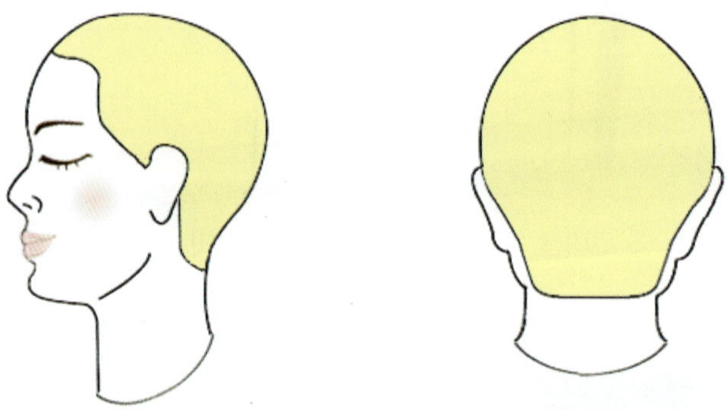

블로킹

섹션

섹션 Section	수평 Horizontal
분배 Distribution	수직 Perpendicular
각도 Elevation	네이프 – 자연 시술 각 45° Nape – Natural Fall 45° 백, 탑 – 두상 시술 각 90° Back, Top – Normal Projection 90°
베이스 Base	온 더 베이스 On The Base

2. 소프트 시술하기

①~⑧ • 측중선을 기준으로 나누어 블로킹Blocking 한 다음 핀셋Pincette을 사용하여 고정하고 네이프 포인트N.P : Nape Point 부근에 섹션Section을 나눠 핀셋으로 고정한 뒤 미리 만든 드레드Dread 가모 한 가닥을 슬라이스Slice 위의 모발과 드레드 가모가 겹치게 하여 고정하고 다른 드레드 가보를 덧데어 세 가닥 땋기를 진행한다.

※ 세 가닥으로 땋은 드레드 가모는 소프트 드레드의 토대가 된다.

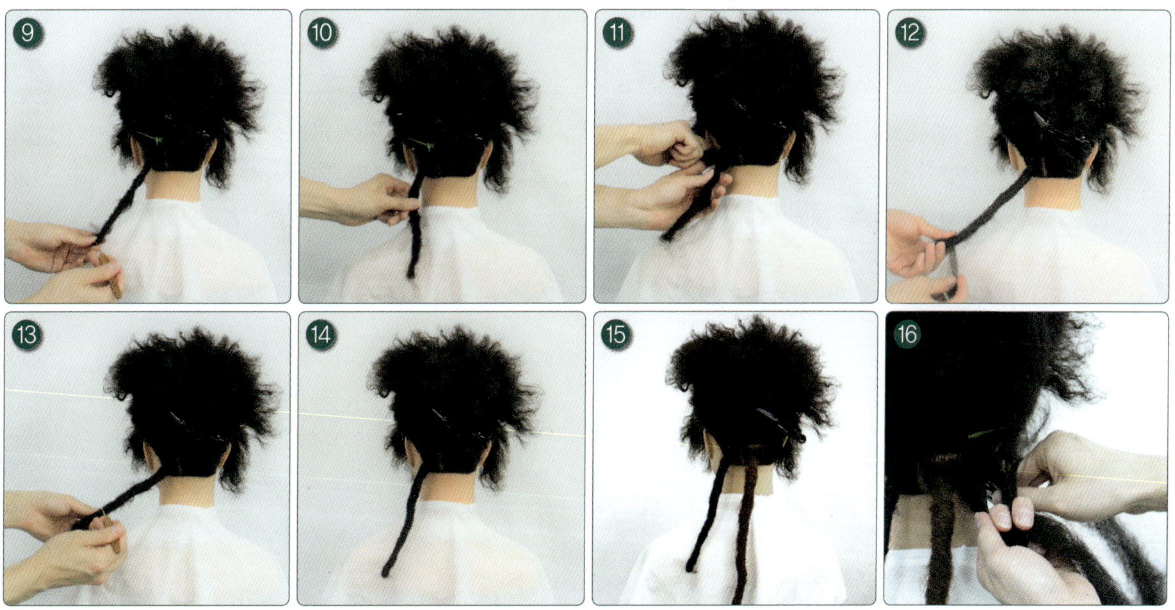

⑨~⑯ • 세 가닥 땋기를 끝까지 진행한 다음 코바늘을 사용해 마감처리를 하고 윗부분에 남아있는 드레드 가모를 사용하여 겉 부분을 감싼 다음 드레드 가모를 코바늘을 사용하여 고정한다.

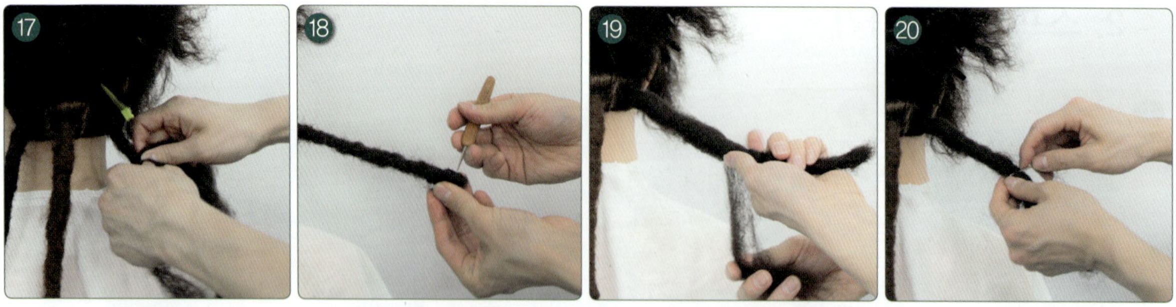

⑰~⑳ • 한 가닥의 위에서 아래 방향으로 굵기를 확인하며 진행하고 코바늘을 겉 부분에 사용하여 매끄럽게 정리한다.

㉑~㉘ • 가모를 사용하여 토대를 제작할 때 강한 텐션Tension이 가해지면 재료 특성상 도중에 끊어지거나 늘어나 예상했던 소프트 드레드의 길이보다 더 길게 늘어날 수 있으므로 주의하며 겉 부분을 감싸고 전과 같은 순서로 시술을 진행한다.

㉙~㊵ • 드레드 가모를 사용하여 소프트 드레드의 겉 부분을 감싸준 뒤 코바늘을 사용하여 안착시켜 준 후 위에서 아래 방향으로 매끄럽게 이어지는지 확인하고, 슬라이스 위에 드레드 가모를 고정하고 세 가닥 땋기를 하며 토대를 만들어 시술을 진행한다.

※ 토대를 단단하게 만들기 위해 코바늘을 사용할 수 있으며 드레드 가모에 코바늘을 사용하여 겉 부분을 매끄럽게 만들어준 뒤 끝부분까지 이어지게 감싼다.

41
42
43
44
45
46
47
48
49
50
51
52
53
54
55
56

㊶~⑥⓪ • 코바늘을 사용하여 겉 부분을 위에서 아래까지 매끄럽게 이어준 뒤 다음 시술을 위해 슬라이스를 나누고 전과 같은 방법으로 시술을 진행하며 소프트 드레드 한 가닥의 굵기의 차이가 나지 않도록 드레드 가모를 덧대어 굵기를 맞춰준다.

※ 소프드 드레드는 끝부분이 둥근 특징이 있으므로 토대의 끝부분에 코바늘을 사용하여 둥글게 엉기도록하며 시술각 90°를 유지하여 시작점이 들뜨지 않도록 주의한다.

⑥①~⑥④ • 전과 같은 순서로 후면의 시술을 완성하고 왼쪽 측면 시술을 시작할 수 있게 준비한다.

65~80 • 드레드 가모를 사용하여 세 가닥 땋기를 진행해 토대를 만들고 여분의 드레드 가모로 겉 부분을 매끄럽게 감싼 다음 코바늘을 사용하여 소프트 드레드의 표면이 매끄럽게 이어지도록 하고 겉 부분의 드레드 가모가 토대와 밀착되도록 한다.

※ 헤어 라인Hair Line과 두상 곡면의 변화에 따라 섹션의 높이와 슬라이스의 크기가 달라질 수 있으며 시작점이 들뜨지 않도록 두상 시술 각 90°를 유지한다.

81~84 • 센터 포인트C.P : Center Point 시술 시 시술의 진행 방향과 시술자의 몸이 직선상에 위치하도록 하며 왼쪽 측면의 시술을 완성한다.

85~100 • 한 가닥에서 이어지는 매끄러운 겉 부분이 중간에 풀리지 않도록 코바늘로 마감처리 한 뒤 다음 시술을 진행하여 소프드 드레드 시술을 완성한다.

※ 한 가닥의 소프드 드레드에서 특정한 부분이 얇아진 경우에는 그 부분에 새로운 드레드 가모를 덧대거나 코바늘을 반복적으로 사용하여 굵기를 균일하게 만든다.

3. 소프트 마무리하기

앞 Front

뒤 Back

우 Right Side

좌 Left Side

[소프트 드레드 스타일링 Styling]

앞 Front

뒤 Back

우 Right Side

좌 Left Side

[교수 학습방법]

교수 방법
① 헤어 드레드 개념에 대해 알고 디자인의 종류에 따라 분류될 수 있음을 설명한다. ② 헤어 드레드 전처리 작업을 알고 시술법에 대해 분석한 내용을 적용한다. ③ 헤어 드레드 작업을 할 수 있는 방법을 지도한다. ④ 헤어 드레드를 제거할 수 있는 방법을 지도한다. ⑤ 헤어 드레드 시술 시 두개피의 유형을 파악할 수 있도록 설명한다. ⑥ 헤어 드레드 관리 시 시술한 부분의 디자인이 망가지거나 헝클어지지 않도록 관리 방법을 지도한다. ⑦ 헤어 드레드에 사용되는 기기 및 기구에 관하여 사용법을 설명한다.

학습 방법
① 헤어 드레드 개념에 대해 알고 헤어 드레드 디자인 종류에 따른 특징을 정리한다. ② 헤어 드레드 전처리 작업을 알고 시술법에 대해 분석한 내용을 실습한다. ③ 헤어 드레드 작업에 맞는 방법을 정리한다. ④ 헤어 드레드를 제거할 수 있는 방법을 적용한다. ⑤ 헤어 드레드 시술 시 두개피의 유형을 파악할 수 있도록 조사하고 정리한다. ⑥ 헤어 드레드 관리 시 시술한 부분의 디자인이 망가지거나 헝클어지지 않도록 관리 방법을 연습한다. ⑦ 헤어 드레드에 사용되는 기기 및 기구에 관하여 사용법을 파악한다.

실습과정 사진	
사진	설명

실습결과 사진	
앞 Front	뒤 Back
좌측 Left Side	우측 Right Side

학생 자가 진단 및 교수평가

• 평가 준거

학습내용	학습목표	성취수준		
		상	중	하
드레드 스타일 준비	1. 고객에게 여러 가지 디자인을 제안할 수 있다.			
	2. 모발 상태에 따라 다양한 드레드 머리의 도구 및 재료를 준비할 수 있다.			
드레드 디자인 작업	1. 드레드 머리 형태를 디자인 작업할 수 있다.			
	2. 드레드 머리를 본 모발로부터 제거할 수 있다.			
	3. 스타일 유지를 위한 관리 방법을 고객에게 설명할 수 있다.			
	4. 사용한 도구와 재료를 위생적으로 처리할 수 있다.			

• 평가자 체크리스트

학습내용	학습목표	성취수준		
		상	중	하
드레드 스타일 준비	1. 고객에게 여러 가지 디자인을 제안할 수 있다.			
	2. 모발 상태에 따라 다양한 드레드 머리의 도구 및 재료를 준비할 수 있다.			
드레드 디자인 작업	1. 드레드 머리 형태를 디자인 작업할 수 있다.			
	2. 드레드 머리를 본 모발로부터 제거할 수 있다.			
	3. 스타일 유지를 위한 관리 방법을 고객에게 설명할 수 있다.			
	4. 사용한 도구와 재료를 위생적으로 처리할 수 있다.			

• 포트폴리오

학습내용	학습목표	성취수준		
		상	중	하
드레드 스타일 준비	1. 드레드 머리 정의와 종류에 대한 포트폴리오 제작 능력			
	2. 드레드 머리 재료와 도구를 준비하고 전처리 작업에 대한 포트폴리오 제작 능력			
드레드 디자인 작업	1. 드레드 머리 디자인 종류를 알고 작업하는 포트폴리오의 제작 능력			
	2. 드레드 머리를 본 모발로부터 제거 작업을 하는 포트폴리오의 제작 능력			
	3. 스타일 유지를 위한 관리를 제안하는 포트폴리오 제작 능력			

[교수자 피드백]

헤어 타투

1. 직선

※ 헤어 타투Hair Tattoo란 타투Tattoo의 개념과 헤어의 개념이 접목되어 만들어진 용어로, 다른 말로는 헤어 스크래치Scratch라고 불린다. 디자인에 따라 직선, 곡선, 양각, 음각 등을 활용하여 자신의 개성을 자유롭게 표현할 수 있는 헤어스타일이다. 클리퍼를 이용하여 직선을 활용하여 시술하는 디자인 헤어 타투 시술이다.

학습내용 단원명	수업 목표
디자인 헤어 타투 직선	• 모발 길이에 따라 헤어 타투 디자인을 할 수 있다. • 클리퍼를 이용하여 헤어 타투 디자인을 연출 할 수 있다. • 가위를 이용하여 헤어 타투 디자인을 연출 할 수 있다.

1. 직선 준비하기

(1) 재료

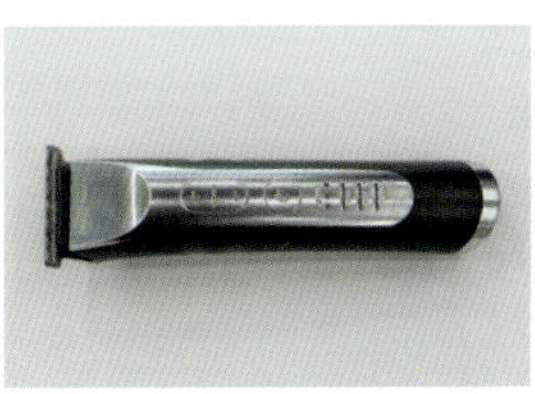
① 트리머 클리퍼

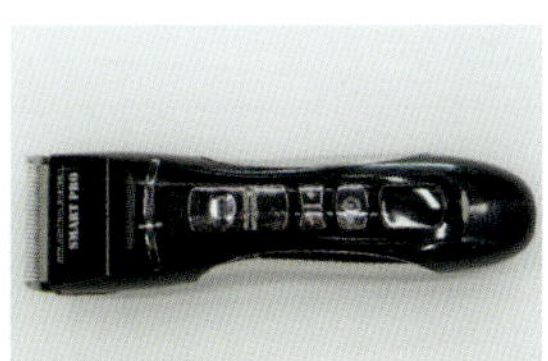
② 클리퍼

③ 클리퍼 가드

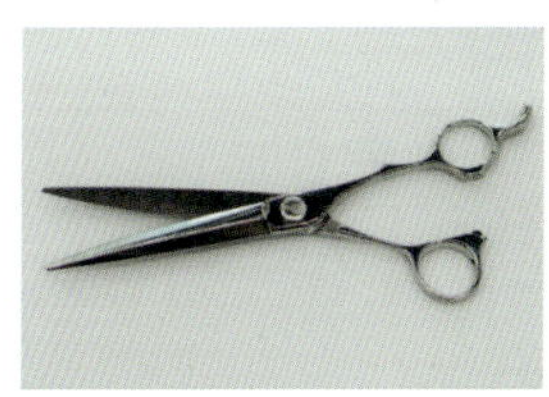
④ 장가위

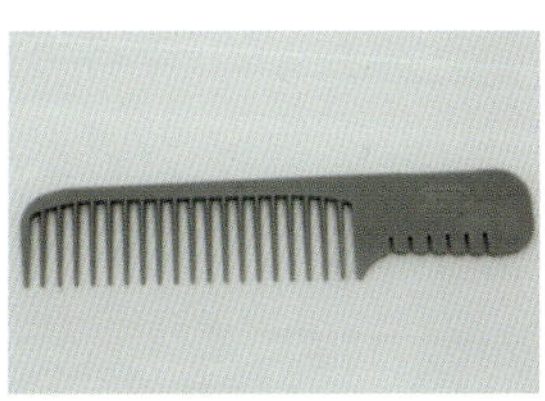
⑤ 클리퍼 빗

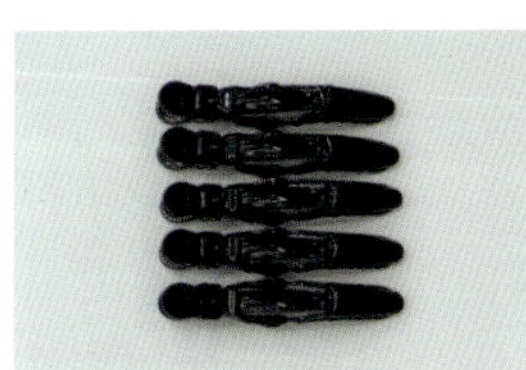
⑥ 핀셋

⑦ 고무줄

(2) 도해도 및 시술방법

시술 전

시술 후

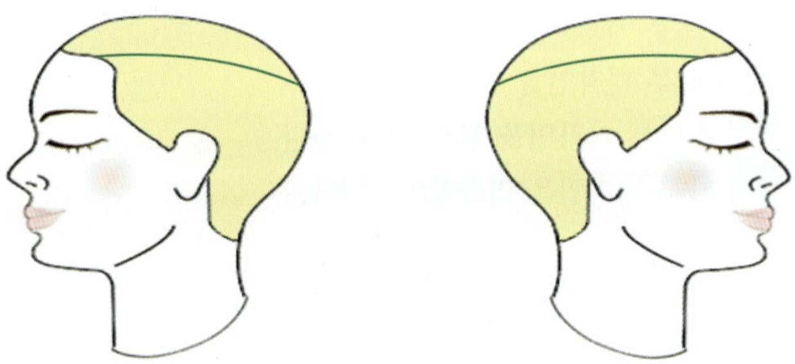

블로킹

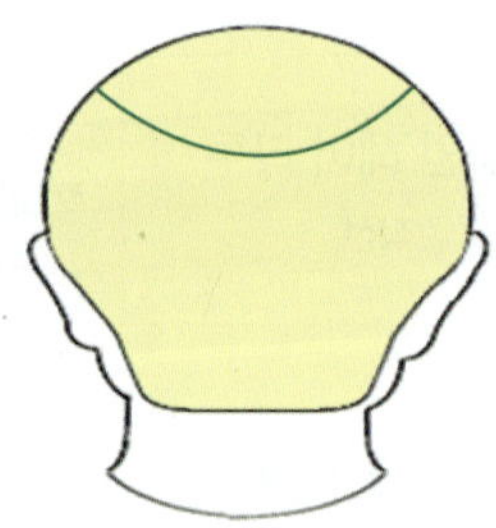

섹션

블로킹Blocking	U 라인U-Line
커트Cut	클리퍼 오버 콤Clipper Over Comb, 프리 핸드 테크닉Free Hand Technic

2. 직선 시술하기

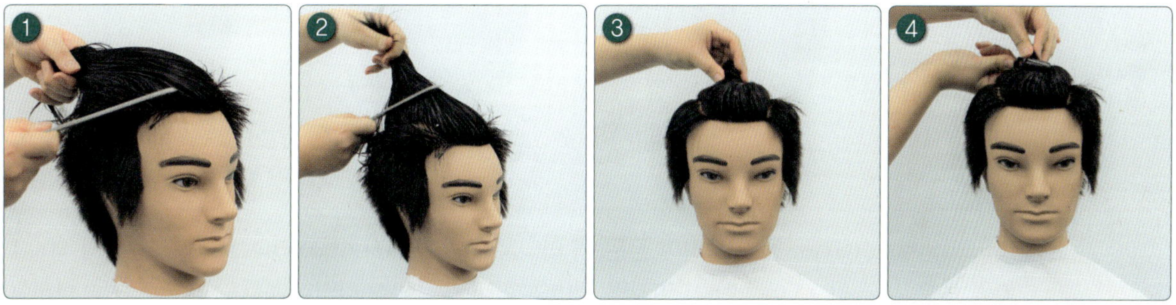

①~④ • 양쪽 프론트 사이드 포인트F.S.P : Front Side Point에서 골든 포인트G.P : Golden Point를 기점으로 U 라인U-Line의 섹션Section을 나눈다.

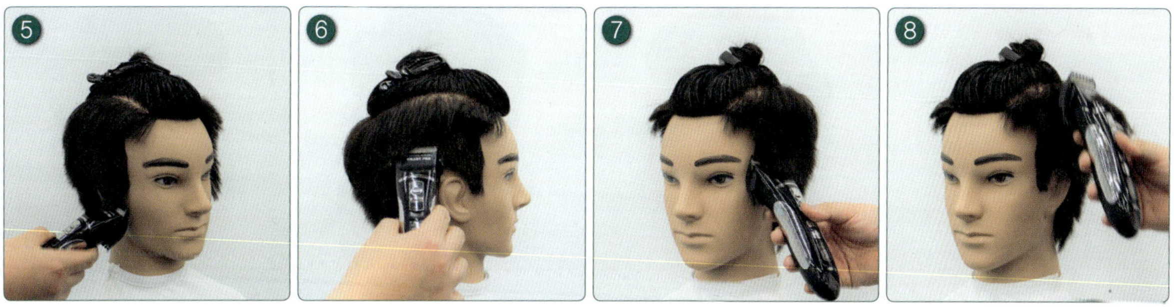

⑤~⑧ • 프리 핸드 기법Free Hand Technic으로 클리퍼Clipper와 6mm 클리퍼 가드Clipper Guard를 이용하여 양쪽 사이드Side에 그라데이션 커트Gradation Cut를 진행한다.

* 커트Cut된 단면이 일자로 평면이 되도록 하며 두상의 각도에 맞춰 굴려서 커트하지 않도록 주의한다.

⑨~⑫ • 양쪽 사이드Side에 상단부와 하단부가 단면이 일자인 평면 형태로 그라데이션Gradation이 되도록 확인한다.

⑬~⑯ • 클리퍼와 커트 빗Cut Comb을 이용하여 골든 백 미디움 포인트G.B.M.P : Golden Back Medium Point까지 백Back 부분을 높은 시술 각 75°에 단면이 일자인 평면의 형태로 컨벡스 라인Conbex Line의 무게선을 형성한다.

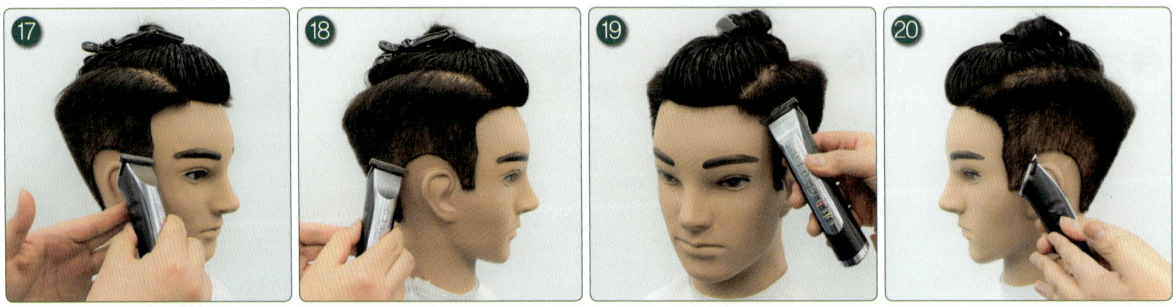

⑰~⑳ • 트리머 클리퍼Trimmer Clipper를 이용하여 헤어 라인Hair Line을 정리한다.

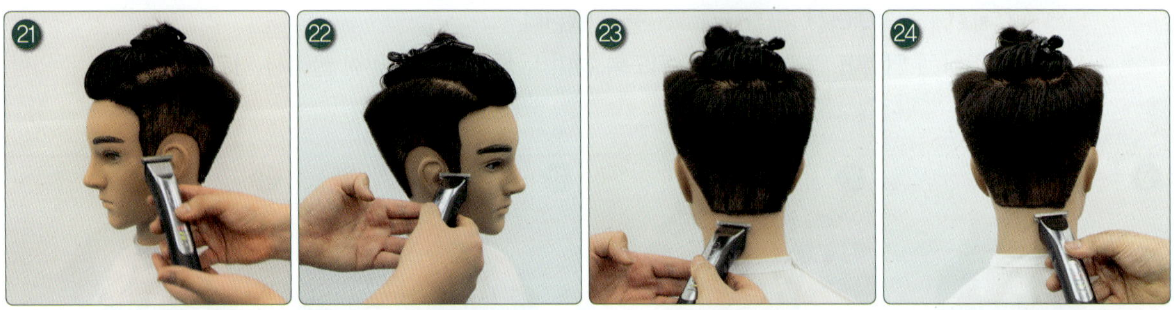

㉑~㉔ • 트리머 클리퍼를 이용하여 헤어 라인을 정리한다.

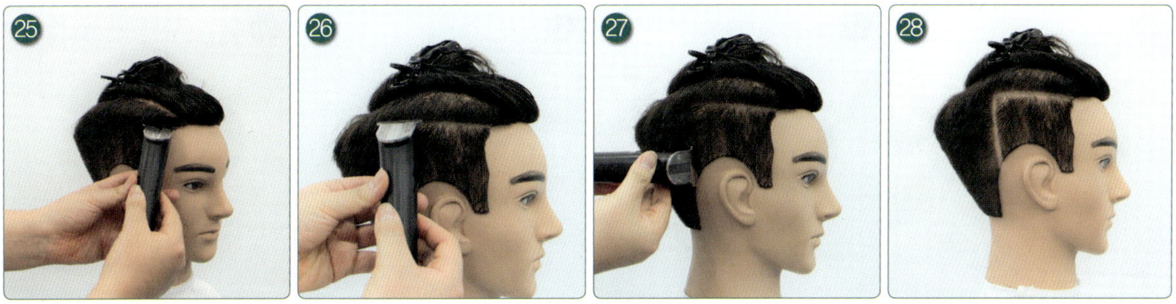

㉕~㉘ • 우측 사이드Side의 부분을 트리머 클리퍼를 이용하여 프론트 사이드 포인트에서 이어 백 포인트E.B.P : Ear Back Point까지 일직선으로 호리존탈 라인Horizontal Line과 버티컬 라인Vaertical Line의 모양으로 스케치Sketch를 진행한다.

※ 트리머 클리퍼의 날을 일자로 눕혀서 이용하면 직선을 그리는데 용이하다.

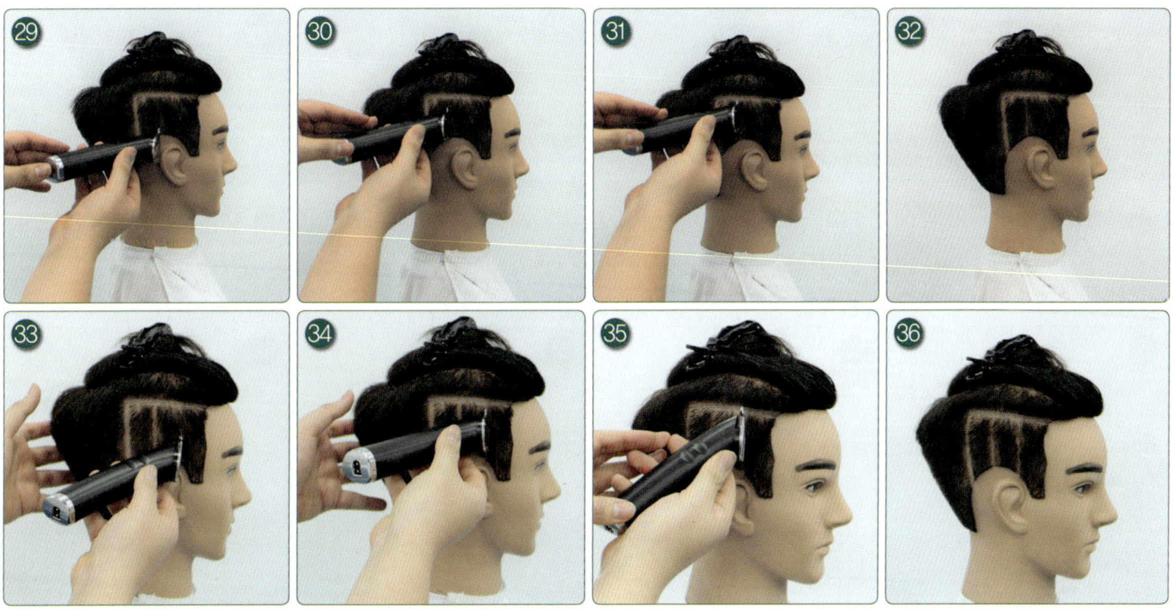

㉙~㊱ • 전과 동일한 방법으로 호리존탈 라인으로 그려놓은 직선의 1/3과 2/3 지점에 두상의 앞쪽으로 전진하며 버티컬 라인의 모양으로 스케치를 진행한다.

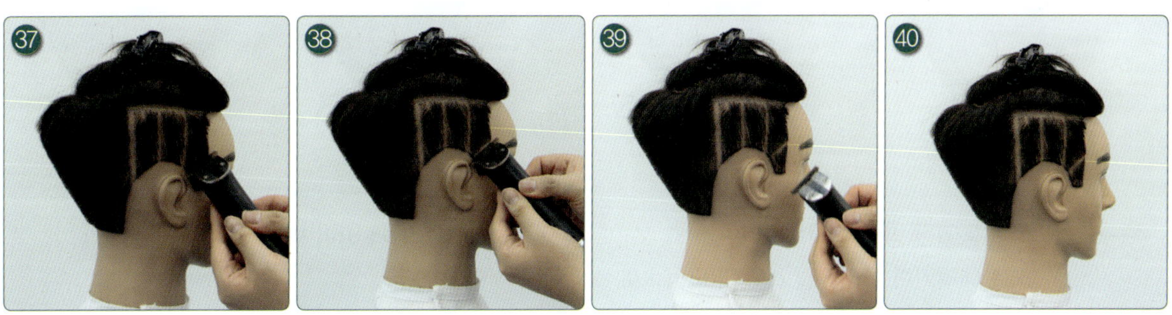

㊲~㊵ • 사이드 포인트S.P : Side Point에서 이어 포인트E.P : Ear Point까지 다이애거널 백 라인Diagonal Back Line의 모양으로 스케치를 진행한다.

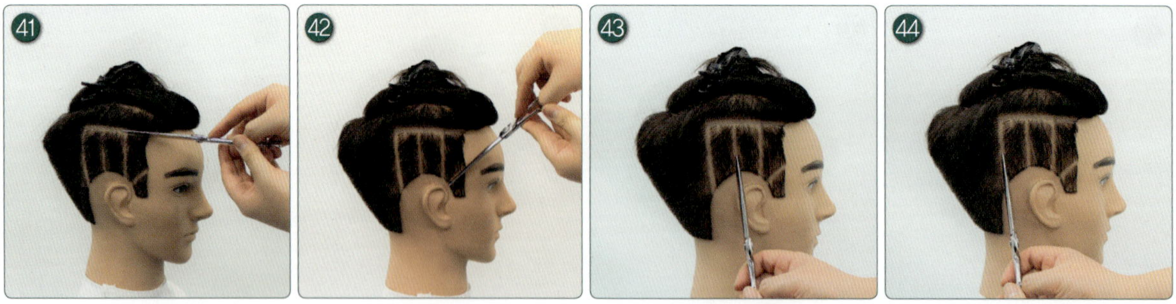

㊶~㊹ • 장가위로 우측 사이드에 스케치된 모양을 따라 커트Cut를 진행한다.

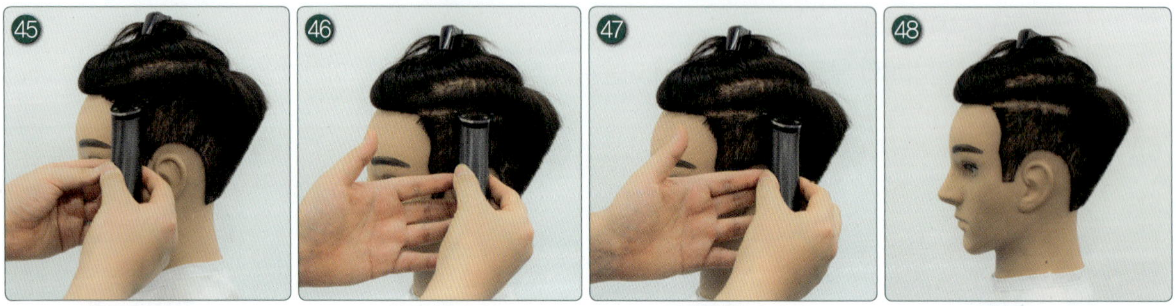

㊺~㊽ • 좌측 사이드에 트리머 클리퍼를 이용하여 프론트 사이드 포인트에서 이어 백 포인트까지 일직선으로 호리존탈 라인의 모양으로 스케치를 진행한다.

㊾~56 • 전과 동일한 방법을 이용하여 사이드 포인트와 아래 1/2 지점에서 이어 백 포인트까지 두상의 아래쪽으로 내려가며 호리존탈 라인의 모양으로 스케치를 진행한다.

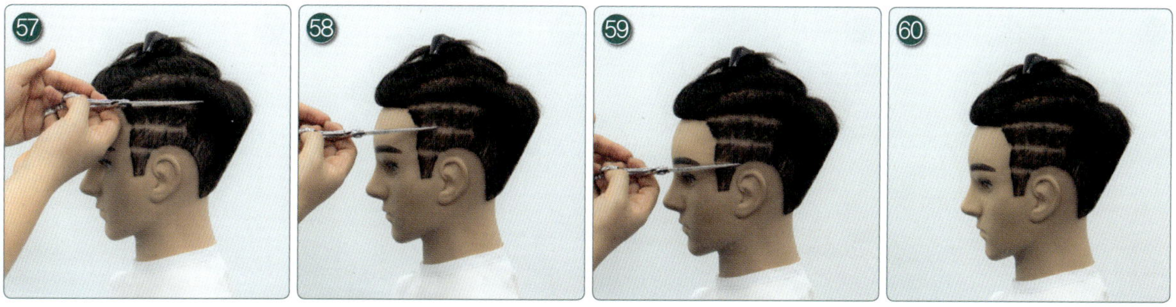

⑰~⑳ • 장가위로 좌측 사이드에 스케치된 모양을 따라 커트를 진행한다.

㉑~㉘ • 좌측 사이드의 이어 백 포인트에 그려 놓은 직선에 맞춰 좌측 백 사이드Back Side 부분에서 우측 백 사이드의 부분까지 다이애거널 백 라인의 모양으로 스케치를 진행한다.

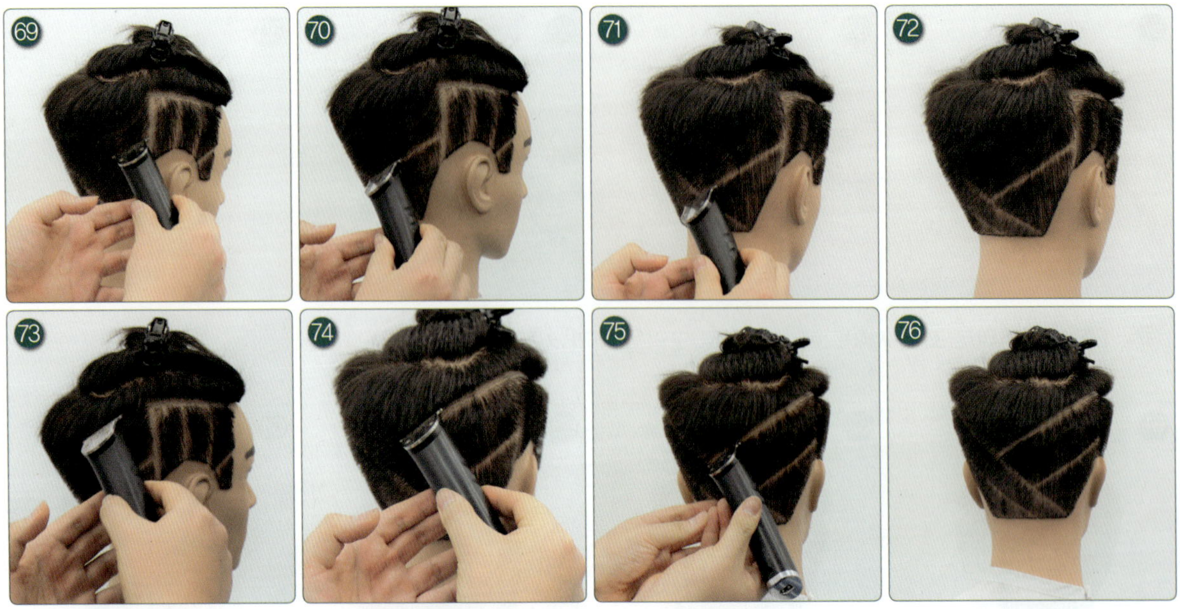

⑥⑨~⑦⑥ • 우측 사이드의 이어 백 포인트에 그려놓은 직선의 1/3지점에서 좌측 백 사이드에 그려놓은 직선의 1/3과 2/3 지점까지 다이애거널 백 라인의 모양으로 스케치를 진행한다.

⑦⑦~⑧⓪ • 장가위로 백Back 부분에 스케치된 모양을 따라 커트를 진행한다.

3. 직선 마무리하기

앞 Front

뒤 Back

우 Right Side

좌 Left Side

[헤어 타투 직선 스타일링 Styling]

앞 Front

뒤 Back

우 Right Side

좌 Left Side

[교수 학습방법]

교수 방법
① 다양한 헤어 타투 디자인을 시각적 자료로 활용하여 학습자의 흥미를 유도한다.
② 디자인 헤어 타투에 대한 전반적인 개념을 설명하고 피부에 색소를 착색시키는 문신과는 다른 점을 전달한다.
③ 헤어 타투와 관련된 다양한 이미지를 검색하여 수업 자료로 활용한다.
④ 헤어 타투의 디자인을 구상할 수 있도록 다양한 자료를 제공하고 학습자가 적합한 분류 방법에 맞게 자료를 정리할 수 있도록 돕는다.
⑤ 헤어 타투 디자인을 구상하는 방법을 설명하고 작업 과정에서의 중요점 및 유의점을 학습자에게 전달한다.
⑥ 헤어 타투 디자인에 필요한 커트 도구의 사용 방법과 특징을 설명한다.
⑦ 디자인 헤어 타투에 활용되는 다양한 커트 도구의 사용 방법을 시연한다.
⑧ 커트 도구의 부적절한 사용으로 일어나는 안전사고에 대하여 주의를 준다.
⑨ 헤어 타투 디자인의 도구 사용 및 작업 과정의 숙련도를 향상시키기 위하여 반복 학습 및 훈련의 중요성을 설명한다.
⑩ 디자인에 따른 적합한 모발의 길이 선정을 위하여 3mm, 6mm, 9mm, 12mm 등 클리퍼의 활용 방법을 시연한다.
⑪ 디자인 헤어 타투를 연출하는 과정에서 학습자의 실습 과정을 관찰하고 피드백을 제공한다.

학습 방법
① 다양한 헤어 타투 디자인을 교수자가 제공한 시각적 자료를 통하여 살펴본다. ② 제공된 학습 자료를 바탕으로 디자인 헤어 타투에 대한 개념을 이해하고 피부에 색소를 착색시키는 문신과는 다른 점을 인지하고 노트 정리를 한다. ③ 헤어 타투와 관련된 다양한 이미지를 인터넷으로 검색하고 스크랩한다. ④ 교수자가 제공한 다양한 자료 및 학습자가 스크랩한 자료를 바탕으로 헤어 타투 디자인을 특징 별로 분류하여 자료를 정리한다. ⑤ 헤어 타투 디자인을 구상하고 작업 과정에서 궁금한 점은 교수자에게 질문한다. ⑥ 헤어 타투 디자인 과정에서 필요한 커트 도구와 사용 방법을 인지하고, 각 도구의 특징을 정리한다. ⑦ 헤어 타투 커트 도구의 정확한 사용 방법을 알고, 스스로 올바르게 작동하고 있는지 점검한다. ⑧ 커트 도구의 부적절한 사용으로 일어날 수 있는 안전사고에 대하여 지속적인 주의를 기울인다. ⑨ 헤어 타투 디자인을 위한 다양한 도구의 숙련도를 높이기 위하여 반복적으로 실습한다. ⑩ 디자인에 따른 적합한 모발의 길이 선정을 위하여 3mm, 6mm, 9mm, 12mm 등 클리퍼의 활용 방법을 실습한다. ⑪ 디자인 헤어 타투를 연출하는 과정에 대한 교수자의 피드백을 경청하고 실습 과정에 적용할 수 있도록 노력한다.

실습과정 사진	
사진	설명

실습결과 사진	
앞 Front	뒤 Back
좌측 Left Side	우측 Right Side

2. 곡선

※ 클리퍼를 이용하여 곡선을 확용하여 시술하는 디자인 헤어 타투 시술이다.

학습내용 단원명	수업 목표
디자인 헤어 타투 곡선	• 모발 길이에 따라 헤어 타투 디자인을 할 수 있다. • 클리퍼를 이용하여 헤어 타투 디자인을 연출할 수 있다. • 가위를 이용하여 헤어 타투 디자인을 연출할 수 있다.

1. 곡선 준비하기

(1) 재료

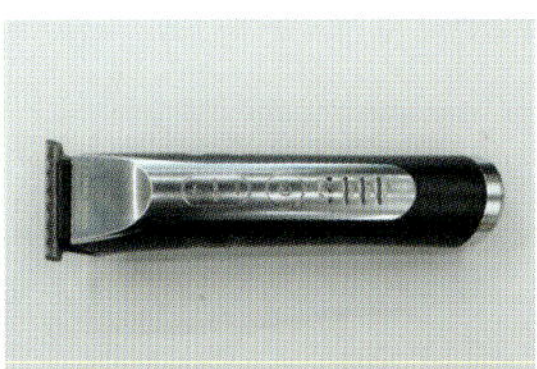

① 트리머 클리퍼

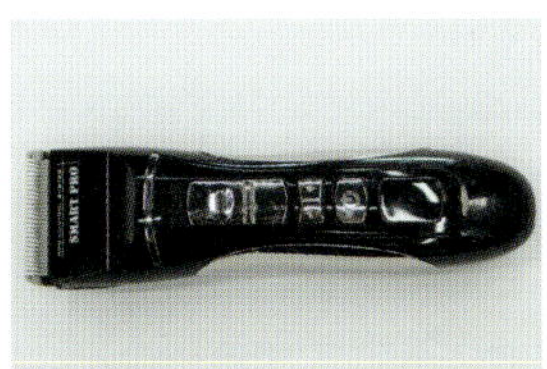

② 클리퍼

③ 클리퍼 가드

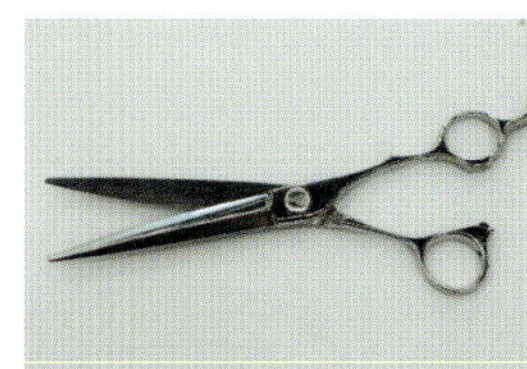

④ 장가위

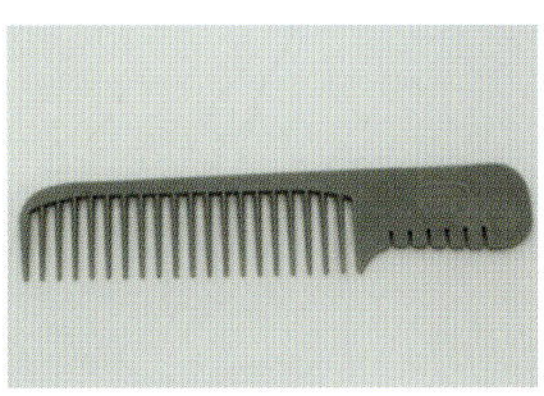

⑤ 클리퍼 빗

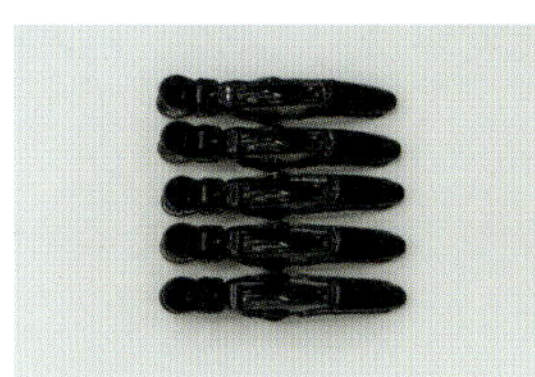

⑥ 핀셋

⑦ 고무줄

(2) 도해도 및 시술방법

시술 전

시술 후

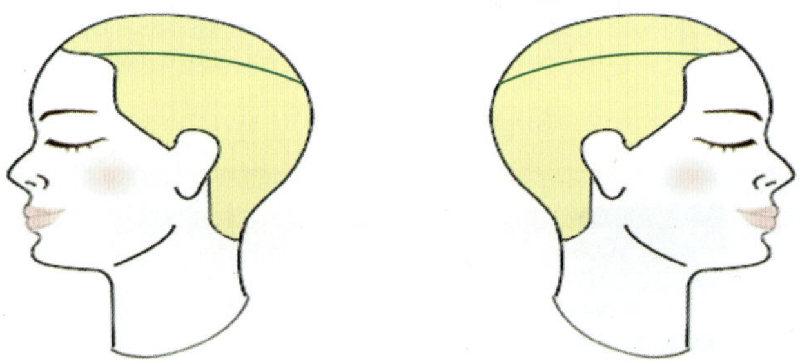

블로킹

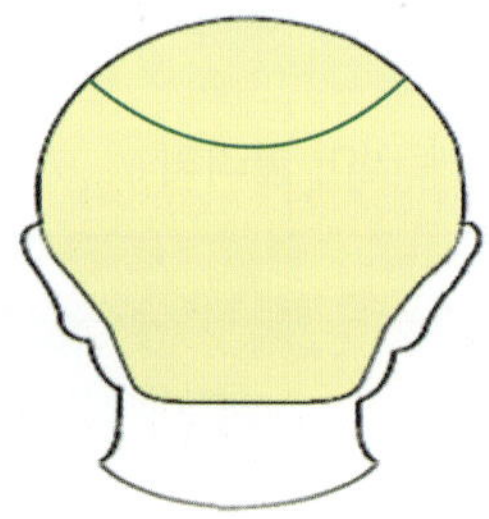

섹션

블로킹 Blocking	U 라인 U-Line
커트 Cut	클리퍼 오버 콤 Clipper Over Comb, 프리 핸드 테크닉 Free Hand Technic

2. 곡선 시술하기

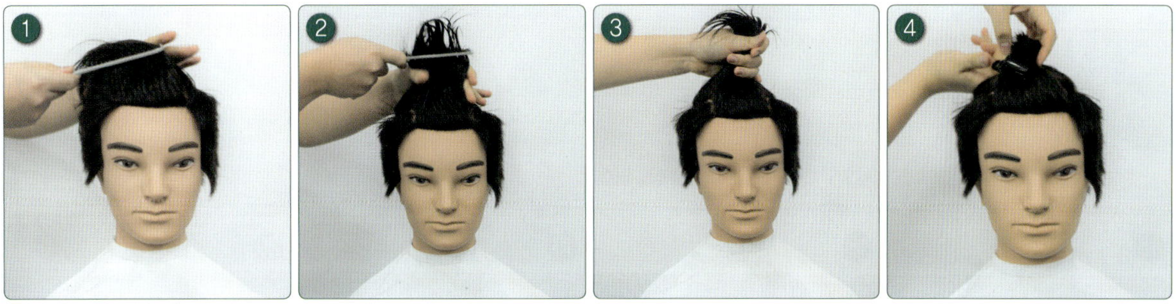

①~④ • 양쪽 프론트 사이드 포인트F.S.P : Front Side Point에서 골든 포인트G.P : Golden Point를 기점으로 U 라인U-Line의 섹션Section을 나눈다.

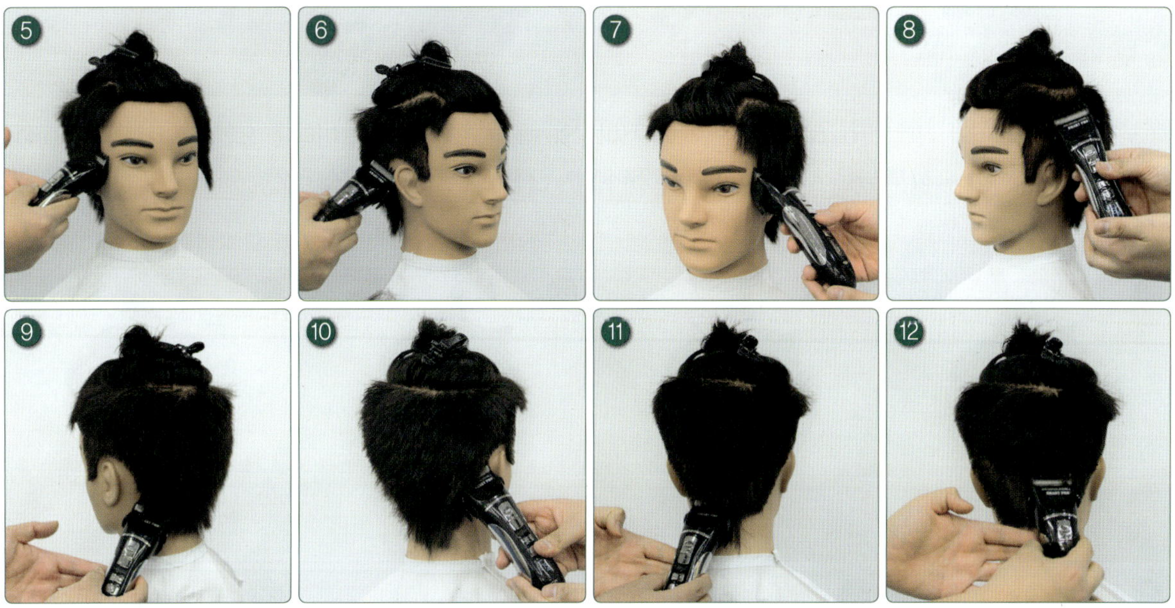

⑤~⑫ • 프리 핸드 기법Free Hand Technic으로 클리퍼Clipper와 6mm 클리퍼 가드Clipper Guard를 이용하여 사이드Side와 백Back 부분의 그라데이션 커트Gradation Cut를 진행한다.

※ 커트Cut된 단면이 일자로 평면이 되도록 하며 두상의 각도에 맞춰 굴려서 커트하지 않도록 주의한다.

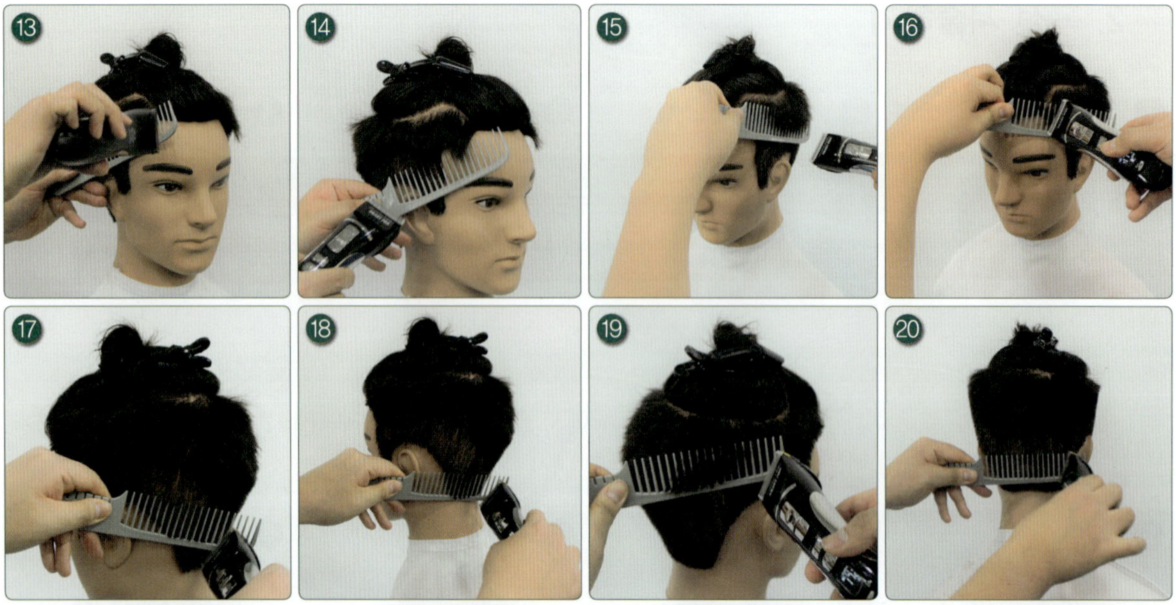

⑬~⑳ • 클리퍼와 커트 빗Cut Comb을 이용하여 사이드와 백 부분의 골든 백 미디움 포인트G.B.M.P : Golden Back Medium Point까지 높은 시술 각 75°에 단면이 일자인 평면 형태로 컨벡스 라인Conbex Line의 무게선을 형성한다.

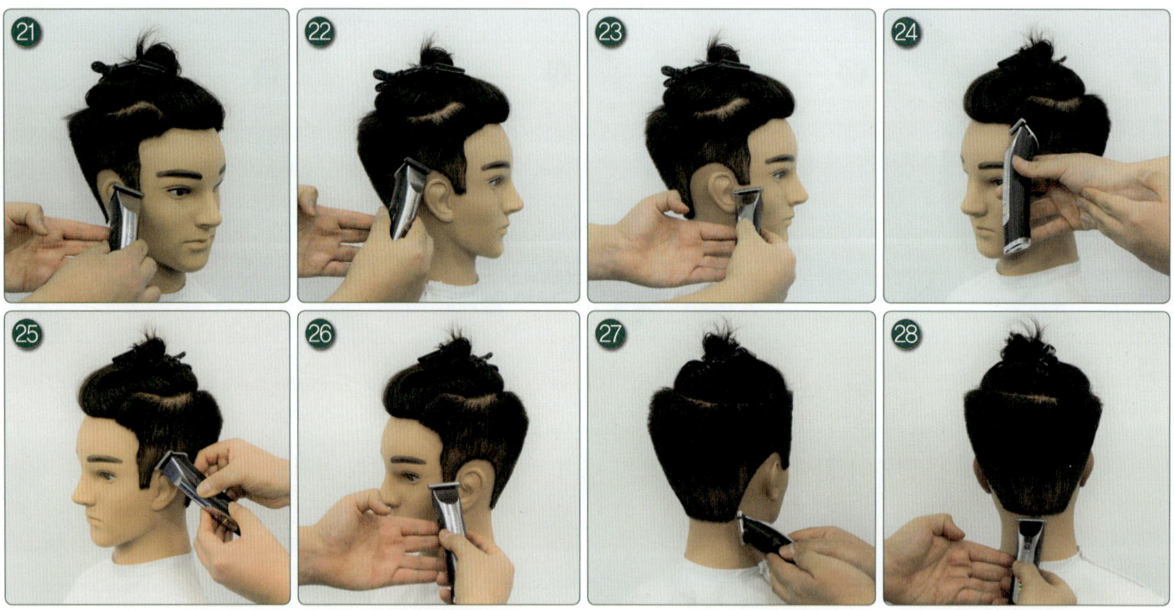

㉑~㉘ • 트리머 클리퍼Trimmer Clipper를 이용하여 헤어 라인Hair Line을 정리한다.

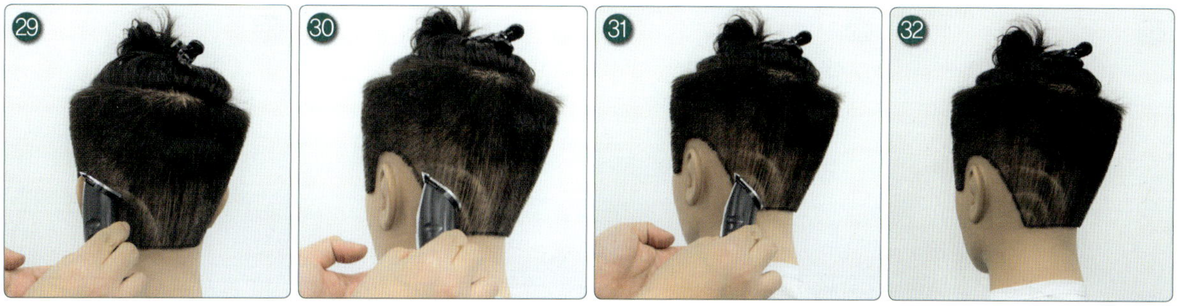

㉙~㉜ • 네이프 포인트N.P : Nape Point에서 좌측 이어 백 포인트E.B.P : Ear Back Point까지 곡선의 모양으로 스케치Sketch를 진행한 후 아랫 방향으로 평행하게 동일한 모양으로 스케치를 진행한다.

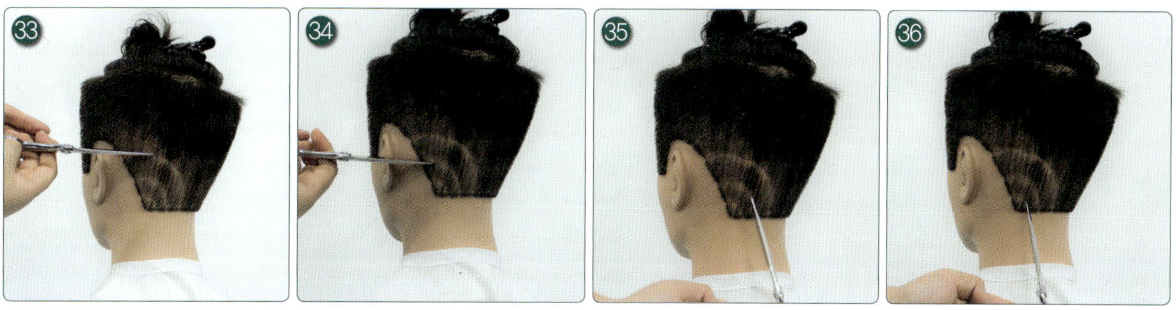

㉝~㊱ • 장가위로 스케치된 모양을 따라 커트를 진행한다.

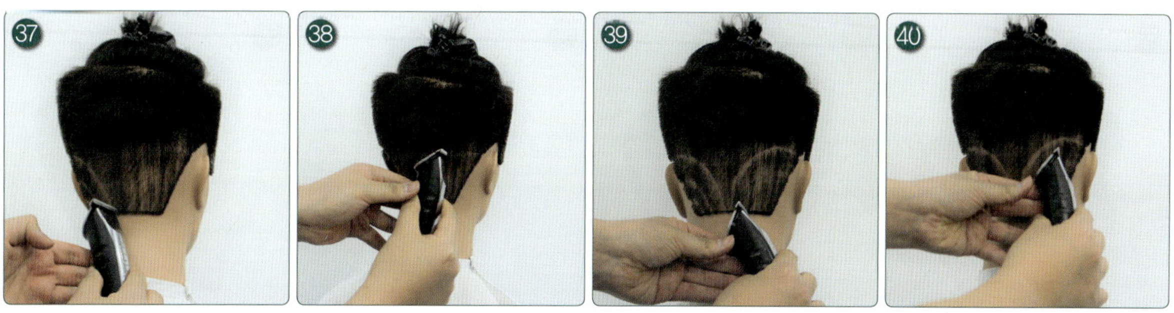

㊲~㊵ • 전과 동일한 방법으로 우측 백 사이드Back Side 부분에 반대 모양으로 스케치를 진행한다.

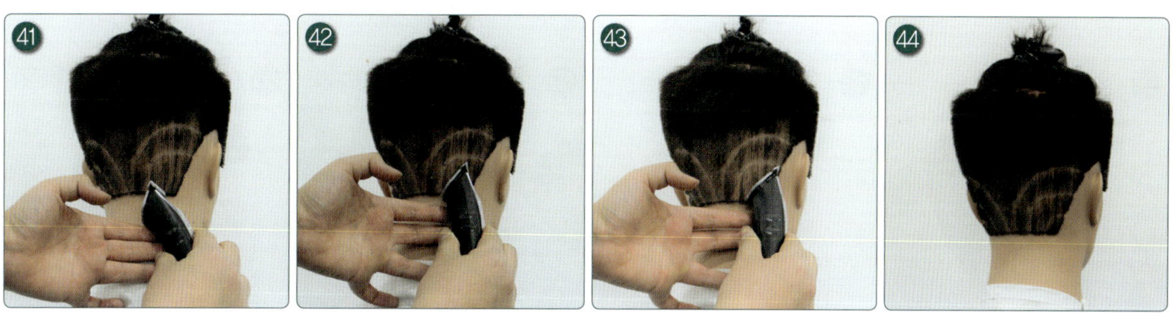

㊶~㊹ • 전과 동일한 방법으로 우측 백 사이드 부분에 반대 모양으로 스케치를 진행한다.

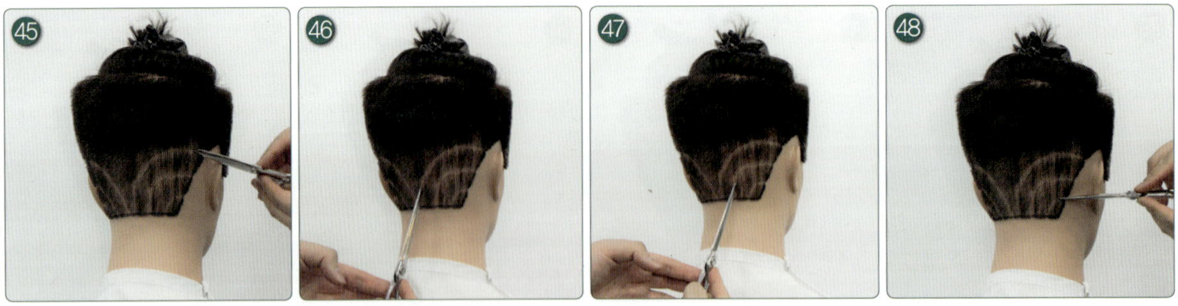

㊺~㊽ • 장가위로 스케치된 모양을 따라 커트를 진행한다.

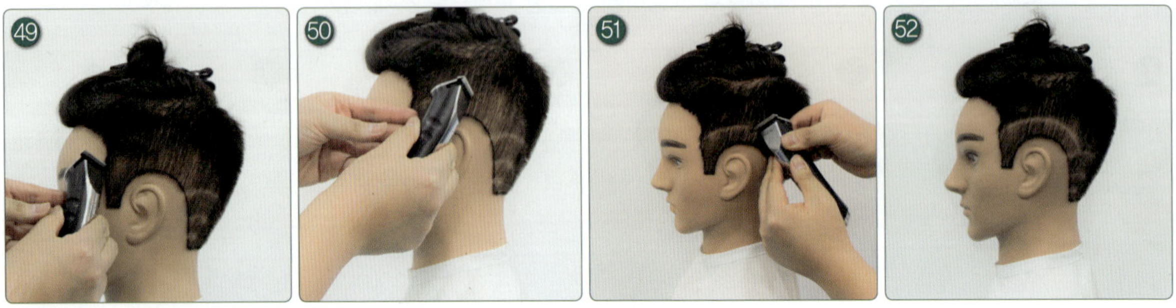

㊾~52 • 좌측 사이드 포인트 S.P : Side Point 에서 좌측 백 사이드에 그려놓은 곡선 1/5 지점까지 곡선 모양으로 스케치를 진행한다.

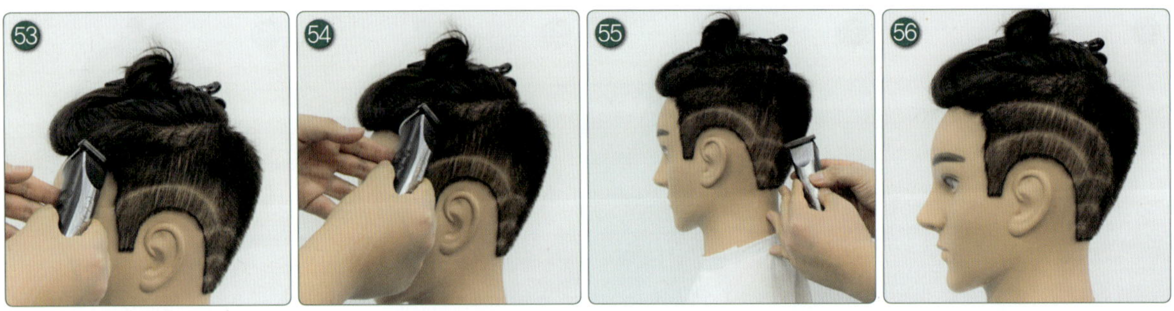

53~56 • 좌측 프론트 사이드 포인트에서 백 사이드에 그려놓은 곡선 1/3 지점까지 곡선 모양으로 스케치를 진행한다.

57~60 • 장가위로 스케치된 모양을 따라 커트를 진행한다.

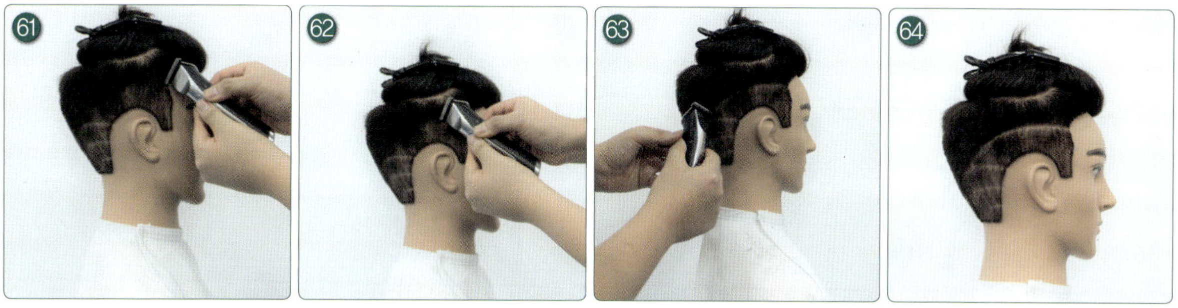

⑥1~⑥4 • 우측 프론트 사이드 포인트에서 우측 백 사이드에 그려놓은 곡선의 1/3 지점까지 곡선 모양으로 스케치를 진행한다.

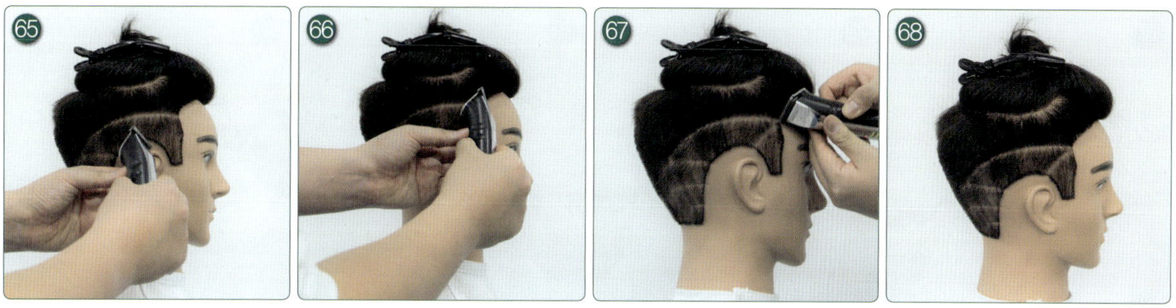

⑥5~⑥8 • 우측 이어 포인트에서 프론트 사이드 포인트까지 곡선 모양으로 스케치를 진행한다.

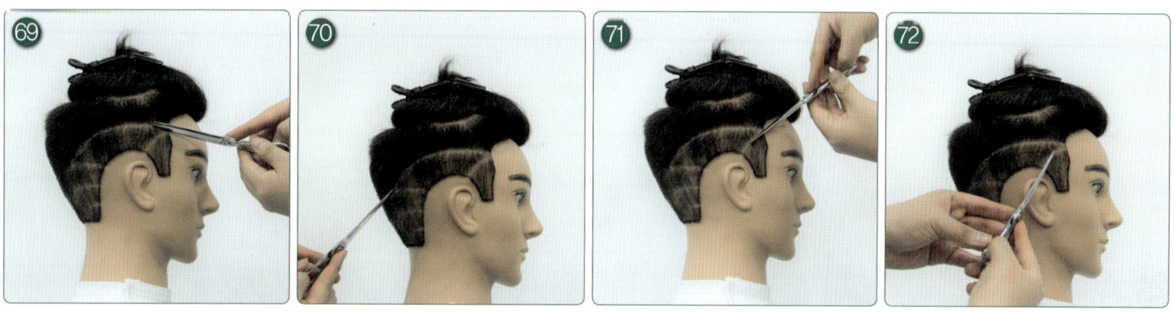

⑥9~⑦2 • 장가위로 스케치된 모양을 따라 커트를 진행한다.

⑬~⑯ • 백 포인트 B.P : Back Point 를 기점으로 양쪽 백 사이드에 그려놓은 곡선의 1/3 지점까지 곡선의 모양으로 스케치를 진행한다.

⑰~⑳ • 장가위로 스케치된 모양을 따라 커트를 진행한다.

3. 곡선 마무리하기

앞 Front

뒤 Back

우 Right Side

좌 Left Side

[헤어 타투 곡선 스타일링 Styling]

앞 Front

뒤 Back

우 Right Side

좌 Left Side

[교수 학습방법]

교수 방법
① 다양한 헤어 타투 디자인을 시각적 자료로 활용하여 학습자의 흥미를 유도한다.
② 디자인 헤어 타투에 대한 전반적인 개념을 설명하고 피부에 색소를 착색시키는 문신과는 다른 점을 전달한다.
③ 헤어 타투와 관련된 다양한 이미지를 검색하여 수업 자료로 활용한다.
④ 헤어 타투의 디자인을 구상할 수 있도록 다양한 자료를 제공하고 학습자가 적합한 분류 방법에 맞게 자료를 정리할 수 있도록 돕는다.
⑤ 헤어 타투 디자인을 구상하는 방법을 설명하고 작업 과정에서의 중요점 및 유의점을 학습자에게 전달한다.
⑥ 헤어 타투 디자인에 필요한 커트 도구의 사용 방법과 특징을 설명한다.
⑦ 디자인 헤어 타투에 활용되는 다양한 커트 도구의 사용 방법을 시연한다.
⑧ 커트 도구의 부적절한 사용으로 일어나는 안전사고에 대하여 주의를 준다.
⑨ 헤어 타투 디자인의 도구 사용 및 작업 과정의 숙련도를 향상시키기 위하여 반복 학습 및 훈련의 중요성을 설명한다.
⑩ 디자인에 따른 적합한 모발의 길이 선정을 위하여 3mm, 6mm, 9mm, 12mm 등 클리퍼의 활용 방법을 시연한다.
⑪ 디자인 헤어 타투를 연출하는 과정에서 학습자의 실습 과정을 관찰하고 피드백을 제공한다.

학습 방법
① 다양한 헤어 타투 디자인을 교수자가 제공한 시각적 자료를 통하여 살펴본다. ② 제공된 학습 자료를 바탕으로 디자인 헤어 타투에 대한 개념을 이해하고 피부에 색소를 착색시키는 문신과는 다른 점을 인지하고 노트 정리를 한다. ③ 헤어 타투와 관련된 다양한 이미지를 인터넷으로 검색하고 스크랩한다. ④ 교수자가 제공한 다양한 자료 및 학습자가 스크랩한 자료를 바탕으로 헤어 타투 디자인을 특징 별로 분류하여 자료를 정리한다. ⑤ 헤어 타투 디자인을 구상하고 작업 과정에서 궁금한 점은 교수자에게 질문한다. ⑥ 헤어 타투 디자인 과정에서 필요한 커트 도구와 사용 방법을 인지하고, 각 도구의 특징을 정리한다. ⑦ 헤어 타투 커트 도구의 정확한 사용 방법을 알고, 스스로 올바르게 작동하고 있는지 점검한다. ⑧ 커트 도구의 부적절한 사용으로 일어날 수 있는 안전사고에 대하여 지속적인 주의를 기울인다. ⑨ 헤어 타투 디자인을 위한 다양한 도구의 숙련도를 높이기 위하여 반복적으로 실습한다. ⑩ 디자인에 따른 적합한 모발의 길이 선정을 위하여 3mm, 6mm, 9mm, 12mm 등 클리퍼의 활용 방법을 실습한다. ⑪ 디자인 헤어 타투를 연출하는 과정에 대한 교수자의 피드백을 경청하고 실습 과정에 적용할 수 있도록 노력한다.

실습과정 사진	
사진	설명

<table>
<tr><th colspan="2">실습결과 사진</th></tr>
<tr><td></td><td></td></tr>
<tr><td>앞 Front</td><td>뒤 Back</td></tr>
<tr><td></td><td></td></tr>
<tr><td>좌측 Left Side</td><td>우측 Right Side</td></tr>
</table>

3. 양각

클리퍼를 이용하여 양각을 표현하여 시술하는 디자인 헤어 타투 시술이다.

학습내용 단원명	수업 목표
디자인 헤어 타투 양각	• 모발 길이에 따라 헤어 타투 디자인을 할 수 있다. • 클리퍼를 이용하여 헤어 타투 디자인을 연출할 수 있다. • 가위를 이용하여 헤어 타투 디자인을 연출할 수 있다.

1. 양각 준비하기

(1) 재료

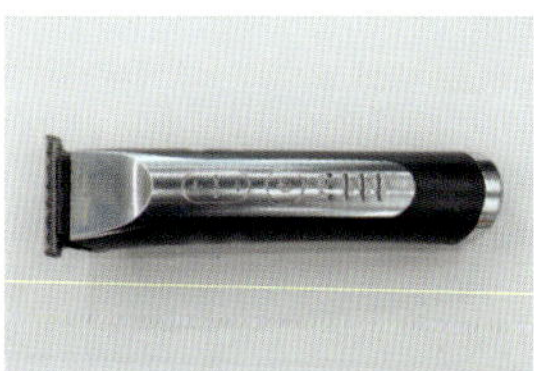

① 트리머 클리퍼

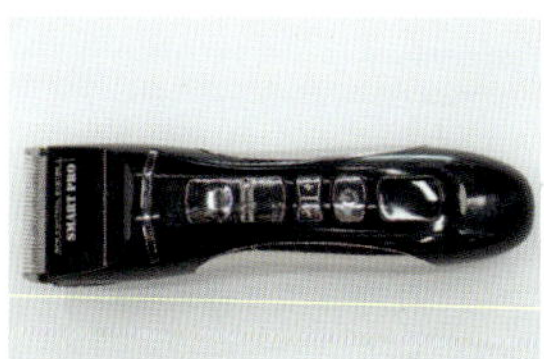

② 클리퍼

③ 클리퍼 가드

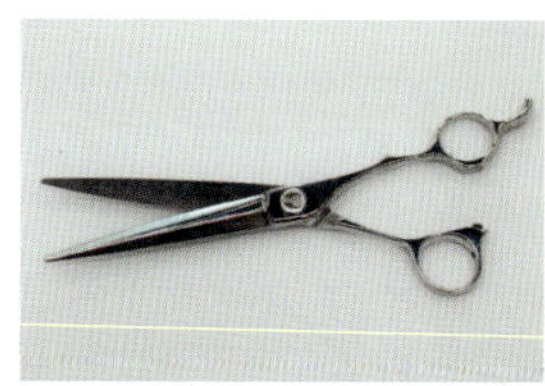

④ 장가위

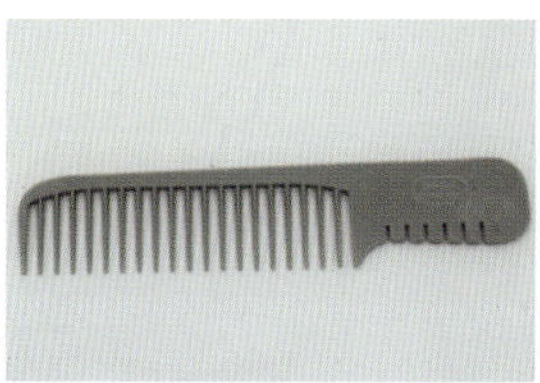

⑤ 클리퍼 빗

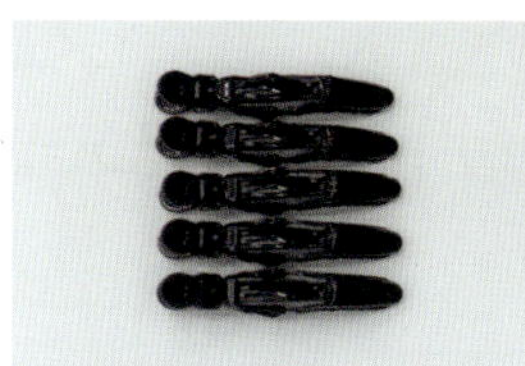

⑥ 핀셋

⑦ 고무줄

(2) 도해도 및 시술방법

시술 전

시술 후

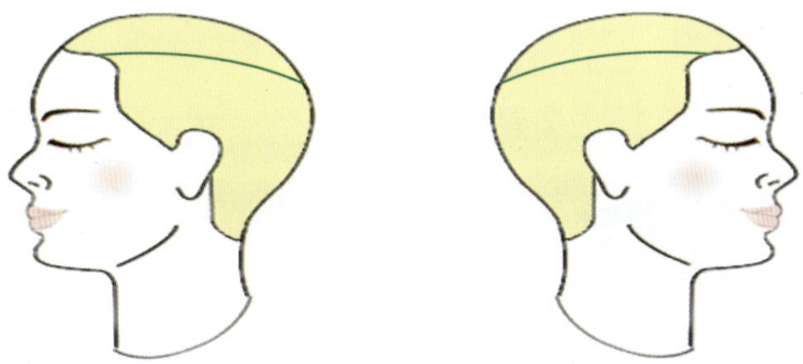

블로킹

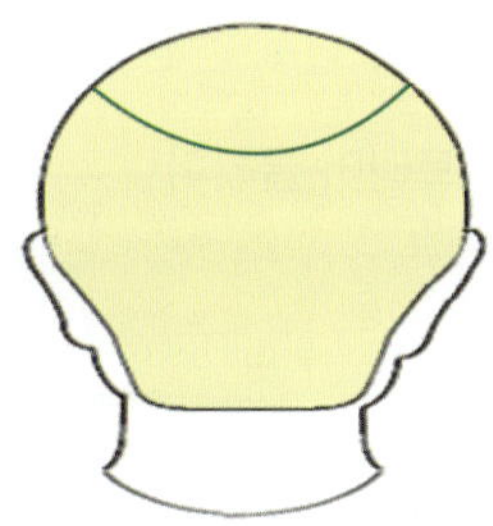

섹션

블로킹 Blocking	U 라인 U-Line
커트 Cut	클리퍼 오버 콤 Clipper Over Comb , 프리 핸드 테크닉 Free Hand Technic

2. 양각 시술하기

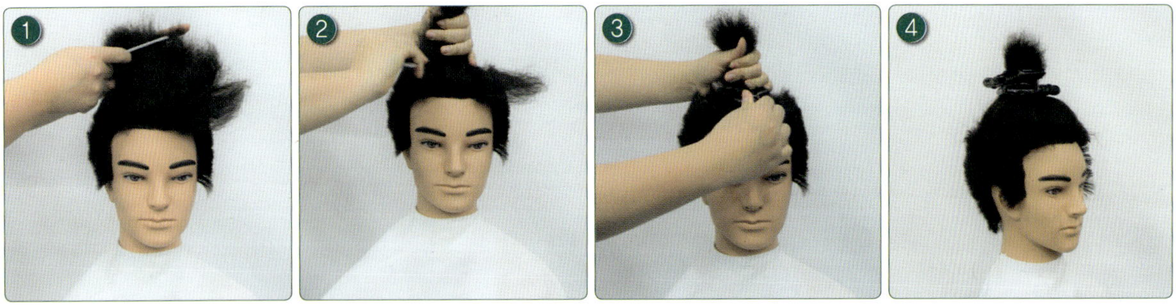

①~④ • 양쪽 프론트 사이드 포인트F.S.P : Front Side Point에서 골든 포인트G.P : Golden Point를 기점으로 U 라인U-Line의 섹션Section을 나눈다.

⑤~⑧ • 프리 핸드 기법Free Hand Technic으로 클리퍼Clipper와 6mm 클리퍼 가드Clipper Guard를 이용하여 양쪽 사이드Side에 두상의 곡면을 따라 레이어 커트Layer Cut를 진행한다.

※ 커트Cut된 단면이 두상의 곡면에 맞게 두상의 각도에 맞춰 굴려서 커트를 진행한다.

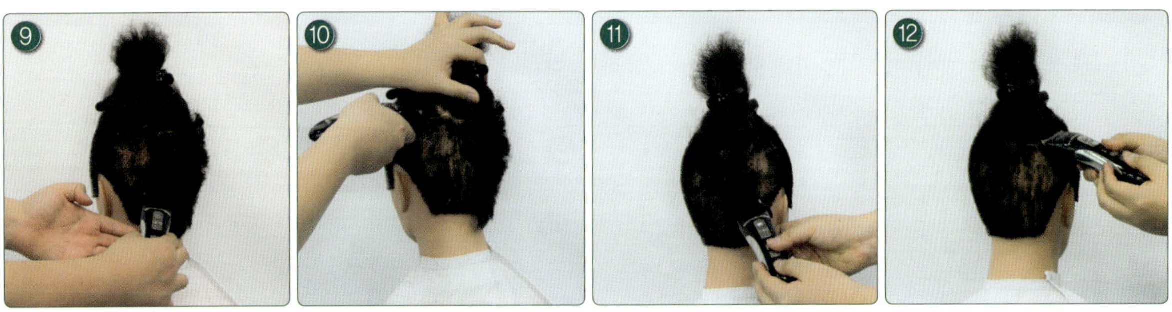

⑨~⑫ • 백Back 부분도 전과 동일하게 두상의 곡면을 따라 레이어 커트를 진행한다.

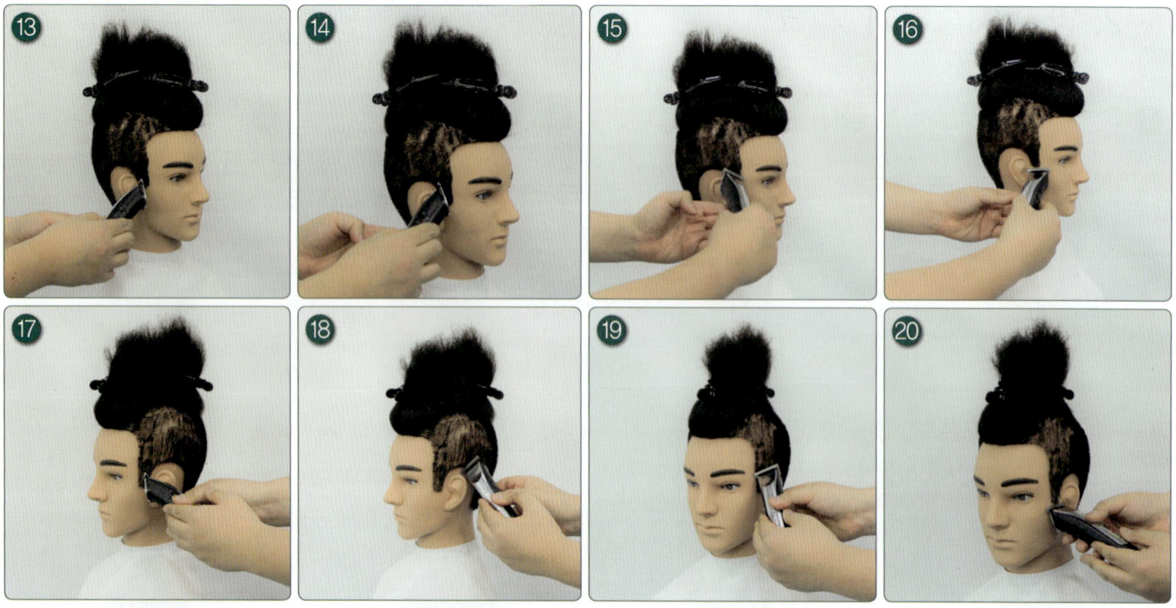

⑬~⑳ • 트리머 클리퍼Trimmer Clipper를 이용하여 양쪽 사이드의 헤어 라인Hair Line을 정리한다.

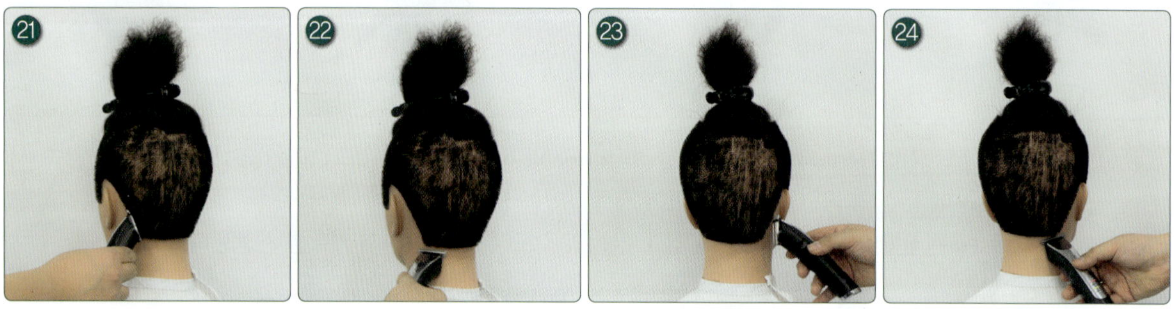

㉑~㉔ • 트리머 클리퍼를 이용하여 네이프Nape의 헤어 라인을 정리한다.

㉕~㉘ • 우측 프론트 사이드 포인트 부분에서 우측 센터 탑 미디움 포인트C.T.M.P : Center Top Medium Point 부분까지 양각의 모양을 후대각Diagonal Back의 형태로 스케치Sketch를 진행한다.

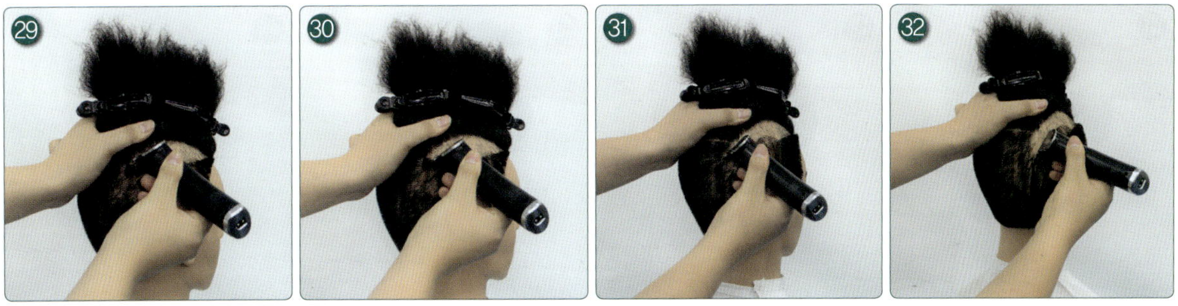

㉙~㉜ • 전과 동일한 방법으로 우측 센터 탑 미디움 포인트 부분에서 우측 탑 포인트T.P : Top Point 부분까지 양각의 모양을 전대각Diagonal Forward의 형태로 스케치를 진행한다.

㉝~㊱ • 탑 포인트 부분에서 우측 탑 골든 미디움 포인트T.G.M.P : Top Golden Medium Point 부분까지 양각의 모양을 전대각의 형태로 우측 탑 골든 미디움 포인트 부분에서 골든 포인트 부분까지 양각의 모양을 후대각의 형태로 스케치를 진행한다.

㊲~㊵ • 골든 포인트 부분에서 좌측 탑 골든 미디움 포인트 부분까지 양각의 모양을 전대각의 형태와 후대각의 형태로 스케치를 진행한다.

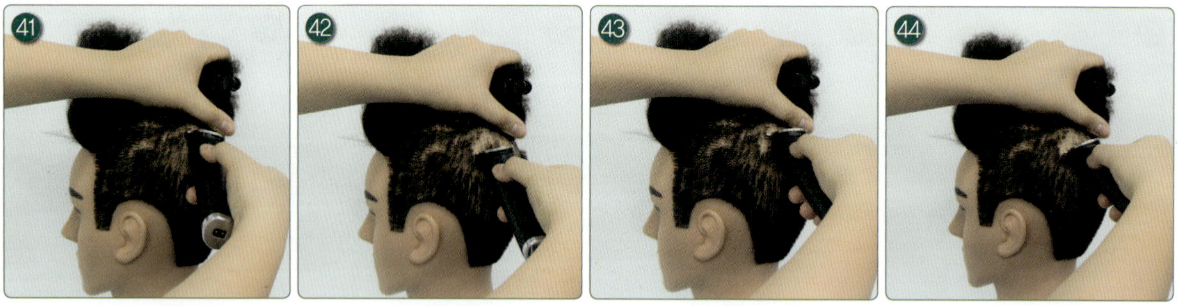

㊶~㊹ • 좌측 탑 골든 미디움 포인트 부분에 양각의 모양을 전대각의 형태로 스케치를 진행한다.

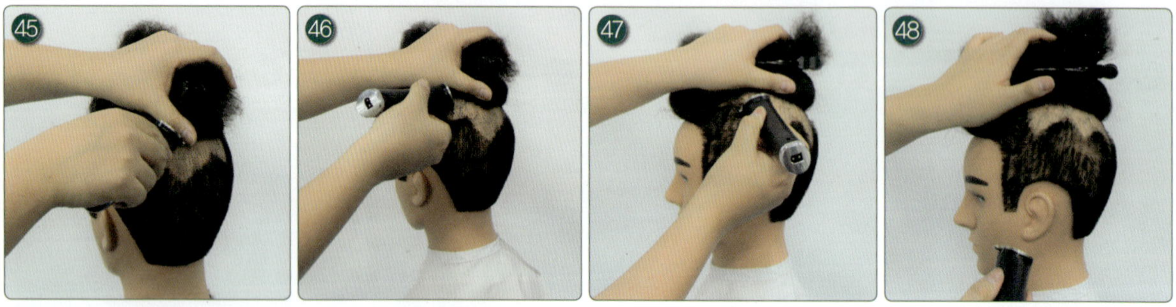

㊺~㊽ • 좌측 탑 골든 미디움 포인트 부분에서 좌측 탑 포인트 부분까지 양각의 모양을 후대각의 형태와 전대각의 형태로 스케치를 진행한다.

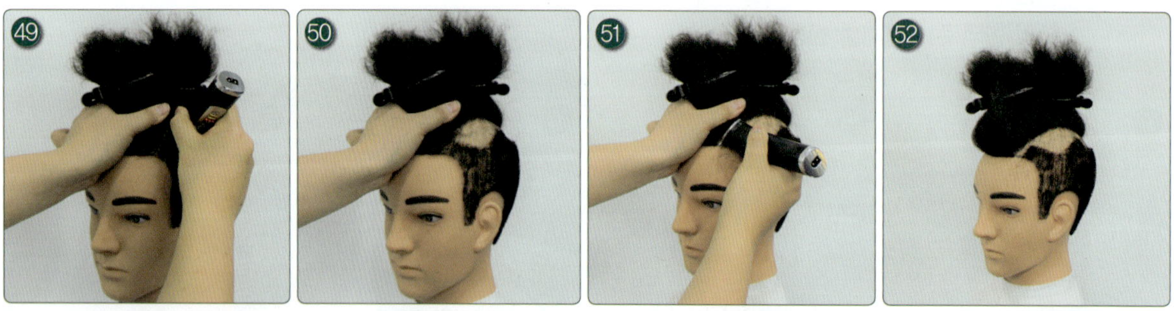

㊾~52 • 좌측 탑 포인트 부분에서 좌측 프론트 사이드 포인트 부분까지 양각의 모양을 후대각의 형태와 전대각의 형태로 스케치를 진행한다.

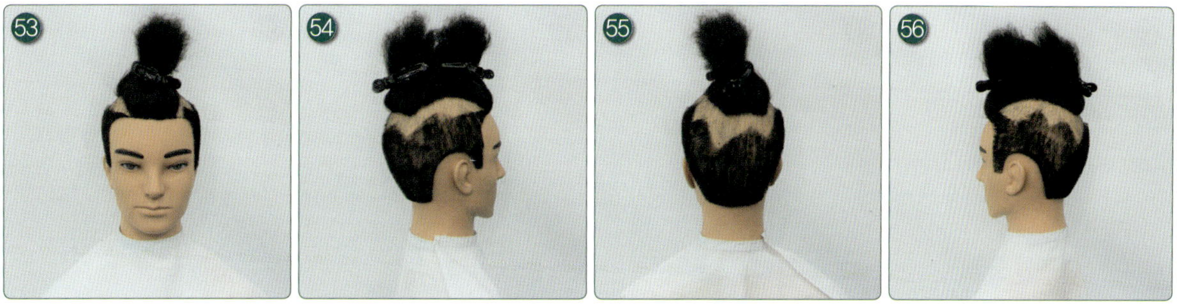

㊸~㊻ • 양각을 표현하기 위한 두상의 하단부에 오버 존Over Zone 형태를 체크Chek 한다.

㊼~㊿ • 우측 사이드 포인트S.P : Side Point에서 우측 이어 포인트E.P : Ear Point 부분까지 양각의 모양을 전대각의 형태로 스케치를 진행한다.

61~64 • 우측 이어 포인트 부분에서 우측 이어 백 포인트E.B.P : Ear Back Point 부분까지 양각의 모양을 후대각의 형태로 스케치를 진행한다.

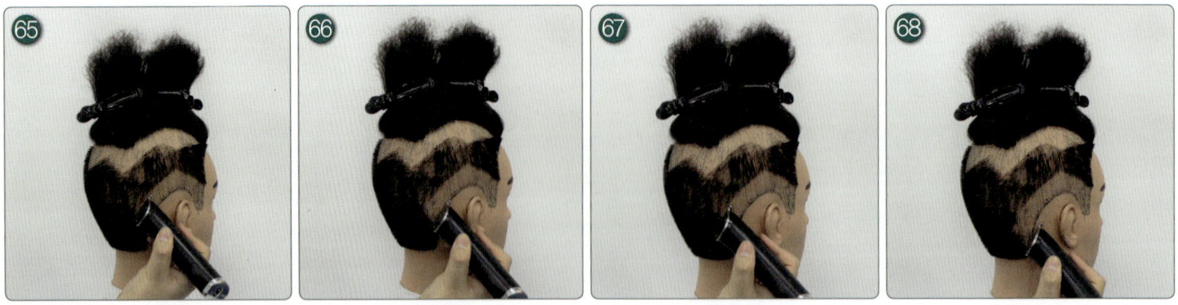

⑥⑤~⑥⑧ • 우측 이어 백 포인트 부분에서 우측 네이프 사이드 포인트N.S.P : Nape Side Point 부분까지 양각의 모양을 후대각의 형태로 스케치를 진행한다.

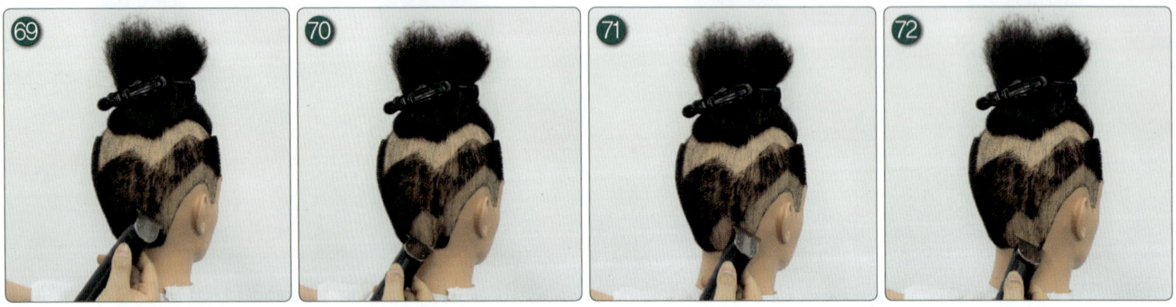

⑥⑨~⑦② • 우측 네이프 사이드 포인트 부분에서 네이프 포인트N.P : Nape Point 부분까지 양각의 모양을 전대각의 형태로 스케치를 진행 한다.

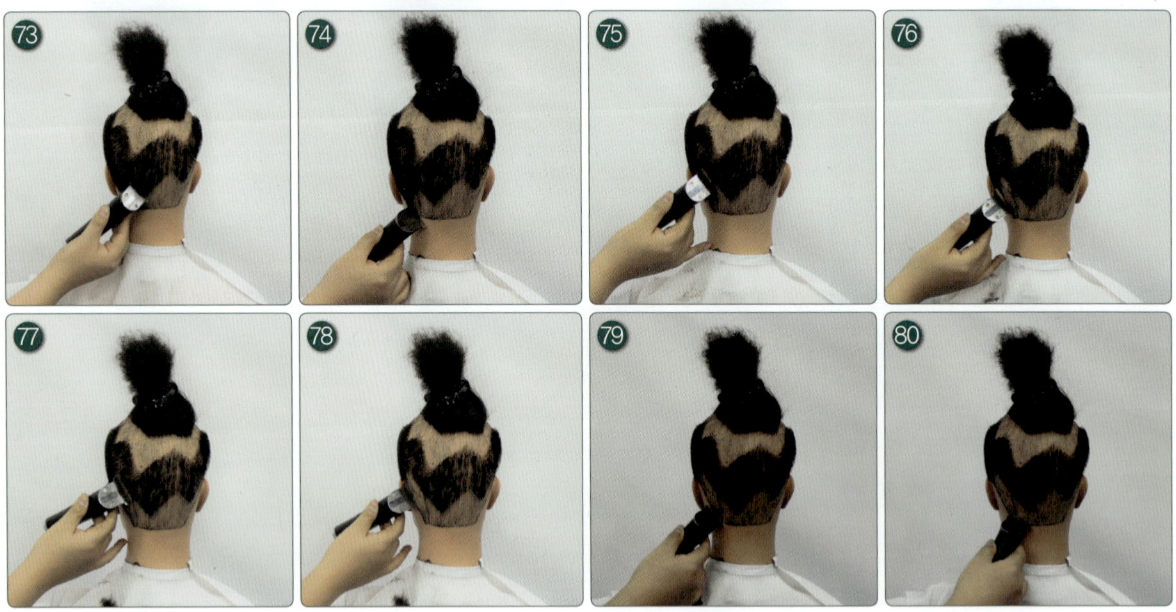

⑦③~⑧⓪ • 네이프 포인트 부분에서 좌측 네이프 사이드 포인트 부분까지 양각의 모양을 후대각의 형태로 스케치를 진행한다.

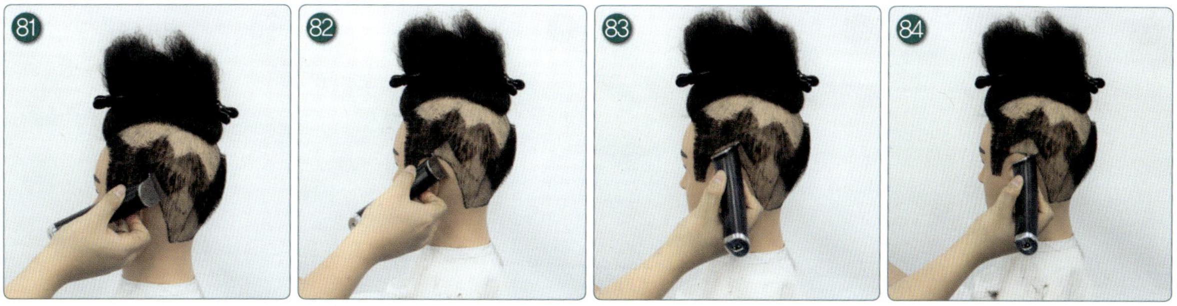

81~84 • 좌측 네이프 사이드 포인트 부분에서 좌측 이어 백 포인트 부분을 지나 좌측 이어 포인트부분까지 양각의 모양을 전대각, 후대각, 전대각의 순으로 스케치를 진행한다.

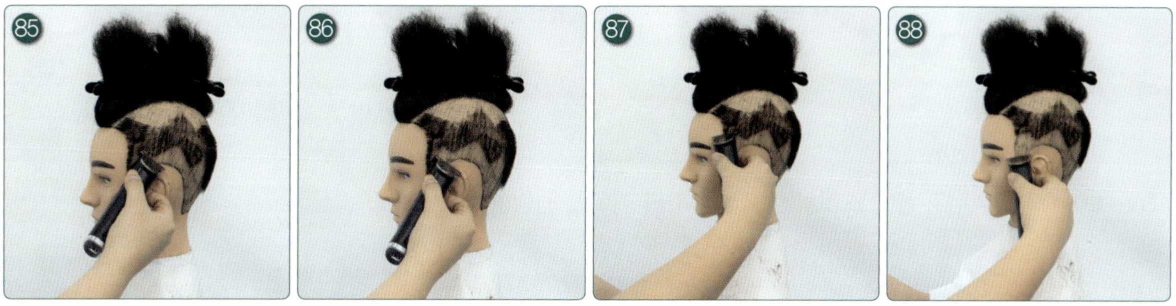

85~88 • 좌측 이어 포인트 부분에서 좌측 사이드 포인트 부분까지 양각의 모양을 후대각의 형태와 전대각의 형태로 스케치를 진행한다.

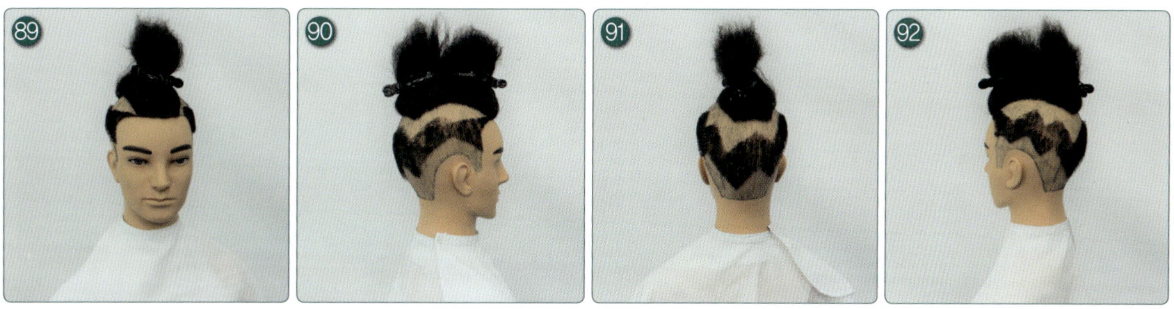

89~92 • 양각을 표현하기 위한 두상의 하단부에 언더 존 Under Zone 형태를 체크 Check 한다.

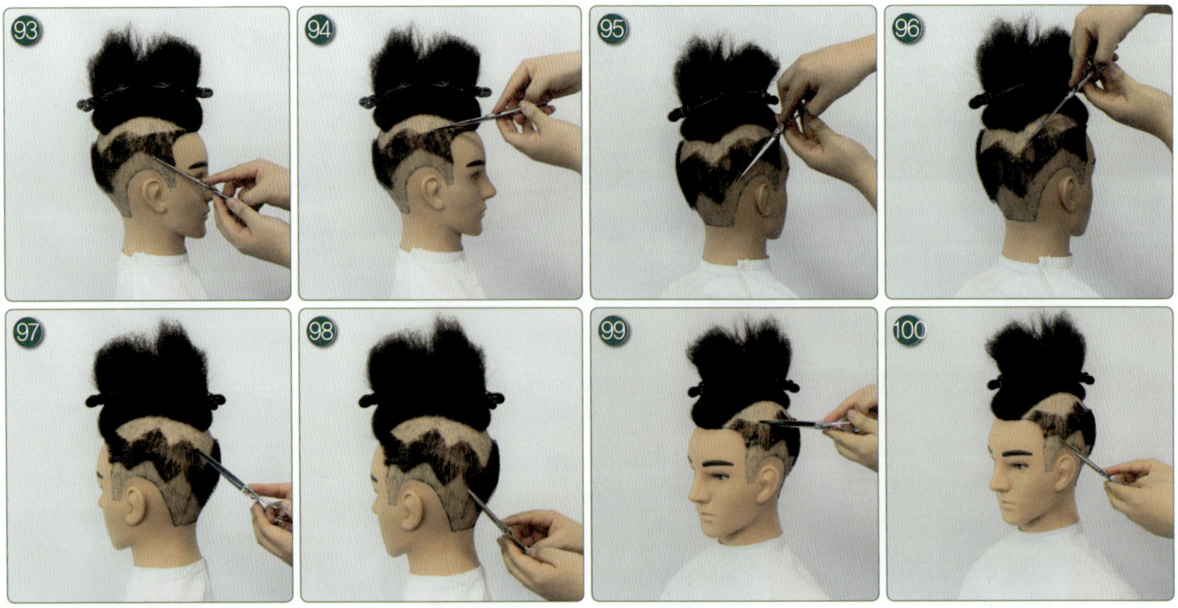

⑨③~⑩⓪ • 장가위로 두상에 스케치된 모양을 따라 커트를 진행한다.

3. 양각 마무리하기

앞Front

뒤Back

우Right Side

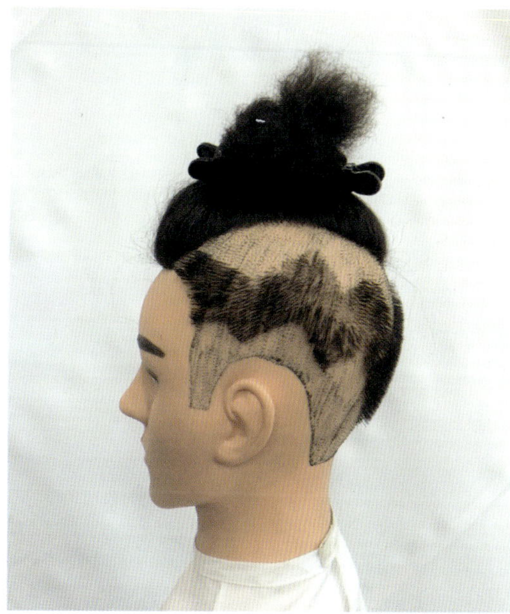

좌Left Side

[헤어 타투 양각 스타일링 Styling]

앞 Front

뒤 Back

우 Right Side

좌 Left Side

[교수 학습방법]

교수 방법
① 다양한 헤어 타투 디자인을 시각적 자료로 활용하여 학습자의 흥미를 유도한다.
② 디자인 헤어 타투에 대한 전반적인 개념을 설명하고 피부에 색소를 착색시키는 문신과는 다른 점을 전달한다.
③ 헤어 타투와 관련된 다양한 이미지를 검색하여 수업 자료로 활용한다.
④ 헤어 타투의 디자인을 구상할 수 있도록 다양한 자료를 제공하고 학습자가 적합한 분류 방법에 맞게 자료를 정리할 수 있도록 돕는다.
⑤ 헤어 타투 디자인을 구상하는 방법을 설명하고 작업 과정에서의 중요점 및 유의점을 학습자에게 전달한다.
⑥ 헤어 타투 디자인에 필요한 커트 도구의 사용 방법과 특징을 설명한다.
⑦ 디자인 헤어 타투에 활용되는 다양한 커트 도구의 사용 방법을 시연한다.
⑧ 커트 도구의 부적절한 사용으로 일어나는 안전사고에 대하여 주의를 준다.
⑨ 헤어 타투 디자인의 도구 사용 및 작업 과정의 숙련도를 향상시키기 위하여 반복 학습 및 훈련의 중요성을 설명한다.
⑩ 디자인에 따른 적합한 모발의 길이 선정을 위하여 3mm, 6mm, 9mm, 12mm 등 클리퍼의 활용 방법을 시연한다.
⑪ 디자인 헤어 타투를 연출하는 과정에서 학습자의 실습 과정을 관찰하고 피드백을 제공한다.

학습 방법
① 다양한 헤어 타투 디자인을 교수자가 제공한 시각적 자료를 통하여 살펴본다. ② 제공된 학습 자료를 바탕으로 디자인 헤어 타투에 대한 개념을 이해하고 피부에 색소를 착색시키는 문신과는 다른 점을 인지하고 노트 정리를 한다. ③ 헤어 타투와 관련된 다양한 이미지를 인터넷으로 검색하고 스크랩한다. ④ 교수자가 제공한 다양한 자료 및 학습자가 스크랩한 자료를 바탕으로 헤어 타투 디자인을 특징 별로 분류하여 자료를 정리한다. ⑤ 헤어 타투 디자인을 구상하고 작업 과정에서 궁금한 점은 교수자에게 질문한다. ⑥ 헤어 타투 디자인 과정에서 필요한 커트 도구와 사용 방법을 인지하고, 각 도구의 특징을 정리한다. ⑦ 헤어 타투 커트 도구의 정확한 사용 방법을 알고, 스스로 올바르게 작동하고 있는지 점검한다. ⑧ 커트 도구의 부적절한 사용으로 일어날 수 있는 안전사고에 대하여 지속적인 주의를 기울인다. ⑨ 헤어 타투 디자인을 위한 다양한 도구의 숙련도를 높이기 위하여 반복적으로 실습한다. ⑩ 디자인에 따른 적합한 모발의 길이 선정을 위하여 3mm, 6mm, 9mm, 12mm 등 클리퍼의 활용 방법을 실습한다. ⑪ 디자인 헤어 타투를 연출하는 과정에 대한 교수자의 피드백을 경청하고 실습 과정에 적용할 수 있도록 노력한다.

실습과정 사진	
사진	설명

실습결과 사진	
앞 Front	뒤 Back
좌측 Left Side	우측 Right Side

4. 음각

※ 클리퍼를 이용하여 음각을 표현하여 시술하는 디자인 헤어 타투 시술이다.

학습내용 단원명	수업 목표
디자인 헤어 타투 음각	• 모발 길이에 따라 헤어 타투 디자인을 할 수 있다. • 클리퍼를 이용하여 헤어 타투 디자인을 연출할 수 있다. • 가위를 이용하여 헤어 타투 디자인을 연출할 수 있다.

1. 음각 준비하기

(1) 재료

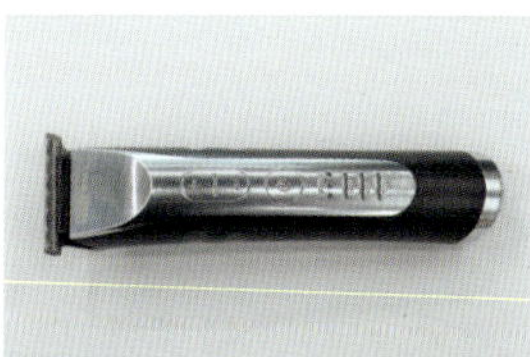

① 트리머 클리퍼

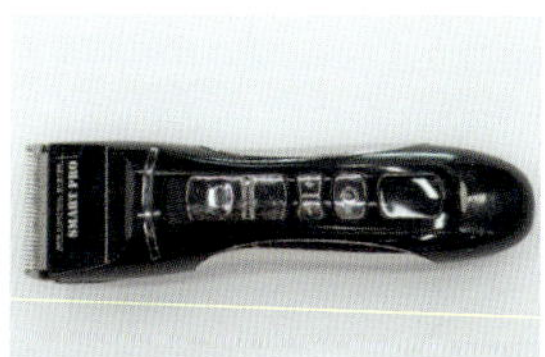

② 클리퍼

③ 클리퍼 가드

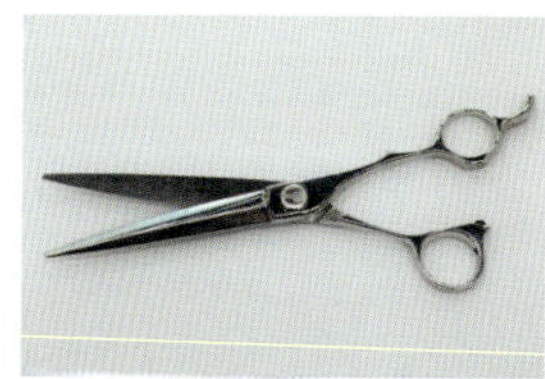

④ 장가위

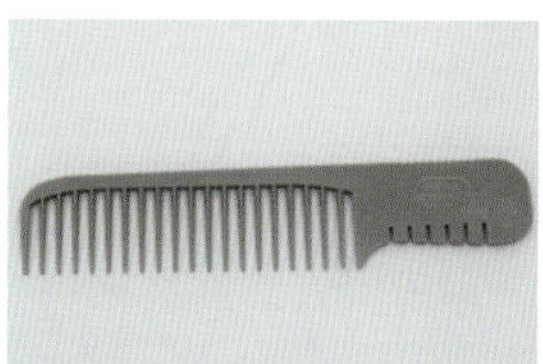

⑤ 클리퍼 빗

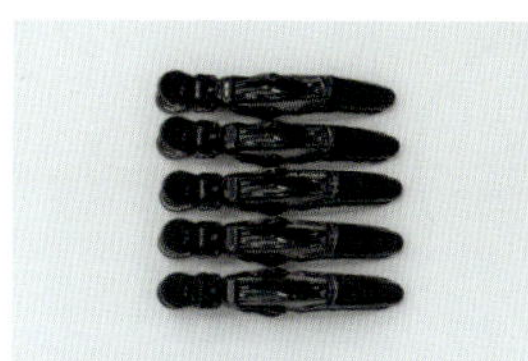

⑥ 핀셋

⑦ 고무줄

(2) 도해도 및 시술방법

시술 전

시술 후

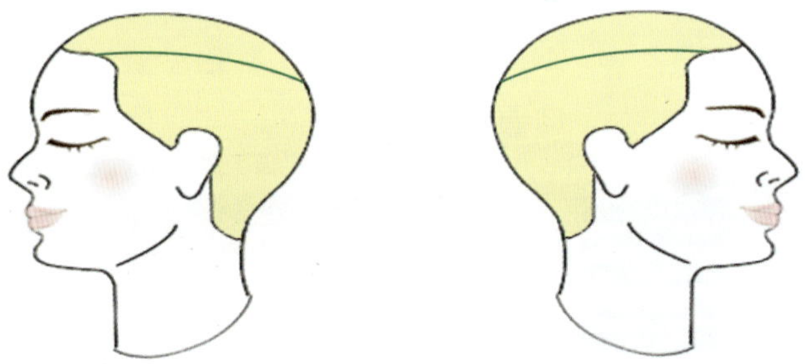

블로킹

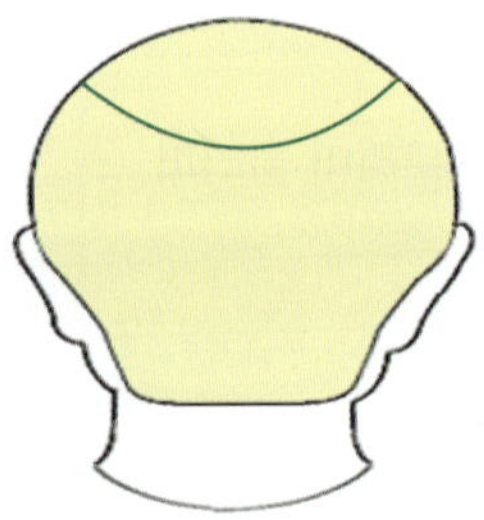

섹션

블로킹Blocking	U 라인U-Line
커트Cut	클리퍼 오버 콤Clipper Over Comb, 프리 핸드 테크닉Free Hand Technic

2. 음각 시술하기

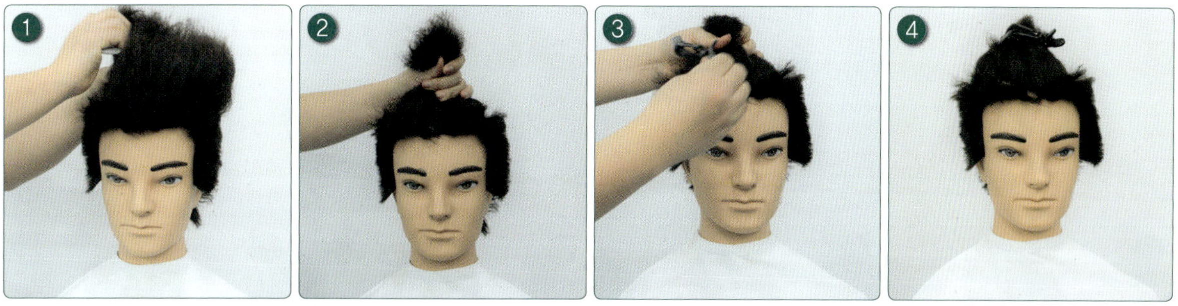

①~④ • 양쪽 프론트 사이드 포인트F.S.P : Front Side Point에서 골든 포인트G.P : Golden Point를 기점으로 U 라인U-Line의 섹션Section을 나눈다.

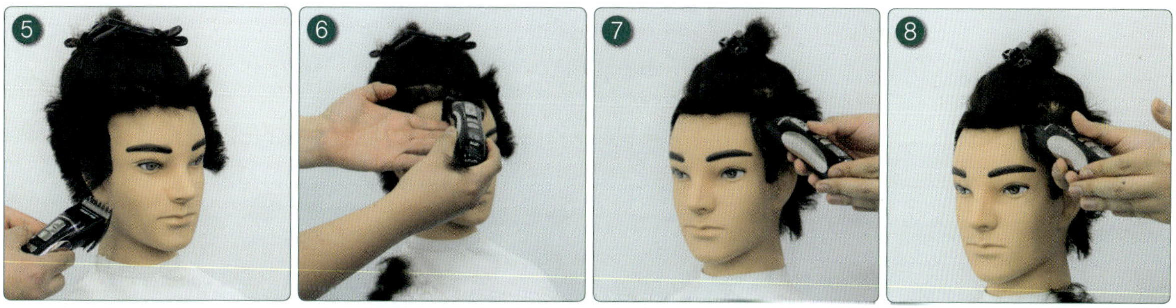

⑤~⑧ • 프리 핸드 기법Free Hand Technic으로 클리퍼Clipper와 6mm 클리퍼 가드Clipper Guard를 이용하여 양쪽 사이드Side에 레이어 커트Layer Cut를 진행한다.
* 커트Cut된 단면이 두상의 곡면에 맞게 두상의 각도에 맞춰 굴려서 커트를 진행한다.

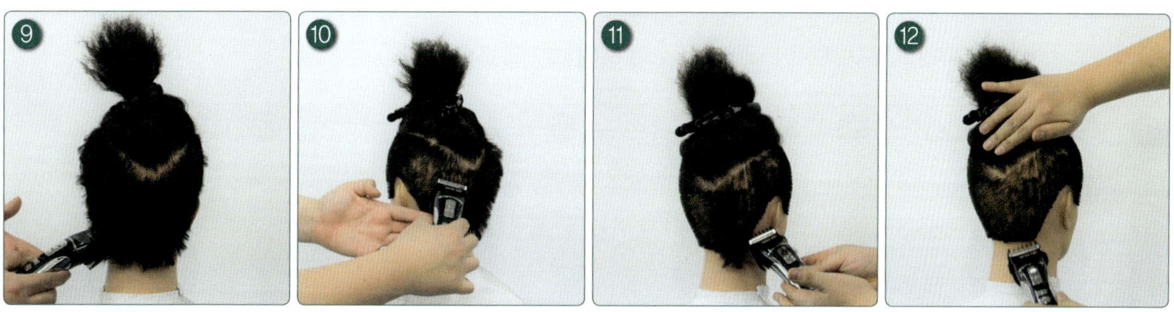

⑨~⑫ • 양쪽 사이드와 백Back 부분의 상단부와 하단부가 두상의 곡면에 맞게 둥근 형태로 레이어Layer 형태가 되도록 확인한다.

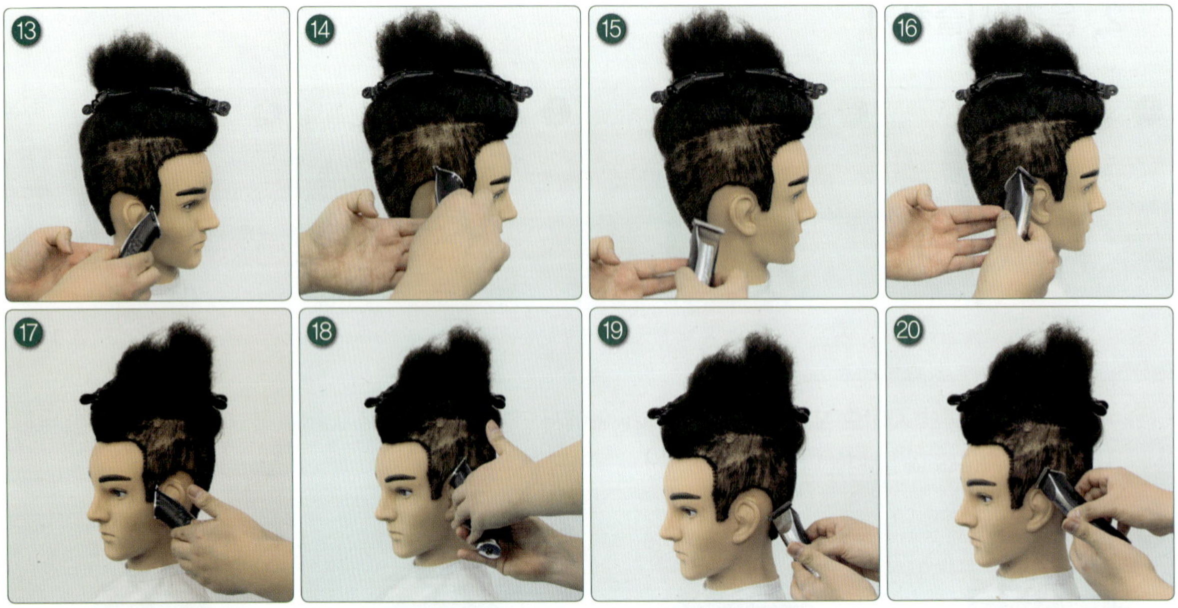

⑬~⑳ • 트리머 클리퍼Trimmer Clipper를 이용하여 양쪽 사이드의 헤어 라인Hair Line을 정리한다.

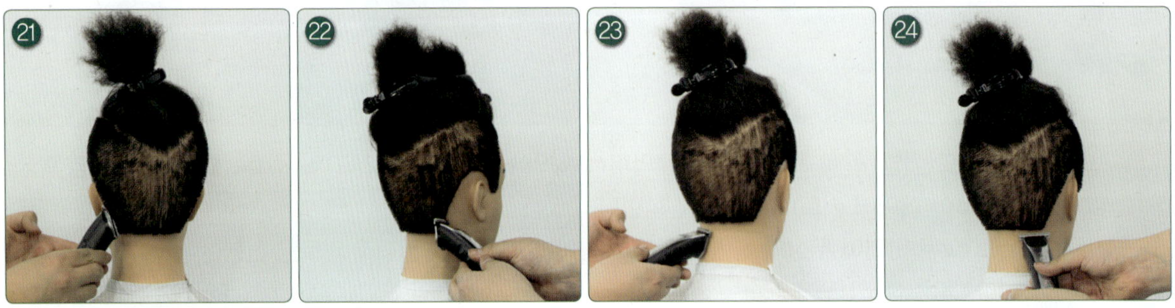

㉑~㉔ • 트리머 클리퍼를 이용하여 네이프Nape의 헤어 라인을 정리한다.

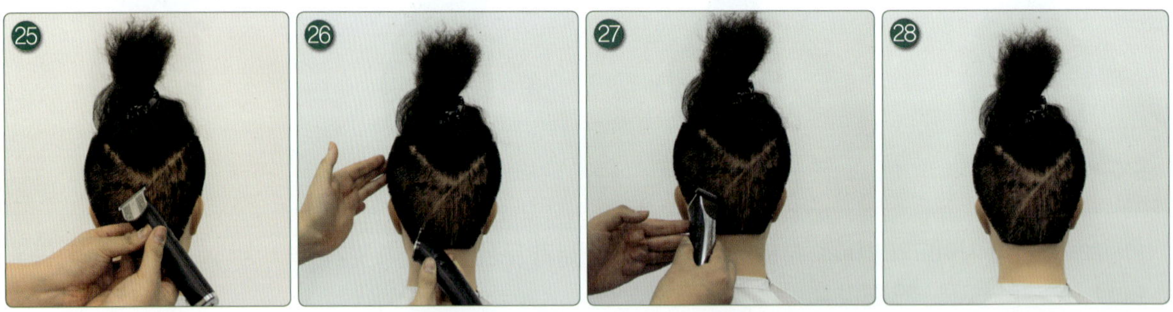

㉕~㉘ • 골든 백 미디움 포인트G.B.M.P : Golden Back Medium Point에서 좌측 네이프 사이드 포인트N.S.P : Nape Side Point까지 곡선 모양으로 스케치Sketch를 진행한다.

㉙~㉜ • 전과 동일한 방법으로 이어 백 포인트E.B.P : Ear Back Point에서 우측 네이프 사이드 포인트까지 곡선 모양으로 스케치를 진행한다.

㉝~㊱ • 우측 사이드 포인트에서 이어 포인트E.P : Ear Point 까지 곡선 모양으로 스케치를 진행한다.

㊲~㊵ • 이어 포인트에서 센터 탑 미디움 포인트C.T.M.P : Center Top Medium Point 방향으로 곡선 모양의 스케치를 진행한다.

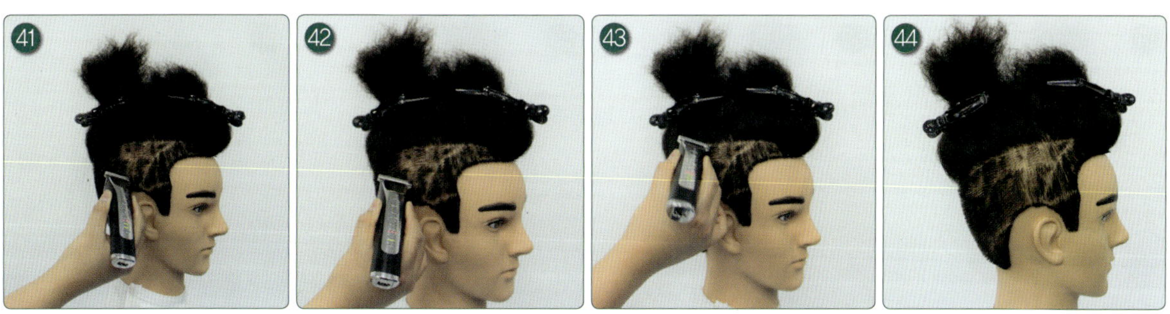

㊶~㊹ • 이어 백 포인트E.B.P : Ear Back Point에서 탑 포인트T.P : Top Point 방향으로 곡선 모양의 스케치를 진행한다.

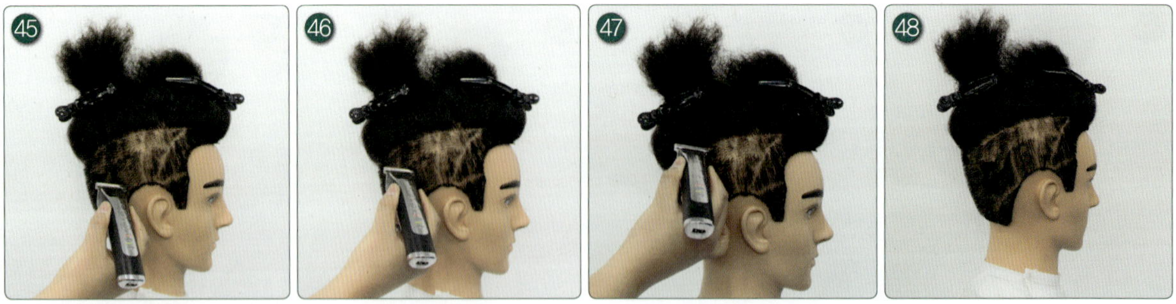

㊺~㊽ • 이어 백 포인트에서 골든 포인트 방향으로 곡선 모양의 스케치를 진행한다.

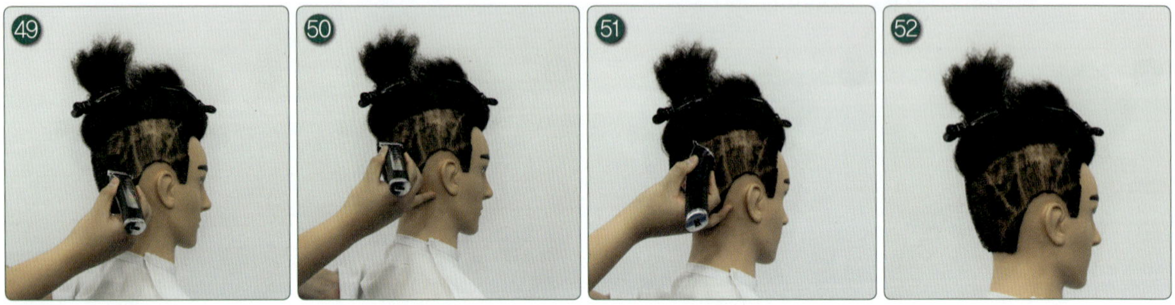

㊾~(52) • 우측 백 사이드Back Side에 그려놓은 곡선 1/3 지점에서 골든 포인트 방향으로 직선 모양의 스케치를 진행한다.

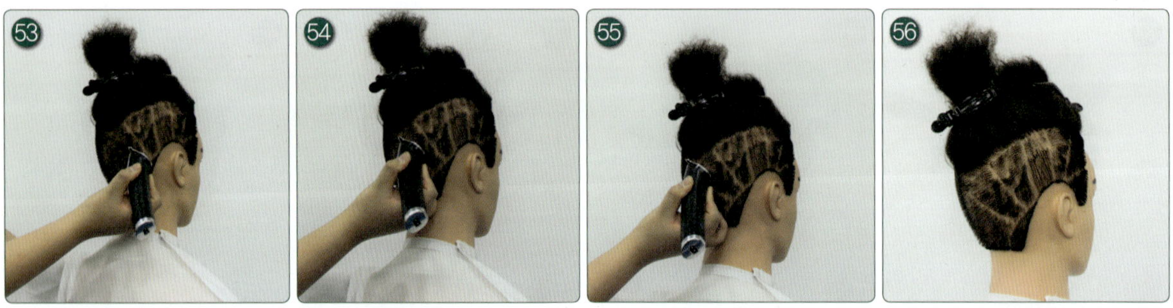

(53)~(56) • 우측 백 사이드에 그려놓은 곡선 1/2 지점에서 백 포인트B.P : Back Point 방향으로 직선 모양의 스케치를 진행한다.

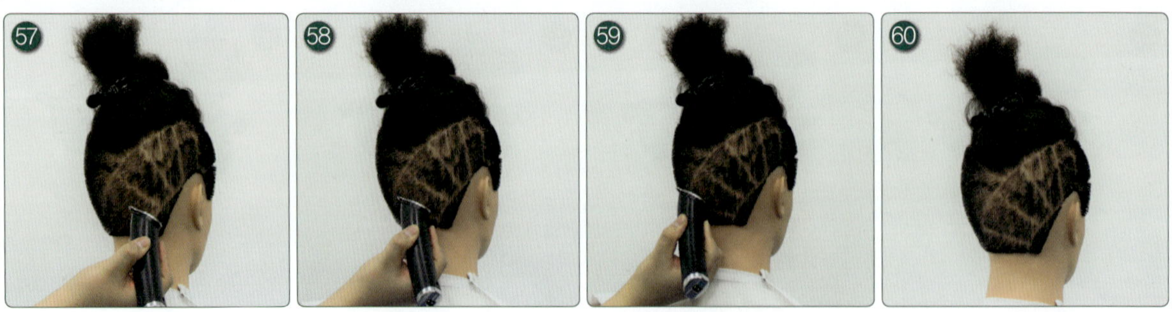

(57)~(60) • 우측 백 사이드에 그려놓은 곡선 2/3 지점에서 좌측 백 사이드에 그려놓은 곡선 2/3 지점까지 직선 모양으로 스케치를 진행한다.

61~64 • 우측 사이드 포인트에서 전에 그려놓은 곡선의 2/3 지점까지와 프론트 사이드 포인트에서 전에 그려 놓은 곡선의 윗 부분까지 직선의 모양으로 스케치를 진행한다.

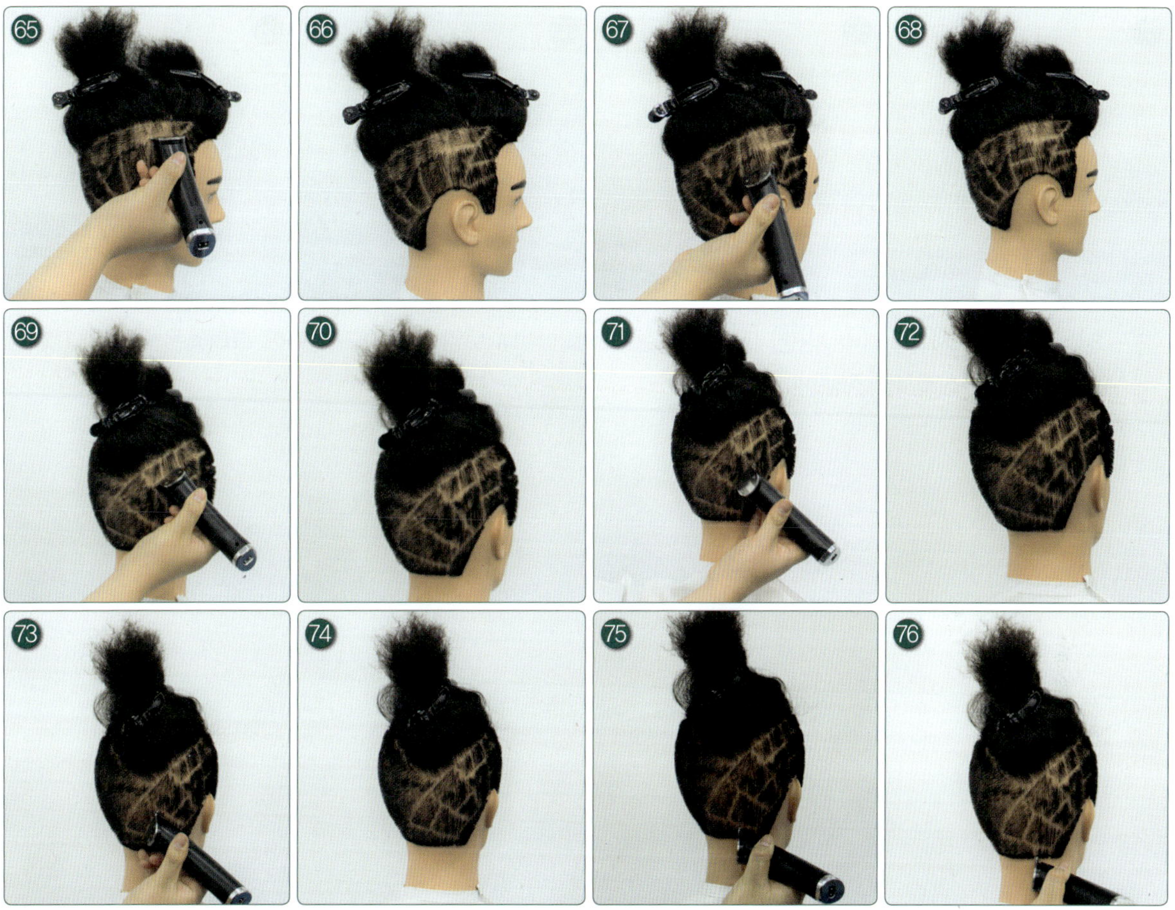

65~76 • 전과 동일한 방법으로 이전에 그려 놓은 직선과 곡선의 사이에 위, 아래로 교차하여 직선의 모양으로 스케치를 진행한다.

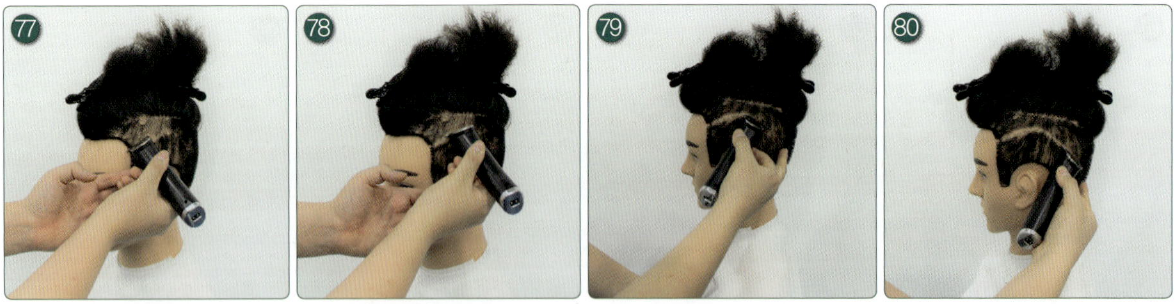

⑦~⑧⓪ • 좌측 프론트 사이드 포인트에서 이어 포인트의 윗부분을 기점으로 이어 백 포인트의 윗부분까지 아치Arch 형태의 모양으로 스케치를 진행한다.

⑧①~⑧④ • 좌측 백 사이드에 아치 형태로 그려놓은 모양의 반대 모양으로 백 포인트에 그려놓은 곡선의 1/2 지점까지 스케치를 진행한다.

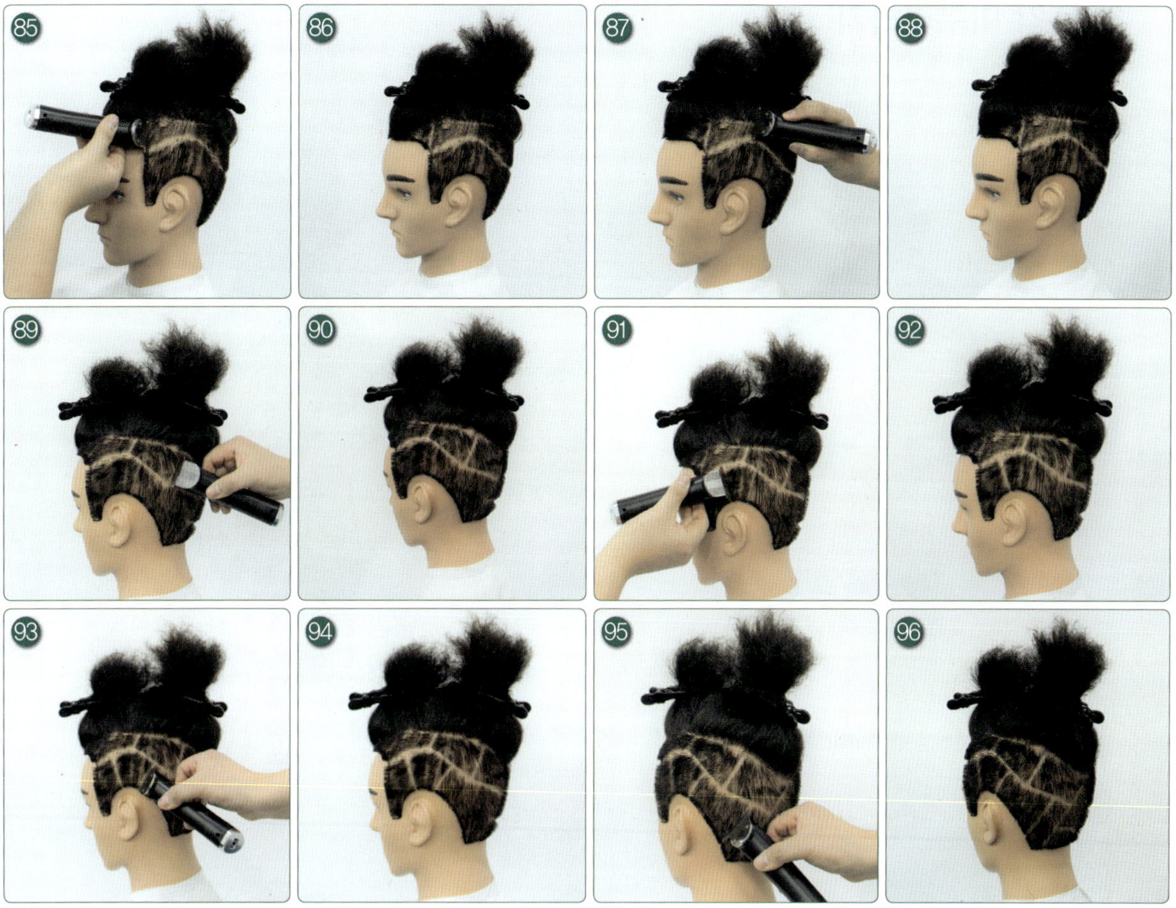

⑧⑤~⑨⑥ • 좌측 사이드Side와 백 사이드 부분에 그려 놓은 직선과 곡선의 사이에 위, 아래로 교차하여 직선의 모양으로 스케치를 진행한다.

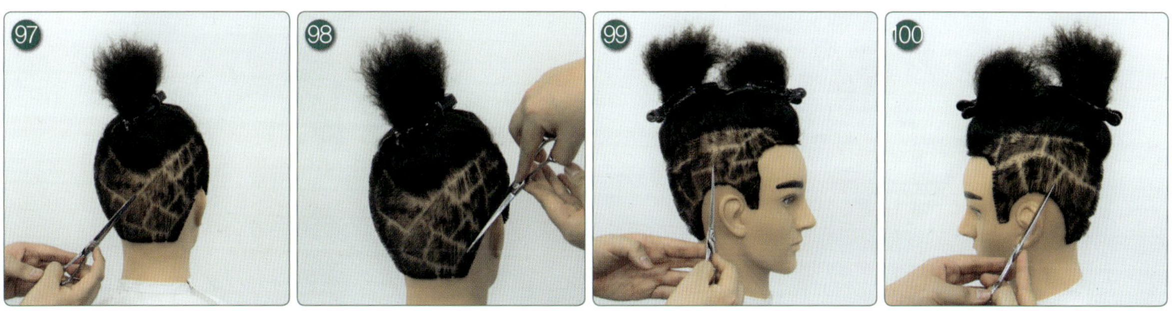

⑨⑦~⑩⓪ • 장가위로 두상에 스케치된 모양을 따라 커트를 진행한다.

3. 음각 마무리하기

앞Front

뒤Back

우Right Side

좌Left Side

[헤어 타투 음각 스타일링 Styling]

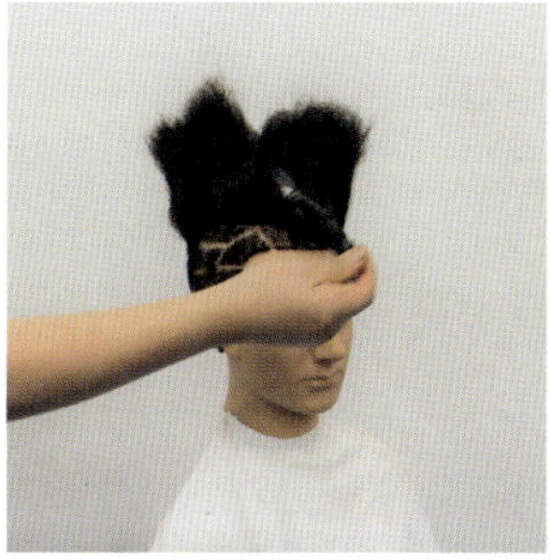

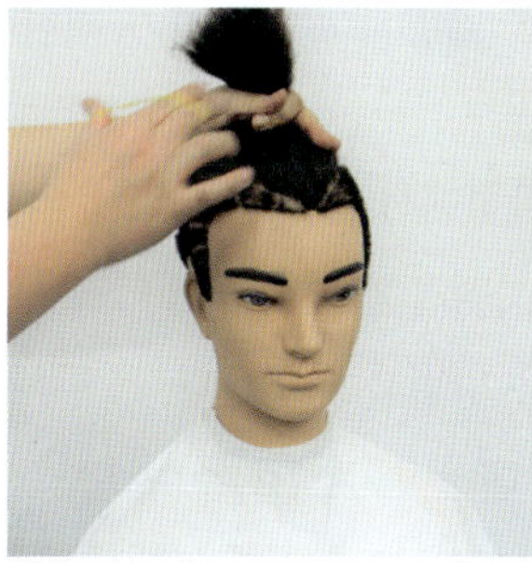

앞 Front

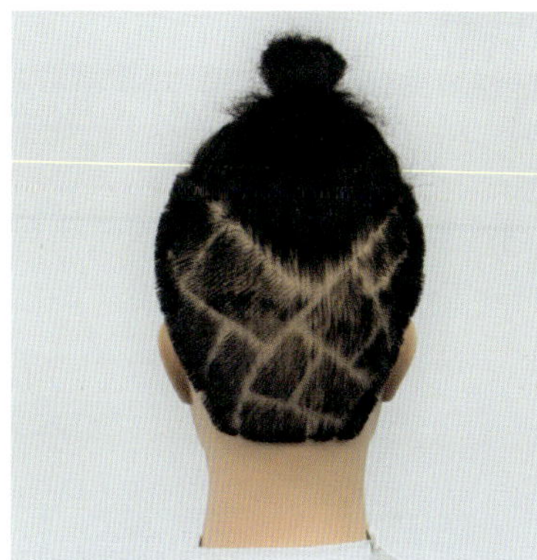

뒤 Back

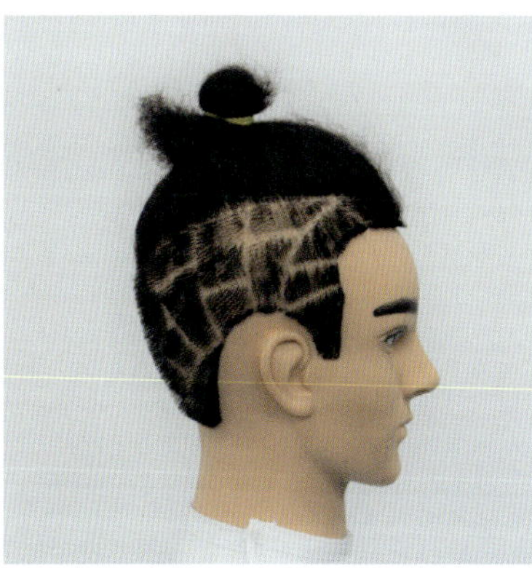

우 Right Side

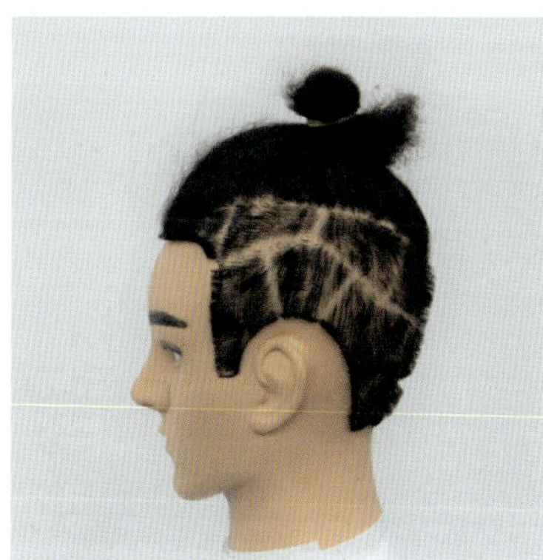

좌 Left Side

[교수 학습방법]

교수 방법
① 다양한 헤어 타투 디자인을 시각적 자료로 활용하여 학습자의 흥미를 유도한다. ② 디자인 헤어 타투에 대한 전반적인 개념을 설명하고 피부에 색소를 착색시키는 문신과는 다른 점을 전달한다. ③ 헤어 타투와 관련된 다양한 이미지를 검색하여 수업 자료로 활용한다. ④ 헤어 타투의 디자인을 구상할 수 있도록 다양한 자료를 제공하고 학습자가 적합한 분류 방법에 맞게 자료를 정리할 수 있도록 돕는다. ⑤ 헤어 타투 디자인을 구상하는 방법을 설명하고 작업 과정에서의 중요점 및 유의점을 학습자에게 전달한다. ⑥ 헤어 타투 디자인에 필요한 커트 도구의 사용 방법과 특징을 설명한다. ⑦ 디자인 헤어 타투에 활용되는 다양한 커트 도구의 사용 방법을 시연한다. ⑧ 커트 도구의 부적절한 사용으로 일어나는 안전사고에 대하여 주의를 준다. ⑨ 헤어 타투 디자인의 도구 사용 및 작업 과정의 숙련도를 향상시키기 위하여 반복 학습 및 훈련의 중요성을 설명한다. ⑩ 디자인에 따른 적합한 모발의 길이 선정을 위하여 3mm, 6mm, 9mm, 12mm 등 클리퍼의 활용 방법을 시연한다. ⑪ 디자인 헤어 타투를 연출하는 과정에서 학습자의 실습 과정을 관찰하고 피드백을 제공한다.

학습 방법
① 다양한 헤어 타투 디자인을 교수자가 제공한 시각적 자료를 통하여 살펴본다. ② 제공된 학습 자료를 바탕으로 디자인 헤어 타투에 대한 개념을 이해하고 피부에 색소를 착색시키는 문신과는 다른 점을 인지하고 노트 정리를 한다. ③ 헤어 타투와 관련된 다양한 이미지를 인터넷으로 검색하고 스크랩한다. ④ 교수자가 제공한 다양한 자료 및 학습자가 스크랩한 자료를 바탕으로 헤어 타투 디자인을 특징 별로 분류하여 자료를 정리한다. ⑤ 헤어 타투 디자인을 구상하고 작업 과정에서 궁금한 점은 교수자에게 질문한다. ⑥ 헤어 타투 디자인 과정에서 필요한 커트 도구와 사용 방법을 인지하고, 각 도구의 특징을 정리한다. ⑦ 헤어 타투 커트 도구의 정확한 사용 방법을 알고, 스스로 올바르게 작동하고 있는지 점검한다. ⑧ 커트 도구의 부적절한 사용으로 일어날 수 있는 안전사고에 대하여 지속적인 주의를 기울인다. ⑨ 헤어 타투 디자인을 위한 다양한 도구의 숙련도를 높이기 위하여 반복적으로 실습한다. ⑩ 디자인에 따른 적합한 모발의 길이 선정을 위하여 3mm, 6mm, 9mm, 12mm 등 클리퍼의 활용 방법을 실습한다. ⑪ 디자인 헤어 타투를 연출하는 과정에 대한 교수자의 피드백을 경청하고 실습 과정에 적용할 수 있도록 노력한다.

실습과정 사진	
사진	설명

실습결과 사진	
앞 Front	뒤 Back
좌측 Left Side	우측 Right Side

학생 자가 진단 및 교수평가

• 평가 준거

학습내용	학습목표	성취수준		
		상	중	하
디자인 헤어 타투의 준비	1. 최신 유행하는 헤어 타투 디자인을 수집하여 분석할 수 있다.			
	2. 고객 요구를 파악하여 헤어 타투 디자인을 구상할 수 있다.			
	3. 헤어 타투 디자인에 필요한 도구와 재료를 준비할 수 있다.			
디자인 헤어 타투의 연출	1. 헤어 타투 디자인에 따라 모발의 길이를 설정할 수 있다.			
	2. 헤어 타투 디자인에 따라 작업 도구와 방법을 결정하여 서비스할 수 있다.			
	3. 헤어 타투 디자인을 마무리할 수 있다.			

• 평가자 체크리스트

학습내용	학습목표	성취수준		
		상	중	하
디자인 헤어 타투의 준비	1. 헤어 타투 디자인을 구상할 수 있는 능력			
	2. 헤어 타투에 필요한 도구를 사용할 수 있는 능력			
	3. 헤어 타투를 위한 도구를 사용할 수 있는 능력			
디자인 헤어 타투의 연출	1. 헤어 타투에 적합한 도구를 선택할 수 있는 능력			
	2. 모발의 길이를 조절할 수 있는 능력			
	3. 직선형 디자인을 연출할 수 있는 능력			
	4. 곡선형 디자인을 연출할 수 있는 능력			
	5. 혼합형 디자인을 연출할 수 있는 능력			
	6. 작업장을 마무리할 수 있는 능력			

• 포트폴리오

학습내용	학습목표	성취수준		
		상	중	하
디자인 헤어 타투의 준비	1. 디자인 헤어 타투 개념 정리			
	2. 디자인 헤어 타투의 아이디어 스케치 내용 정리			
	3. 디자인 헤어 타투 도구의 종류 및 사용 방법 정리			
디자인 헤어 타투의 연출	1. 모발의 길이 조절에 대한 실습 과정과 결과물 정리			
	2. 직선형 디자인의 실습 과정과 결과물 정리			
	3. 곡선형 디자인의 실습 과정과 결과물 정리			
	4. 혼합형 디자인의 실습 과정과 결과물 정리			

[교수자 피드백]

Memo

PART Ⅳ

헤어 익스텐션 관리 및 제거 방법

헤어 익스텐션 관리 방법

학습내용 단원명	수업 목표
헤어 익스텐션의 관리 방법	• 고객에게 헤어 스타일 유지를 위한 관리법을 설명할 수 있다.

1. 관리 방법

1. 붙임머리

① 주 2~3회 샴푸를 한다. 단, 두피 상태에 따라 조절

② 샴푸 전에 모발이 엉키붙지 않도록 브러쉬를 이용해 충분히 빗질을 한다.

③ 미지근한 물로 두피는 가볍게 마사지 하듯 샴푸하고 피스 부위는 컨디셔너Condeitioner, 트리트먼트Treatment를 사용하여 부드럽게 유지한다.

④ 건조시 충분히 타올 드라이를 한 후 위에서 아래 방향으로 건조시킨다.

2. 특수머리

① 두피 가까이 물을 충분히 도포 후 샴푸제를 두피에 직접 도포하여 손가락으로 문지르면서 샴푸를 한다.

② 모발 부위는 거품으로 가볍게 헹군다.

③ 수분의 양이 많아지면 모발이 팽창하여 연장 부위가 느슨해지거나 변형이 올 수 있으므로 유의한다.

④ 샴푸 후 충분히 물기를 제거하고 두피 위주로 건조시킨다.

2. 헤어 익스텐션 작업 시 주의사항[16)]

1. 붙임머리

시술하기 전 모발을 깨끗하게 샴푸한 후 건조하여 작업을 시작하고 자연스러운 연출을 위하여 헤어피스와 비슷한 컬러로 염색을 할 수 있으며, 시술 후에는 자연스러운 연결을 위해 필요에 따라 커트를 할 수 있다.

2. 특수머리

흑인 모발처럼 곱슬 모발에서의 시술을 권장하며 필요시 사전에 퍼머넌트Permanent Wave 웨이브를 진행하거나 다이렉트 아이론Direct Iron을 활용하여 연출하게 되면 두피 밀착력도 향상되고 작업의 효율성을 높일 수 있다.

[드레드 샴푸하기]

①~⑯ • 수건으로 목과 어깨를 감싸준 뒤 샴푸대에 마네킹을 눕힌다.

• 드레드 가닥을 하나씩 들어서 물을 충분히 적셔 준 다음 샴푸한다.

• 샴푸 마사지는 두피 위주로 하며 마사지 도중 드레드 가닥이 풀어지지 않도록 주의한다.

• 전과 같이 드레드 가닥을 하나씩 들어서 물로 헹군 다음 물기를 짜내서 수건으로 감싸 마네킹을 세운다.

• 두피부터 건조하기 시작해서 드레드 가닥의 끝부분까지 완전히 말린다.

[붙임머리 제거하기]

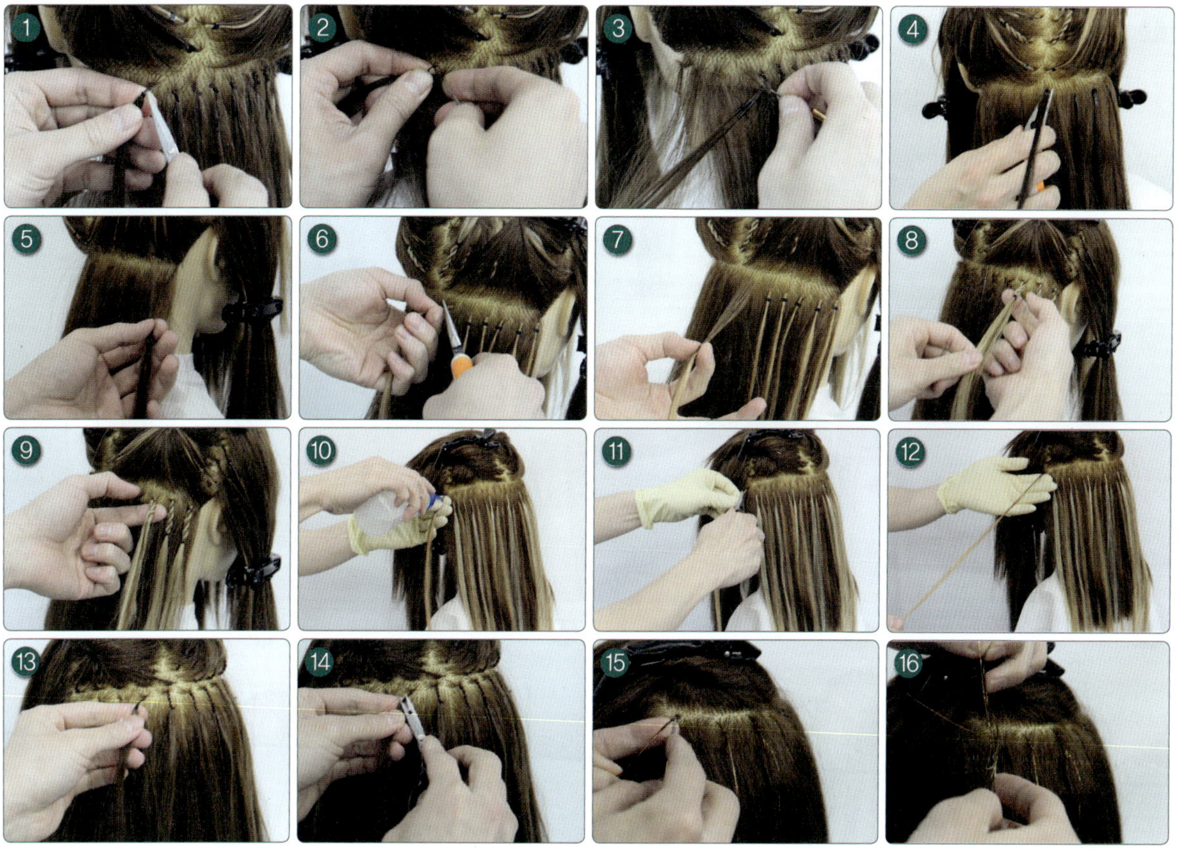

①~③ • 코바늘 붙임머리 : 가위로 고무실을 자르고 코바늘로 매듭을 풀어 제거한다.

④~⑦ • 링 투링, 원링 붙임머리 : 압착된 링의 반대방향으로 펜치를 사용하여 제거한다.

⑧~⑨ • 트위스트 붙임머리 : 고무실로 묶은 부분을 아래로 잡아 당겨 제거한다.

⑩~⑫ • 접착식 붙임머리 : 접착된 부위를 제거액으로 녹인 후 제거한다.

⑬~⑭ • 땋기 붙임머리 : 묶여 있는 고무실을 가위로 자르고 시술의 반대방향으로 풀어준다.

⑮~⑯ • 트윙클 붙임머리 : 코바늘을 사용하여 한 쪽은 아래쪽으로 매듭을 걸고 다른 한족은 윗방향으로 당겨서 풀어준다.

[인모 브레이즈 제거하기]

①~⑯ • 시술이 마무리 된 고무실 부분을 가위로 잘라내고 손으로 모발을 풀어준다.

• 모발이 엉킬 수 있으므로 인모 브레이즈2가닥 꼬기, 3가닥 땋기를 손으로 잘 풀어준 다음 꼬리빗을 사용하여 빗질한다.

[주얼리 브레이즈 제거하기]

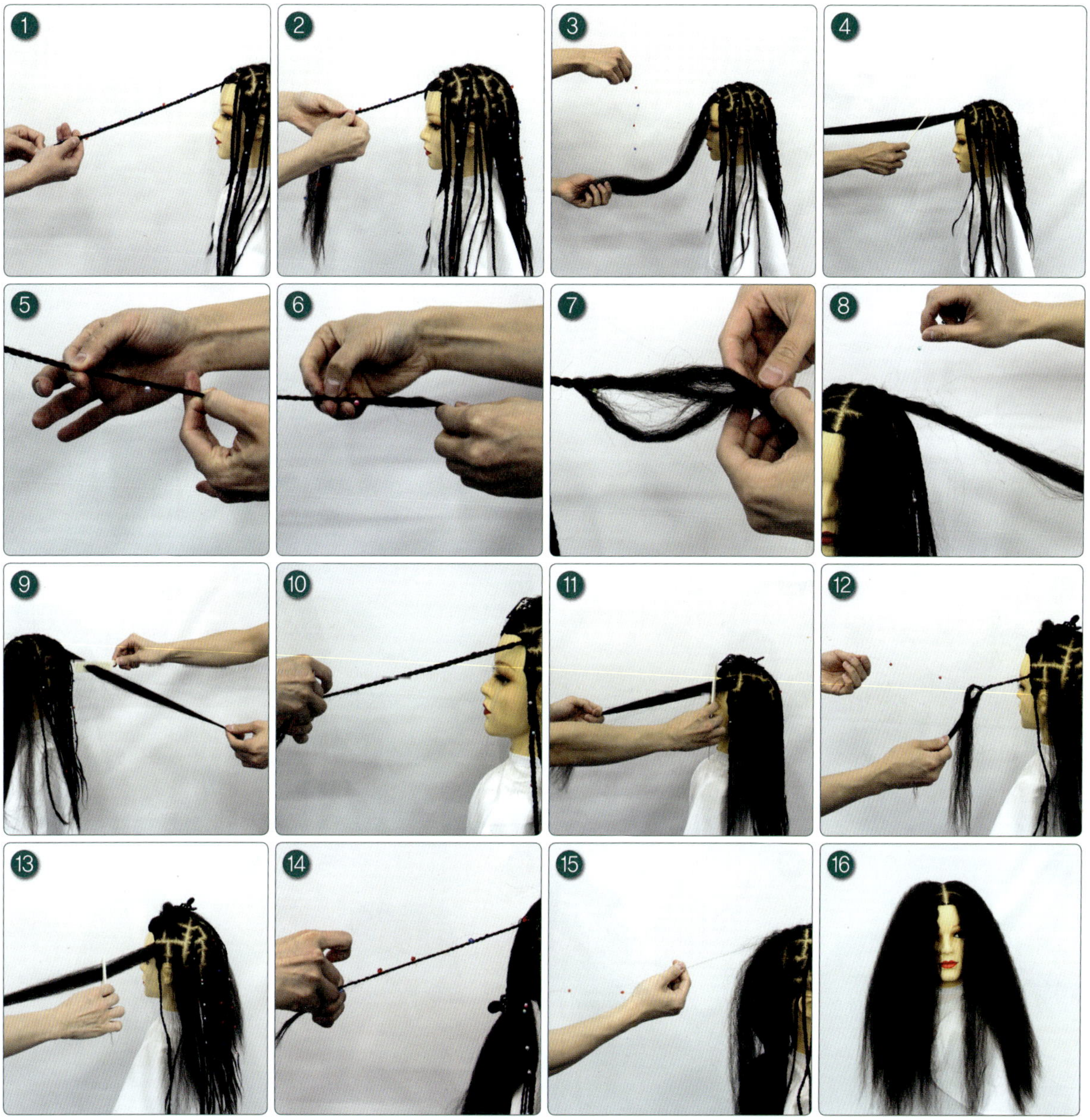

①~⑯ • 시술이 마무리 된 고무줄실 부분을 가위로 잘라내고 낚시줄에 연결되어 있는 주얼리를 풀어준다.
• 모발이 엉킬 수 있으므로 주얼리 브레이즈2가닥 꼬기, 3가닥 땋기를 손으로 잘 풀어준 다음 꼬리빗을 사용하여 빗질한다.

[얀 브레이즈 제거하기]

①~⑯ • 시술이 마무리 된 매듭 부분을 손으로 풀어준다.

• 전과 동일한 방법으로 얀 브레이즈 시술된 부분을 제거한다.

[가모 브레이즈 제거하기]

①~⑯ • 시술이 마무리 된 가모의 끝부분을 가위를 사용하여 잘라내고 시술의 반대방향으로 모발을 풀어준다.
• 모발이 엉킬 수 있으므로 가모 브레이즈2가닥 꼬기, 3가닥 땋기를 손으로 잘 풀어준 다음 꼬리빗을 사용하여 빗질한다.

[콘로우 제거하기]

①~⑯ • 시술이 마무리 된 고무실을 가위로 잘라내고 시술의 반대방향으로 풀어준다.
• 전과 동일한 방법으로 콘로우 직선, 방사선, 디자인 시술된 부분을 제거한다.

[스틱 드레드 제거하기]

①~⑯ • 시술이 마무리 된 글루건 부분을 가위를 사용하여 잘라내고 겉에 감싸있는 가모를 풀어 준후 안에 세 가닥으로 땋은 부분을 손으로 풀어준다.

• 전과 동일한 방법으로 스틱 드레드 시술된 부분을 제거한다.

[소프트 드레드 제거하기]

①~⑯ • 시술이 마무리 된 끝부분을 가위로 잘라내고 코바늘을 사용하여 겉부분을 풀어준 후 시술의 반대방향으로 드레드 가모를 풀어준다.

- 전과 동일한 방법으로 소프트 드레드 시술된 부분을 제거한다.

용어 정리

명칭	설명
Reference points of the head shape	두상의 포인트와 관련된 명칭
이어 포인트 Ear Point	양쪽 귀의 정중앙 부분의 선
센터 포인트 Center Point	앞머리 부분
탑 포인트 Top Point	가장 윗머리 부분
골든 포인트 Golden Point	뒷머리 중앙 약간 윗부분
백 포인트 Back Point	뒷머리 아래 부분
네이프 포인트 Nape Point	뒷머리의 가장 아래 부분
프론트 사이드 포인트 Front Side Point	페이스 라인의 양쪽 관자놀이 부분
사이드 포인트 Side Point	양쪽 옆머리 부분
사이드 코너 포인트 Side Corner Point	양쪽 관자놀이와 옆머리의 코너 부분
이어 백 포인트 Ear Back Point	양쪽 귀의 정중앙 부분의 뒤쪽 선
네이프 사이드 포인트 Nape Side Point	뒷머리 아래쪽의 좌·우 양쪽의 코너 부분
센터 탑 미디움 포인트 Center Top Medium Point	센터와 탑 사이의 부분
탑 골든 미디움 포인트 Top Golden Medium Point	탑과 골든 사이의 부분, 가장 윗머리 바로 뒷 부분
골든 백 미디움 포인트 Golden Back Medium Point	골든과 백 사이의 부분, 뒷머리 중앙 부분
백 네이프 미디움 포인트 Back Nape Medium Point	백과 네이프의 사이의 부분, 뒷머리 아래쪽 부분
네이프 Nape	후두부에서 가장 낮은 부분
백 사이드 Back Side	두상의 옆면과 뒷면의 중간지점
오버 존 Over Zone	지정구역의 위아래를 나누는 명칭으로 지정구역 중앙으로부터 위의 부분을 이루는 구역

명칭	설명
언더 존Under Zone	지정구역의 위아래를 나누는 명칭으로 지정구역 중앙으로부터 아래의 부분을 이루는 구역
전두부The Front	앞머리 영역
측두부Temporal Region	옆선 영역
후상부Occipital Region	두상에서 가장 높은 곳에 위치하는 영역
후중부	두상에서 가장 넓은 영역
후하부	커트의 형태를 결정짓는 영역
두정부Calvaria	전두부와 후상부 영역을 포함하는 영역
두중부	측두부와 후중부의 영역을 포함하는 영역
두하부	후하부와 같은 영역
Partings & Sections	파팅과 섹션
블로킹Blocking	헤어 시술을 위하여 두상을 큰 구획으로 나누는 것
섹셔닝Sectioning	섹션 나누기 조절을 위하여 두상을 시술하기 편한 구역으로 나누는 것
파팅Parting	머리를 나누어 분배하고 조절해주기 위해 소 섹션으로 나누어주는 선
피봇팅Pivoting	한 점을 중심으로 회전하는 선으로 수박 섹션, 또는 방사선 섹션
Line & Distribution	선과 분배
천체축Celestial Axis	위, 아래, 좌, 우로 움직일 수 있는 곡선과 직선
라인Line	선
센터 라인Center Line	센터 포인트Center Point에서 네이프 포인트Nape point까지 좌우로 분할하는 선=정중선
이어 투 이어 라인Ear To Ear Line	양쪽 이어 백 포인트에서 탑 포인트를 지나는 선=측중선
수평선Horizontal Line	이어 포인트Ear point의 높이를 가로로 이어주고 두상 부위 측면을 상·하로 2등분 하는 선이다.
유 라인U-Line	프론트 사이드 포인트Front Side point에서 골든 포인트Golden Point, 반대편 프론트 사이드 포인트를 잇는 둥근 선=측두선
스퀘어 라인Square Line	사각형의 커트 형태
페이스 라인Face Line	얼굴과 모발이 나 있는 두피의 경계선
헤어라인Hair Line	피부와 모발이 난 부분의 경계선

명칭	설명
이어 라인Ear Line	사이드 코너 포인트Side Coner Point에서 이어 백 포인트Ear Back Point를 연결한 라인
호리존탈Horizontal	평면에 대해서 평행한 선
버티컬Vertical	평면에 대해서 수직인 선
다이애거널Diagonal	대각선
컨케이브Concave	구의 내부interiror와 같이 휘어진 표면 =오목곡선
컨벡스Convex	구의 외부exterior처럼 바깥쪽으로 휘어진 표면 =볼록곡선
다이애거널 포워드Diagonal Forward	전대각, 얼굴을 방향으로 흐르는 대각선
다이애거널 백Diagonal Back	후대각, 머리가 뒤쪽으로 흐르는 대각선
Cut	**커트**
커트Cut	블런트Blend Cut, 싱글링Scissor Over Comb, 질감 처리Scoop Cut, 포인트 컷Point Cut
블런트 커트Blunt Cut	모발의 단면을 가위로 자르는 커트
텍스춰Texture	질감
틴닝Thinning	모발의 길이는 변화를 주지 않으면서 전체적으로 숱만 감소시키는 기법
포인팅Pointing	가위의 끝이 손가락에서 머리끝을 향해서 움직이는 질감 만느는 기법
크로스 체크Cross check	원래 파팅 패턴의 반대패턴을 사용하여 정확도를 점검하는 커팅의 마지막 단계, 수직과 수평의 분배에서 교차하여 커트=크로스 커트Cross Cut
클리퍼 오버 콤Clipper-Over-Comb	두상의 아주 가까이에서 커트하기 위한 기법 빗 사이로 튀어나온 모발을 클리퍼로 커트
싱글링Shingling	빗 밖으로 나온 모발을 가위로 목 부분이나 사이드를 매우 짧게 자르는 것
시저스 오버 콤Scissors-Over-Comb	두상의 아주 가까이에서 커트하기 위한 기법. 빗사이로 튀어나온 모발을 가위로 커트
그라데이션 커트Gradation Cut	모발 길이를 발제선Hair Line에서부터 내측Interior으로 갈수록 아주 짧은 길이에서부터 점점 길어지게 깎는 것을 의미 때때로 '테이퍼링 커트Tapering Cut'라고도 함
프리 핸드Free Hand	손또는 빗으로 모발을 쥐지 않고 깎는 도구만을 사용해서 커트하는 기법을 말함, 발제선 부분을 짧은 길이로 커트할 때 클리퍼를 두상에 밀착해서 깎는 경우를 예로 들 수 있음.
스케치Sketch	헤어타투의 커트 방식을 표한 말이며 두상에 그림을 그린다는 의미를 스케치로 표현 한 것이다.

명칭	설명
기타	
텐션 Tension	잡아당기는 행위 또는 잡아당겨진 상태
밸런스 Balance	균형, 중앙 축 둘레 부분의 조화로운 배치
블로우 드라이 Blow Dry	헤어 컷 시술 후 형태를 알 수 있게 모발을 말리는 것
콤 Comb	빗
클리퍼 Clipper	두 날의 교차로 커트하는 전동 기기
클리퍼 가드 Clepper Guard	클리퍼의 길이를 3, 6, 9, 12mm 등으로 동일하게 설정해주는 클리퍼의 서포트 제품이다.
트리머 클리퍼 Trimmer Clipper	주로 헤어라인을 깔끔하게 정리할 때 쓰이는 기기이며 주로 쓰이는 말로는 토끼 클리퍼라고 불리기도 함.
아치 Arch	활이나 무지개 같이 한가운데는 높고 길게 굽은 형상
가이드 Guide	머리카락을 커트할 때 길이를 정하는 기준
Special Hair	특수머리
헤어 익스텐션 Extension	붙임머리라고도 하며 인조헤어를 이용하여 모발의 길이를 연장하여 새로운 스타일을 연출하는 헤어 디자인
레게머리 Reggae Hair	여러갈래로 꼰 머리
내피헤어 Nappy Hair	흑인의 타고난 자연모발
테이프 Tape	헤어피스에 테이프가 부착되어 있는 붙임머리 재료
클립 Clip	헤어피스에 클립이 부착되어 있는 붙임머리 재료
고무실 Gum Yarn	붙임머리에 사용되는 재료
실리콘 Silicon	헤어피스에 실리콘 단백질 글루가 묻혀 있는 붙임머리 재료
인모 Human Hair, 人毛	사람의 모발
인조모 人造毛	사람의 모발과 비슷한 성질을 가진 섬유
혼합모 Animal Human Hair	인모와 인조모를 적합하게 혼합하여 만든 제품
콘로우 Corn Rows	모발을 두피에 밀착시켜 뒤집어 돌출되게 집어 땋는 스타일
브레이즈 Braids	땋기로 머리가닥을 교차하거나 엮는 기술
2가닥 브레이즈 2 Stand Twist Braids	2가닥으로 트위스트 하는 브레이즈 시술방법
3가닥 브레이즈 3 Stand Twist Braids	3가닥 땋는 브레이즈 시술방법
인모 브레이즈 Human Braids	휴먼 브레이즈 라고도 하며, 가모를 사용하지 않고 본인 모발로 땋는 시술방법
가모 브레이즈 人造毛 Braids	레게원사를 이용하여 모발과 함께 땋는 브레이즈 시술방법

명칭	설명
쥬얼리 브레이즈 Jewelry Braids	쥬얼리를 활용하여 모발과 함께 땋는 브레이즈 시술방법
얀 브레이즈 Yarn Braids	색실을 이용하여 모발과 함께 땋는 브레이즈 시술방법
드레드 락 Dreadlocks	곱슬머리에 가모와 코바늘을 이용하여 로프처럼 엉켜 있는 모발 다발을 연출하는 스타일
스파이키 드레드 Spiky Dreads	드레드의 마무리 처리를 뾰족하게 연출하는 드레드 스타일
스틱 드레드 Stick Dreads	가모를 이용하여 땋은 형태가 보이지 않게 연출하는 드레드 스타일
누비안 드레드 Nubian Twists Dreads	가모를 이용하여 땋은 형태가 보이지 않게 트위스트하여 연출하는 드레드 스타일
소프트 드레드 Soft Dreads	스트레이트가 섞여 있는 느낌의 드레드 스타일
Permanent Wave	퍼머넌트 웨이브
제 1제 환원제	모발의 시스틴 결합을 절단하여 시스테인으로 환원반응 시키는 퍼머넌트 웨이브 약제
제 2제 산화제	중화제라고도 하며, 환원된 모발을 산화반응 시킴으로써 새로운 시스틴 결합이 형성하는 퍼머넌트 웨이브 약제
연화 Hair Softening	제 1제 환원제 성분으로 시스틴 결합이 절단되어 환원된 상태
로드 Rod	모발을 말기 위한 기구
로드 아웃 Rod Out	모발에 있던 로드 Rod를 풀어 버리는 것
와인딩 Winding	모발을 로드 Rod에 말아주는 기술
아프로 펌 Afro Perm	철사나 가는 로드 Rod로 만드는 펌
호일 펌 Foil Perm	알루미늄 호일 Foil을 이용하여 만드는 펌
엔드 페이퍼 End Paper	모발이 로드 Rod에서 빠져나오지 않도록 하며, 약제를 흡수하여 유지시켜주며 그 효과를 지속시켜주는 역할
비닐 캡	산소를 차단하며, 모발에 도포한 퍼머제가 흘러 내리는 것을 방지하기 위해 두상에 씌우는 것
헤어밴드 Hair Band	약액이 얼굴로 흘러 내려오지 않도록 하며, 비닐 캡이 잘 자리 잡도록 햄 Hem 주의를 기준으로 감싸는 밴드
중화받침대	제 2제 중화제 도포 시, 가운이나 목주위에 흘러내리지 않도록 어깨에 받치는 것
테스트 컬 Test Curl	제 1제 환원제의 반응이 잘 되었는가를 웨이브 형성 정도를 통해서 확인해 보는 것
텐션 Tension	잡아당기는 행위 또는 잡아당겨진 상태
트위스트 Twist	꽈배기처럼 꼬아주는 기법

명칭	설명
기타	
핀셋 Pincette	모발을 고정할 때 사용
핀컬 핀 Pincurl Pin	작은 모발의 양을 고정할 때 사용
드라이 Dry	건조기로 모발을 말리는 것
타월 드라이 Towel Dry	타월을 이용하여 수분을 제거하는 것
샴푸 Shampoo	세제를 사용하여 두피나 모발에 붙어 있는 노폐물을 씻어내는 것
트리트먼트 Treatment	모발에 영양분을 공급해 주는 것
스캘프 매니플레이션 Scalp Manipulation	두피 마사지

참고 문헌

1) 교육부(2019). "가발헤어스타일 연출 〈LM1201010149〉", 한국 직업능력개발원. p.61

2) 박경희, 이현성, 허정애, 홍현화, 임순녀, 강유미 외저 (2020). "헤어 붙임머리 증모술". 구민사. pp.99 - 100

3) 교육부(2019). "가발헤어스타일 연출 〈LM1201010149〉", 한국 직업능력개발원. p.69

4) 신현영(2016). "특수머리 디자인 연출", 훈민사. p.19

5) 신현영(2016). 위의책. p.28

6) 박경희, 이현성, 허정애, 홍현화, 임순녀, 강유미 외저 (2020). 위의책. pp.105-109

7) 교육부(2019). 위의책. p.63

8) 박경희, 이현성, 허정애, 홍현화, 임순녀, 강유미 외저 (2020). 위의책. p.133

9) 박경희, 이현성, 허정애, 홍현화, 임순녀, 강유미 외저 (2020). 위의책.pp.124-129

10) 교육부(2019). 위의책. p.68

11) 교육부(2020). 헤어브레이즈〈LM1201010540_16v2〉 pp.9-10

12) 교육부(2020). 헤어브레이즈〈LM1201010540_16v2〉 p.28

13) 박은준, 권은실, 김우빈, 서예지, 임미지, 전근옥 외저(2018). "베이직 헤어커트", 메디시언. pp.28-29

14) 박은준, 박재홍, 권은실, 김우빈, 김경희, 여이주 외저(2018). "어드밴스 헤어커트" , 메디시언. pp.29-30

15) 교육부(2019). "가발헤어스타일 연출 〈LM1201010149〉" pp.78-79

16) 교육부(2019). "가발헤어스타일 연출 〈LM1201010149〉" pp.70-71

특수머리 *Special Hair*

1판 1쇄 인쇄 | 2022년 6월 20일
1판 1쇄 발행 | 2022년 6월 25일

지은이 | 박은준·김우빈·김경희·최지연·박인우

발행인 | 주병오·주민기

발행처 | 메디시안

경기도 파주시 회동길 209 (파주출판도시)
대표전화 : 031–955–2777, 031–955–7577
팩스 : 031–955–7730
홈페이지 : www.ji–gu.co.kr
E–mail : jigupub@hanmail.net
등록번호 : 2005년 2월 16일
제 406–2005–000045호

ISBN 979–11–90839–66–2 값 30,000원